全国计算机专业精品规划教材

数据结构

（C 语言版）

主　编　李俊梅　汤　池　张喜全
副主编　李天欣　习胜丰　葛　菁　徐亦丹

U0340177

北京希望电子出版社
Beijing Hope Electronic Press
www.bhp.com.cn

内 容 简 介

本书从软件开发设计的角度出发，对教材结构体系全面创新，努力体现理论结合实际，"学"和"做"融为一体的课程特色。全书按照结构化程序设计的思想，介绍了数据结构的概念、线性表、栈和队列、串、多维数组和广义表、树和二叉树、图等不同的数据结构，以及这些数据结构在计算机中存储算法的实现。每个算法均用 C 语言进行描述。

本书可以作为计算机类或信息类相关专业的本科或专科教材，也可供从事计算机开发与应用工程的科技人员参考。

图书在版编目（CIP）数据

数据结构 / 李俊梅，汤池，张喜全主编. -- 北京：
北京希望电子出版社，2020.9
ISBN 978-7-83002-719-3

Ⅰ．①数⋯ Ⅱ．①李⋯ ②汤⋯ ③张⋯ Ⅲ．①数据结构－高等学校－教材 Ⅳ．①TP311.12

中国版本图书馆 CIP 数据核字（2020）第 166361 号

出版：北京希望电子出版社　　　　　　　　　封面：赵俊红
地址：北京市海淀区中关村大街 22 号　　　　编辑：全　卫
　　　中科大厦 A 座 10 层　　　　　　　　　校对：李　萌
邮编：100190　　　　　　　　　　　　　　　开本：787mm×1092mm 1/16
网址：www.bhp.com.cn　　　　　　　　　　 印张：18.5
电话：010-82626270　　　　　　　　　　　　字数：433 千字
传真：010-62543892　　　　　　　　　　　　印刷：唐山新苑印务有限公司
经销：各地新华书店　　　　　　　　　　　　版次：2020 年 9 月 1 版 1 次印刷

定价：49.80 元

前　言

"数据结构"课程是计算机程序设计的重要理论技术基础，不但是计算机学科的核心课程，而且已成为其他理工专业的热门选修课。本书是为"数据结构"课程编写的教材，内容选取符合教学大纲要求，并兼顾学科的广度和深度，适用性广。

在计算机科学所涉及的各个领域，都要使用不同的数据结构，如编译系统中使用栈、散列表、语法树等；操作系统中使用对列、存储管理表、目录树等；数据库系统中使用线性表、索引树等；人工智能中使用广义表、检索树、有向图等。同样，在面向对象、软件工程、多媒体技术等领域，都会用到各种不同的数据结构。因此，学好数据结构，对从事计算机技术开发及相关领域工作的人员来说，是非常重要的。通过学习用户可以掌握到各种常用的数据结构及算法实现，以及每一种算法的时间复杂度分析和空间复杂度分析，知道在什么情况下，使用什么样的数据结构最方便，为日后开发大型程序打下基础。

全书共 10 章，第 1 章综述了数据、数据结构和抽象数据类型等基本概念；第 2 章到第 4 章介绍了线性结构（线性表、栈、队列、串）的逻辑特征，及一些常用算法的实现及基本应用；第 5 章到第 7 章介绍了非线性结构（多维数组、广义表、树、二叉树、图）的逻辑特征，及其在计算机中的存储表示和一些常用算法实现及基本应用；第 8 章到第 9 章介绍了查找和排序，对一些常用的查找、排序方法进行了详细说明，并给出了实现的算法及时间复杂度和空间复杂度分析；第 10 章介绍了文件，对文件中的基本概念以及顺序文件、索引文件、ISAM 文件、VSAM 文件、散列文件、多关键字文件等进行了讲述。各章内容中有相对独立的部分，方便不同院校不同专业按需要组织教学。全书侧重于数据结构的应用，力求讲解内容与具体应用实例相结合，以便于学生对各章节内容的理解和掌握。

本书采用类 C 语言作为数据结构和算法描述，所有算法经过上机调试通过，但是由于篇幅所限，大部分算法以函数形式给出。若读者要运行这些算法，还必须给出一些变量的说明及主函数来调用。虽然 C 语言不是抽象数据类型理想描述工具，但是面向对象并非数据结构的选修课程，故本书未采用类和对象描述，而采用类 C 描述语言，这使得学习本书对各种抽象数据类型的定义和实现简明清晰，既不拘泥于 C 语言的细节，又易于学生理解和接受。

从课程性质上讲，"数据结构"是一门专业技术基础课。它的教学要求是：学会分析研究计算机加工的数据结构的特征，以便为应用涉及的数据选择合适的逻辑结构、存储结构及其相应的算法，并初步掌握算法的时间分析和空间分析技术。另一方面，本课程的学习过程也是编写复杂程序的训练过程，要求学生编写的程序结构清楚和正确易读，符合软件工程规范。如果说高级语言程序设计课程对学生进行了结构化程序设计（程序抽象）的初步训练，那么数据结构课程就要培养他们的数据抽象能力。本书将用规范的教学语言描述数据结构定义，以突出其教学特性，同时通过若干数据结构应用实例，引导学生学习数据类型的使用，为今后学习面向对象程序设计作一些铺垫。

本书由荆楚理工学院的李俊梅、辽宁理工职业学院的汤池和河南农业职业学院的张喜全担任主编，由荆楚理工学院的李天欣、湖南城市学院的习胜丰、华东交通大学理学院的葛菁和徐亦丹担任副主编。本书的相关资料和售后服务可扫本书封底的微信二维码或与QQ（2436472462）联系获得。

本书可作为计算机类专业的本科或专科教材，也可以作为信息类相关专业的选修教材，讲授学时可为 50 至 60 学时，上机实践课时可为 20 至 30 学时。任课教师可根据学时、专业和学生的实际情况适当增删。

由于编者水平有限，书中难免有疏漏之处，恳请广大读者批评指正。

编　者

目　录

— 1 —

第1章

绪 论

本章导读

本章主要介绍数据结构中一些常用的术语以及数据的逻辑结构、物理存储和数据操作；抽象数据类型的概念；介绍算法概念、算法设计目标、算法描述和算法分析方法。

学习目标

● 数据结构的概念和基本术语

● 集合、线性结构、树形结构、图形结构的逻辑结构和物理存储方式

● 抽象数据类型的定义、使用

● 算法的概念及用 C 语言描述算法的规则、评价算法优劣的规则、算法时间复杂度、空间复杂度的定义及数量级的表示

1.1 数据结构的基本知识

1.1.1 数据结构的定义

数据结构是指相互之间存在一种或多种关系的数据元素的集合和操作。它指的是数据元素之间的相互关系，即数据的组织形式。这种组织形式就是数据的逻辑结构。在计算机实际处理数据的过程中，必须考虑数据应以什么方式进行存储能使之体现数据之间的关系。数据在计算机中的存储方式就是数据的存储结构。除此之外，在数据的处理过程中，还会出现数据的删除、插入、查找等操作。同时还应该考虑数据的处理方式，即算法。综上所述，按某种关系组织起来的一批数据，以一定的存储方式把它们存储到计算机中，并在这些数据上定义一个运算集合，就是数据结构。

下面来看几个数据结构的例子。

【例 1-1】一张学生信息表，如表 1-1 所示。

— 1 —

在学生数据表中，一行为一个学生信息，一列为一个属性，整个二维表表格构成学生数据的一个线性序列，每个学生排列的位置有先后次序，它们形成一种线性关系，这就是典型的数据结构（线性结构），通常将它称为线性表。

表 1-1 学生数据表

学号	姓名	性别	籍贯	年龄	系别
20170304001	张小东	男	江西	18	计算机
20170304002	王明	男	湖北	20	计算机
20170304003	吴欣	女	广州	18	计算机
20170304004	孙玲玲	女	湖北	19	计算机

【例 1-2】某高校结构组织图如图 1-1 所示。

树结构是数据元素之间具有层次关系的一种非线性结构，树中数据元素通常称为结点。树结构层次关系是指根（最顶层）结点没有前驱结点，除根外其他结点有且仅有一个前驱结点，所有结点有零个或多个后继结点。比如家谱图、文件系统的组织方式、淘汰赛的比赛规则等都是树形结构。

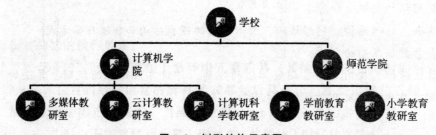

图 1-1　树形结构示意图

【例 1-3】描述一个大学的校园网（圆圈代表站点，边代表网线）如图 1-2 所示。此结构中，数据之间呈现多对多的非线性关系，这也是常用的一种数据结构（非线性结构），通常称为图形结构。

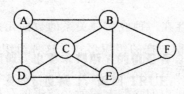

图 1-2　图形结构示意图

1.1.2 数据结构的基本概念和术语

1. 数据 (data)

数据是描述客观事物的数字、符号以及所有能输入到计算机中并能被计算机接受的各种符号集合的统称。数据是信息的符号表示，是计算机程序的处理对象。除了数值数据外，计算机能够处理的数据还有字符串等非数值数据，以及图形、图像、音频、视频等多媒体数据。

2. 数据元素 (data element)

表示一个事物的一组数据称为一个数据元素，是组成数据的基本单位。数据元素可以是不可分割的原子项，也可以由多个数据项组成。数据项 (data item) 也称字段，是数据元素中不可再分的最小单位，可以是一个整数，一个字符。如一个学生数据元素由学号、姓名、性别等多个数据项组成。关键字 (key) 是数据元素中用于识别该元素的一个或多个数据项，能够唯一识别数据元素的关键字称为主关键字。

3. 数据对象 (data object)

数据对象是性质相同的数据元素的集合，是数据的一个子集。例如，自然数对象的集合可表示为 N= {0，1，2，3……}；大写字母的数据对象的集合可表示为 C= {'A'，'B'，'C'……}。

4. 数据类型 (data type)

数据类型是一组性质相同的值的集合以及定义于这个集合上的一组操作的总称。例如，高级语言中的整数数据类型是指由 −32 768～32 767 的整数数值构成的集合及一组操作（加、减、乘、除、乘方等）的总称。

5. 数据结构 (data structure)

数据结构是指相互之间存在一种或多种特定关系的数据元素所组成的集合。具体来说，数据结构包含三个方面的内容，即数据的逻辑结构、数据的存储结构和对数据所施加的运算。这三个方面的关系如下：

（1）数据的逻辑结构独立于计算机，是数据本身所固有的。

（2）存储结构是逻辑结构在计算机存储器中的映像，必须依赖于计算机。

（3）运算的定义直接依赖于逻辑结构，但是运算的实现必依赖于存储结构：

数据的逻辑结构是从具体问题抽象出来的数学模型，描述的是数据元素之间的逻辑关系和操作，与数据的存储无关。根据数据之间关系的不同特性，通常有下列四类基本结构。

（1）集合结构：结构中的数据元素之间没有关系，同属一个集合。

（2）线性结构：元素之间为线性关系，第一个元素无直接前驱，最后一个元素无直接后继，其余元素都有一个直接前驱和直接后继。

（3）树型结构：在这种结构中，除了一个根结点外，各结点有唯一的前驱，所有结点都可以有多个后继，数据之间是一对多的关系。

（4）图状或网状结构：在这种结构中，各结点可以有多个前驱或多个后继，数据之间是多对多的关系。

图 1-3 为上述四类基本结构的关系图。

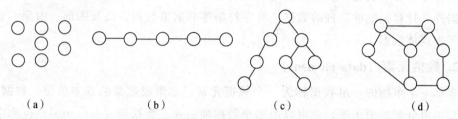

图 1-3　四类基本结构关系图

（a）集合结构；（b）线性结构；（c）树型结构；（d）图状结构

前面分析了数据的逻辑结构，但是数据是需要用计算机处理的。逻辑结构也必须在计算机内存中实现，把逻辑结构在计算机内存中的实现称为数据的存储结构，简称为存储结构。存储结构除了存储结点的值外，还必须体现结点之间的关系，基本的存储方法有如下四种：

（1）顺序存储。把逻辑上相邻的结点存放到物理上相邻的存储单元中。这样物理次序体现数据元素之间的逻辑关系，通常使用程序设计语言中的数组实现。

（2）链式存储。使用若干地址分散的存储单元存储数据元素，逻辑上相邻的数据元素在物理位置上不一定相邻，数据元素之间的关系需要采用附加信息特别指定。通常，采用指针变量存储前驱或后继元素的存储地址，由数据域和地址域组成的一个结点表示一个数据元素，通过地址域把相互直接关联的结点链接起来，结点间的链接关系体现数据元素间的逻辑关系。

线性表可采用上述两种存储结构。线性表（a_0，a_1，…，a_{n-1}）两种存储结构如图 1-4 所示。

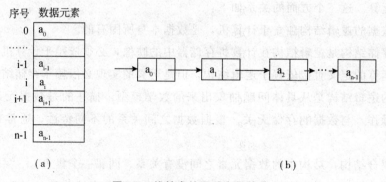

图 1-4　线性表的两种存储结构

（a）顺序存储结构；（b）链式存储结构

（3）索引存储。使用该方法存放元素的同时，还要建立附加的索引表。索引表中的每一项称为索引项，索引项一般形式是：（关键字，地址），其中的关键字最能唯一标识一个结点的数据项。

（4）散列存储。通过构造散列函数，用函数的值来确定元素存放的地址。

6. 数据操作

数据操作是指对一种数据结构中的数据元素进行各种运算或处理。每种数据结构都有一组数据操作，其中包含以下基本操作：

（1）初始化。

（2）判断是否是空状态。

（3）统计数据的元素个数。

（4）判断是否包含指定元素。

（5）按某种次序访问所有元素，每个元素只被访问一次，称为遍历操作。

（6）获取指定元素值。

（7）插入指定元素。

（8）删除指定元素。

（9）查找指定元素。

数据操作定义在数据的逻辑结构上，对数据操作的实现依赖于数据的存储结构。

1.1.3 抽象数据类型

抽象数据类型（abstract data type，ADT）是指一个数学模型以及定义在该模型上的一组操作。抽象数据类型的定义仅取决于它的一组逻辑特性。与其在计算机内部如何表示和实现无关，即不论其内部结构如何变化，只要它的数学特性不变，都不影响外部的使用。

抽象数据类型可以用三元组来表示：ADT＝（D，R，P）。其中，D 是数据对象，R 是 D 上的关系集，P 是对 D 的基本操作。本书采用如下格式定义抽象数据类型：

ADT 抽象数据类型名 ﹛

　　　　数据对象：（数据对象的定义）

　　　　数据关系：（数据关系的定义）

　　　　基本操作：（基本操作的定义）

　　　﹜ ADT 抽象数据类型名

【例 1-4】假设有一个线性表（a_1，a_2，a_3，a_4，a_5），它的抽象数据类型表示为 ADT＝（D，R），其中 D＝﹛a_1，a_2，a_3，a_4，a_5﹜，R＝﹛<a_1，a_2>，<a_2，a_3>，<a_3，a_4>，<a_4，a_5>﹜，则它的逻辑结构的图形描述如图 1-5 所示。

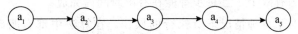

图 1-5 线性表结构抽象描述示意图

【例1-5】假设一个数据结构的抽象描述为 ADT＝（D，R），其中，D＝｛a，b，c，d，e，f，g，h｝，R＝｛＜a，b＞，＜a，c＞，＜a，d＞，＜b，e＞，＜c，f＞，＜c，g＞，＜d，h＞｝，则它的逻辑结构图形描述如图1-6所示。

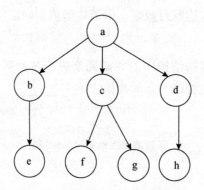

图1-6　树形结构抽象描述示意图

【例1-6】假设一个数据结构的抽象描述为 ADT＝（D，R），其中，D＝｛1，2，3，4｝，R＝｛＜1，2＞，＜1，3＞，＜1，4＞，＜2，3＞，＜2，4＞，＜3，4＞｝，则它的逻辑结构图形描述如图1-7所示。

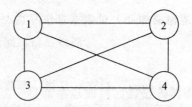

图1-7　图形结构抽象描述示意图

1.2　算法和算法分析

1.2.1　算法

1. 定义

简单地说，算法就是解决问题的方法和具体步骤。算法的规则必须具备以下五个特性：

（1）有穷性：对于任何一个组合的输入值，算法在执行有穷步骤之后一定能结束。即算法的操作步骤为有限个，且每步都能在有限时间内完成。

（2）确定性：对于每种情况下所执行的操作，在算法中都有明确的规定，使算法的执行者或阅读者都能知晓其含义及如何执行，并且在任何条件下，算法都只有一条执行路径。

(3) 可行性：算法中的所有操作都可以通过已经实现的基本操作运算有限次实现。

(4) 有输入：算法有零个或多个输入数据，输入数据是算法的加工对象，既可以由算法指定，也可以在算法执行过程中通过输入得到。

(5) 有输出：算法有一个或多个输出数据。输出数据是一组与输入有确定关系的量值，是算法进行信息加工后得到的结果，这种确定关系即为算法的功能。

2. 算法描述

(1) 用流程图描述算法。一个算法可以用流程图的方式来描述，输入、输出、判断、处理分别用不同的框图表示，用箭头表示流程的流向。这是描述算法的一种较好方法。

(2) 用自然语言描述算法。用日常生活中的自然语言也可以描述算法。例如：公司工作种类划分办法可以描述为：如果本科或本科以上毕业人员为开发人员，否则为技术人员。

(3) 用 C 语言描述。在本书中，将采用 C 语言或类 C 语言来描述算法。用 C 语言描述算法遵循如下规则：

①所有算法采用 C 语言中的函数形式描述。

函数类型　函数名（形参及类型说明）

```
{  函数语句部分；
return(表达式);
}
```

②函数中的形参有两种传值方式。若形参为一般变量名，则为单向值参数；若在变量前加"&"符号，则为双向地址参数。

③C 语言的作用域。在 C 语言中，每个变量都有一个作用域。在函数内声明的变量，仅能在该函数内部有效；在类中声明的变量，可以在该类内部有效。在整个程序中都能使用的变量为全局变量，否则称为局部变量。若一个全局变量与一个局部变量同名，则该范围内全局变量不起作用。

3. 算法的评价标准

对于同一个问题算法也不尽相同，但作为一个好的算法应具备以下几个特征：

(1) 正确性，即算法应满足具体问题的要求。

(2) 可读性，一个好的算法首先应便于人们理解和相互交流，并可执行。

(3) 健壮性，即当输入的数据非法或不合理时，能做出正确反应或进行适当的处理，而不会生成一些莫名其妙的输出结果。

(4) 高效率和低存储量，算法的效率通常是指算法的执行时间，对于同一个问题，执行时间越短的算法其效率就越高；所谓存储量需求，是指在执行程序过程中所需要的最大存储空间，显然以占用存储空间少的算法为好。

1.2.2 算法的时间复杂度

判断一个程序编写的好不好，唯一可以进行客观判断的是程序的运行效率，一个程序的好坏，关键在于该程序是否能以最短的时间及最小的空间运行出结果。算法分析主要包含时间代价和空间代价两个方面。

1. 时间频度

一个算法执行所消耗的时间为基本操作的执行次数与基本操作的执行时间的乘积。基本操作的执行时间是硬件环境决定的，如机器速度、指令集、指令周期、编译器等，与算法无关，所以算法的执行时间与基本操作次数（频度）成正比。一个算法中的语句执行次数称为语句频度或时间频度，记为 $T(n)$。

【例 1-7】 求下列算法片段的语句频度。

①x= x+ 1;

②for(i= 1;i<= n;i+ +)x= x+ 1;

③for(i= 1;i<= n;i+ +)

for(j= 1;j<= i;j+ +)

x= x+ 1;

分析：①该算法只有一条执行语句，执行次数为 1，因此，时间频度 $T(n)=1$；②该算法为 for 循环，$x=x+1$ 语句将执行 n 次，因此，时间频度 $T(n)=n$；③该算法为一个二重循环，$x=x+1$ 语句执行次数为内、外循环次数相乘，因此，时间频度 $T(n)=1+2+3+\cdots+n=\dfrac{n(n+1)}{2}$。

2. 时间复杂度

算法中基本操作重复执行的次数是问题规模 n（问题规模是算法求解问题的输入量，一般用 n 表示。例如排序中，n 表示待排序的元素个数）的某个函数 $f(n)$，算法的时间量度记作 $T(n)=O(f(n))$，表示随问题规模 n 的增大，算法执行时间的增长率和 $f(n)$ 的增长率相同，称为算法的渐近时间复杂度，简称时间复杂度。时间复杂度往往不是精确的执行次数，而是估算的数量级，着重体现的是随问题规模 n 的增大，算法执行时间的变化趋势。

【例 1-8】 求下列算法片段的时间复杂度。

①x= x+ 1;

②for(i= 1;i< = n;i+ +)x= x+ 1;

③for (i= 1;i<= n;i+ +)

for(j= 1;j<= i;j+ +)

x= x+ 1;

分析：①语句频度为 1，因此时间复杂度记为 $O(1)$；②语句频度为 n，其执行时间和 n 成正比，时间复杂度记为 $O(n)$；③该算法片段中，$x=x+1$ 语句执行频度为

$\dfrac{n(n+1)}{2}$ 次，其执行时间和 n^2 成正比，因此时间复杂度记为 $O(n^2)$。通常将这些时间复杂度分别称为常量阶、线性阶和平方阶，算法可能呈现的时间复杂度还有指数阶、对数阶等。不同数量级时间复杂度的对比图如图 1-8 所示。

常见的渐进时间复杂度有：$O(1) < O(\log_2 n) < O(n) < O(n\log_2 n) < O(n^2) < O(n^3) \cdots < O(2^n)$。

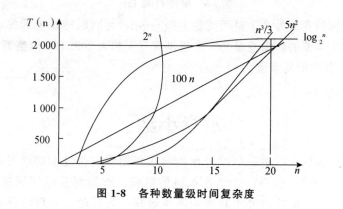

图 1-8　各种数量级时间复杂度

1.2.3　算法的空间复杂度

存储量和空间复杂度的概念与计算量和时间复杂度的概念类似。一个算法的空间复杂度定义为该算法所耗费的存储空间，也是问题规模 n 的函数。通常记为：

$$S(n) = O(g(n))$$

其中，$g(n)$ 为问题规模 n 的某个函数。

空间复杂度是对一个算法在运行过程中临时占用存储空间大小的量度。一个算法在执行期间所需要的存储空间量应包括以下三个部分：

（1）程序代码所占用的空间。

（2）输入数据所占用的空间。

（3）辅助变量所占用的空间。

算法在执行过程中，输入数据所占用的空间是由问题决定的，它不随算法的不同而改变。程序代码所占用的空间对不同的算法来说也不会有数量级的差别。辅助变量占用的空间则由算法决定，有的需要占用随问题规模 n 增大而增大的临时空间，有的不随问题的规模改变而改变。在估算算法空间复杂度时，一般只需要分析辅助变量所占用的空间。

【例 1-9】读入 100 个整数到一个数组中，写出将该数组进行逆置的算法，并分析算法的空间复杂度。

```
void    f1(int a[ ],int n)              void    f2(int a[ ],int n)
{ int i,temp;                           {  int i,b[100];
  for(i= 0;i<= n/2- 1;i+ + )              for(i= 0;i<n- 1;i+ + )
    {  temp= a[i];                         {  b[i]= a[n- 1- i];
       a[i]= a[n- 1- i];                     for(i= 0;i<= n- 1;i+ + )
       a[n- 1- i]= temp;                       a[i]= b[i];
    }}                                   }
```

图 1-9　算法 f1 和 f2

f1 所需要的辅助变量为 2 个整形变量 i 和 temp，与问题的规模无关，其空间复杂度为 O（1）。f2 所需要的辅助变量为 1 个整型变量 i 和大小为 100 的整型数组 b（与问题的规模相关），其空间复杂度为 O（n）。

本章小结

数据结构是计算机科学中一门综合性的专业基础课。通过本章学习，应了解计算机解决一个问题的步骤，这是一个渐次推进的过程。首先对实际问题进行数学建模，描述数据的逻辑结构，将处理要求转换为基本运算，然后建立对应的存储结构，以便能被计算机存储处理，最后设计出一个算法并编写程序。此外，还应掌握如下基本概念：数据、数据元素、数据项以及它们之间的关系。数据是计算机存储和处理的对象，数据元素是计算机处理的基本单位，数据项是数据不可分割的最小标识单位。数据的逻辑结构是指数据元素之间的逻辑关系，数据有四种基本的逻辑结构：集合结构、线性结构、树型结构和图状结构。数据的顺序存储和链式存储结构。运算是指在某种逻辑结构上施加的操作。数据结构的含义包括数据的逻辑结构以及在其上定义的一组运算和数据的存储结构。本书采用类 C 语言描述算法，初步掌握算法分析方法，能分析一个简单算法的时间复杂度和空间复杂度。

习题 1

一、选择题

1. 数据结构被形式地定义为（D，R），其中 D 是（①）的有限集，R 是 D 上的（②）的有限集。

①A. 算法　　　　B. 数据元素　　　　C. 数据操作　　　　D. 存储

②A. 操作　　　　B. 映像　　　　C. 储存　　　　D. 关系

2. 在数据结构中，从逻辑上可以把数据结构分成（　　　）。

A. 动态结构和静态结构　　　　B. 紧凑结构和非紧凑结构

C. 线性结构和非线性结构　　　　D. 内部结构和外部结构

3. 数据结构在计算机内存中的表示是指（　　　）。

A. 数据的存储结构　　　　　　　　　　B. 数据结构

C. 数据的逻辑结构　　　　　　　　　　D. 数据元素之间的关系

4. 在数据结构中，与所使用的计算机无关的是数据的（　　　）结构。

A. 逻辑　　　　　　　　　　　　　　　B. 存储

C. 逻辑和存储　　　　　　　　　　　　D. 物理

5. 算法分析的目的是（①），算法分析的两个主要方面是（②）。

①A. 找出数据结构的合理性　　　　　　B. 研究算法中的输入和输出的关系

　C. 分析算法的效率以求改进　　　　　D. 分析算法的易读性和文档性

②A. 空间复杂度和时间复杂度　　　　　B. 正确性和简明性

　C. 可读性和文档性　　　　　　　　　D. 数据复杂性和程序复杂性

6. 在存储数据时，通常不仅要存储各数据元素的值，而且还要存储（　　　）。

A. 数据的处理方法　　　　　　　　　　B. 数据元素的类型

C. 数据元素之间的关系　　　　　　　　D. 数据的存储方法

7. 下面说法错误的是（　　　）。

(1) 算法原地工作的含义是指不需要任何额外的辅助空间。

(2) 在相同的规模 n 下，复杂度 $O(n)$ 的算法在时间上总是优于复杂度 $O(2n)$ 的算法。

(3) 所谓时间复杂度是指最坏情况下，估算算法执行时间的一个上限。

(4) 同一个算法，实现语言的级别越高，执行效率就越低。

A. (1)　　　　　　　　　　　　　　　B. (1)，(2)

C. (1)，(4)　　　　　　　　　　　　　D. (3)

8. 在下面的程序段中，对 x 的赋值语句的频度为：（　　　）。

```
for(i= l;i<= n;i+ + )
    for(j= l;j<= n;j+ + )x= x+ 1;
```

A. $O(2n)$　　　　B. $O(n)$　　　　C. $O(n2)$　　　　D. $O(\log_2 n)$

9. 一个算法必须在执行有穷步之后结束，这是算法的（　　　）。

A. 正确性　　　　B. 有穷性　　　　C. 确定性　　　　D. 可行性

二、填空题

1. 数据结构研究数据的_____和_____以及它们之间的相互关系，并对与这种结构定义相应的_____，设计出相应的_____。

2. 对于给定的 n 个元素，可以构造出的逻辑结构有_____、_____、_____和_____四种。

3. 在线性结构中，第一个结点_____前驱结点，其余每个结点有且仅有_____前驱结点；最后一个结点_____后继结点，其余每个结点有且仅有_____个后继结点。

4. 在树形结构中，树根结点没有_____结点，其余每个结点有且只有的_____个前驱结点；叶子结点没有_____结点，其余每个结点的后继结点可以_____。

5. 一个数据结构在计算机中_____称为存储结构。

6. 通常，存储结点之间可以有_____、_____、_____和_____四种关联方式，称为四种基本存储方式。

7. 抽象数据类型的定义仅取决于它的一组_____，而与_____无关，即不论其内部结构如何变化，只要它的_____不变，都不影响其外部使用。

8. 数据结构中评价算法的两个重要指标是_____和_____。

9. 一个算法具有五个特性：_____、_____、_____、有零个或多个输入、有一个或多个输出。

10. 常见时间复杂性的量级有：常数阶 O（_____）、对数阶 O（_____）、线性阶 O（_____）、平方阶 O（_____）和指数阶 O（_____）。通常认为，具有指数阶量级的算法是_____而量级低于平方阶的算法是_____。

三、简答题

1. 算法和程序有何区别？

2. 什么是数据结构？试举例说明。

3. 什么是数据的逻辑结构？什么是数据的存储结构？

4. 什么是算法？算法有哪些特性？

5. 对下列抽象数据类型描述的数据结构，画出它们的逻辑结构图，并指出它们属于何种结构。

（1）A＝（D，R），其中

D＝ $\{a_1, a_2, a_3, \cdots, a_n\}$

　　R＝ $\{<a_i, a_i+1>, i=1, 2, \cdots, n-1\}$

（2）B＝（D，R），其中

D＝ $\{a, b, c, d, e, f, g\}$

　　R＝ $\{<a, b>, <b, c>, <c, a>, <a, d>, <d, e>, <e, f>, <c, f>\}$

（3）A＝（D，R），其中

D＝ $\{1, 2, 3, 4, 5, 6\}$

　　R＝ $\{(1, 2), (2, 3), (2, 4), (3, 4), (3, 5), (3, 6), (4, 5), (4, 6)\}$

四、算法分析题

1. 用大 O 表示法描述下列复杂度。

（1）$5n^{5/2} + n^{2/5}$

（2）$6\log_2 n + 8n$

（3）$3n^4 + n\log_2 n$

（4）$n\log_2 n + n\log_3 n$

2. 设 n 为正整数，分析下列各算法的时间复杂度。

```
(1)    int  PRIME(int n)
{
int i= 2;
int x= (int)sqrt(n);
while(i<= x)
```

```
    {  if(n% i= = 0)break;
      i+ + ;
    }
    if(i>x) return 1;
    else return 0;
  }
```

（2） int SUM(int n)
```
{ int p= 1,s= 0;
  for(int i= 1;i<= n;i+ + )
  {  p* = i;
  s+ = p;
  return s;
  }
```

（3） void PRINT(int n)
```
  {  int i,j,k,l;
    for(l= 100;l<= n;l+ + )
    {
      i= l/100;
      j= l/10% 10;
      k= l% 10;
      if(k* 100+ j* 10+ i= = l)
      printf("% d\n",l);
    }
  }
```

（4）void MARTRIX(int a[m][n],int b[n][l],int c[m][l])
```
  {  int i,j,k;
    for(i= 0;i<m;i+ + )
    for(j= 0;j<l;j+ + )
    {  c[i][j]= 0;
      for(k= 0;k<n;k+ + )
      c[i][j]+ = a[i][k]* b[k][j];
    }
  }
```

五、算法设计题

（1）在整型数组 $A[n]$ 中查找值为 k 的元素，若找到，则输出其位置 i（$0 \leqslant i \leqslant n-1$），否则输出 -1，设计算法并分析算法的时间复杂度。

（2）写出计算矩阵 $A[n][n]$ 与 $B[n][n]$ 乘积 $C[n][n]$ 的算法，并分析算法时间复杂度。

— 13 —

第2章

线性表

●●●●●●●●●●●●●●●●●●●●●●●●●●●● 本章导读 ●●●●●●●●●●●●●●●●●●●●●●●●●●●●

　　本章主要介绍线性表的逻辑结构定义、线性表的抽象数据类型描述、线性表的存储结构，在顺序和链式存储结构上用 C 语言实现算法的描述及算法的时间复杂度、空间复杂度分析。

●●●●●●●●●●●●●●●●●●●●●●●●●●●● 学习目标 ●●●●●●●●●●●●●●●●●●●●●●●●●●●●

- 线性表的逻辑结构特征
- 线性表的顺序存储结构及其算法描述，时间、空间复杂度分析
- 线性链表的描述及算法实现，时间、空间复杂度分析
- 循环链表、双向循环链表的描述及基本算法实现
- 顺序存储和链式存储的比较及在不同应用场合的选取

2.1　线性表的基本概念

2.1.1　线性表的定义

　　线性表是将一批数据元素一个接一个地依次排列得到的一种结构。例如，英文字母表（A，B，C，……，Z）就是一个线性表，表中的每一个英文字母是一个数据元素；又如，一副扑克牌的点数表（2，3，4，5，6，7，8，9，10，J，Q，K，A）也是一个线性表，其中每一张牌的点数是一个数据元素。在较为复杂的线性表中，数据元素可由若干数据项组成，如学生成绩表，每个学生的所有信息组成一个数据元素，它由学号、姓名、班级、各科成绩等数据项组成。综合上述例子，可以将线性表一般地描述为：

　　线性表（linear list）是由 n 个数据元素（结点）a_1，a_2，……，a_n 组成的有限序列。其中，数据元素的个数 n 定义为表的长度。当 $n=0$ 时称为空表，记作（　）或

∅，若线性表的名字为 L，则非空的线性表（n＞0）记作：

    L= $(a_1, a_2, \cdots, a_n)$

这里数据元素 a_i（$1 \leqslant i \leqslant n$）只是一个抽象的符号，其具体含义在不同情况下可以不同，但同一个线性表的数据元素类型一般要求相同。

线性表的相邻元素之间存在着前后顺序关系，其中第一个元素无前驱，最后一个元素无后继，其他每个元素有且仅有一个直接前驱和一个直接后继。可见，线性表是一种线性结构。

2.1.2　线性表的运算

设 L 代表某线性表，对线性表的基本运算常见的有以下几种：

（1）初始化 init list（&L）：是将线性表 L 置空。执行该操作后，线性表的其他操作才能进行。

（2）求表长 length（L）：求线性表 L 中的结点个数。

（3）读表元（按序号查找）get（L, i）：若 $1 \leqslant i \leqslant$ length（L）时，结果是表 L 中的第 i 个（序号为 i）结点（值或地址）；否则，结果为一个特殊值。

（4）定位（按值查找）locate（L, x）：当线性表 L 中存在一个或多个值为 x 的结点时，结果是这些结点中首次找到的结点（序号或地址）；否则，结果为一个特殊值（如零）。

（5）插入 insert（$&L, x, i$）：在线性表 L 的第 i 个位置插入一个值为 x 的新结点，使得原表由（$a_1, \cdots, a_{i-1}, a_i, \cdots, a_n$）变为（$a_1, \cdots, a_{i-1}, x, a_i, \cdots, a_n$）。这里 $1 \leqslant i \leqslant n+1$，而 n 是原表的长度。插入后元素个数增 1，原第 i 个元素之后的元素的序号也分别增 1。

（6）删除 delete（$&L, i$）：删除线性表 L 的第 i 个结点，使得原表由（$a_1, \cdots, a_{i-1}, a_i, a_{i+1}, \cdots, a_n$）变为（$a_1, \cdots, a_{i-1}, a_{i+1}, \cdots, a_n$）。这里 $1 \leqslant i \leqslant n$，而 n 是原表的长度。删除后元素个数减 1，原第 i 个元素之后的元素的序号也分别减 1。

线性表是一种常用的数据结构。在线性表中，除表头结点外的其他结点有且仅有一个直接前驱，除末尾结点外的其他结点有且仅有一个直接后继。

2.2　线性表的顺序存储

2.2.1　顺序表结构

将一个线性表存储到计算机中，可以采用多种不同的方法，其中既简单又自然的是顺序存储方法，即把线性表的结点按逻辑顺序依次存放到一组地址连续的存储单元里，用这种方法存储的线性表简称为顺序表（sequential list）。

显然，利用顺序表来存储线性表，表中相邻的元素存储在计算机内的位置也相邻，故可借助数据元素在计算机内的物理位置相邻关系来表示线性表中数据元素之间的逻辑关系（图 2-1）。

存储地址	数据元素	数据元素在线性表中的序号
b	a_1	1
b+d	a_2	2
⋮	⋮	⋮
b+(i−1)×d	a_i	i
⋮	⋮	⋮
b+(n−1)×d	a_n	n
⋮	⋮	⋮

图 2-1　线性表的顺序存储结构

假设顺序表中每个结点占用 d 个存储单元，其中第一个结点 a_1 的存储地址（以下简称基地址）是 Loc（a_1），则结点 a_i 的存储地址 Loc（a_i）可通过下式计算：

$$\text{Loc}（a_i）=\text{Loc}（a_1）+（i-1）\times d \qquad 1\leqslant i\leqslant n$$

也就是说，在顺序表中，每个结点 a_i 的存储地址是该结点在表中的位置 i 的线性函数，只要知道基地址和每个结点的大小，就可在相同的（逻辑）时间内求出任一结点的存储地址。因此顺序表是一种随机存取结构。

在程序设计语言中，一般都是用一维数组来描述顺序表。但数组定义后其大小不能再改变，而线性表的表长是可变的（如插入和删除时），因此要将数组预设足够的大小（容量）；同时还需要一个变量指出线性表在数组中的当前状况，如元素的个数或最后一个元素在数组中的位置等。这两方面的信息共同描述一个顺序表，可将它们封装在一起。用 C 语言，顺序表可定义如下：

```
typedef int elemtype;            //线性表结点的数据类型,假设为 int
# define maxsize 100;            //线性表可能的最大长度,这里假设为 100
typedef struct {
elemtype data[maxsize];          //线性表的存储数组,第一个结点是 data[0]
int length;                      //线性表的当前长度
}sqlist;                         //顺序表类型
```

其中：

（1）数据域 data 是存放线性表各结点的数组空间，下标范围是 0～maxsize−1，线性表的结点 a_i 存放在数组元素 data［i−1］中。显然线性表结点的个数不能超过数组空间的大小 maxsize。

（2）数据域 length 记录线性表当前的长度，终端结点的数组下标为 $n-1$。

（3）elemtype 是线性表结点的类型，它应是某种定义过的类型，具体含义要视实际情况而定。例如，若线性表是英文字母表，则 elemtype 就是字符类型 char；若线性表是学生成绩表，则 elemtype 就是已定义过的表示学生情况的结构类型。

（4）顺序表类型 sqlist 是一个结构类型，它将顺序表的有关信息封装在一起作为一个整体看待，符合结构化程序设计的思想。

总之，顺序表是用数组实现的线性表，数组下标可看成结点的相对地址。它的特点是逻辑上相邻的结点其物理位置亦相邻。顺序表实现时也可从数组下标 1 开始使用，这时结点 a_i 存放在数组元素 data [i] 中，数组大小为 data [maxsize＋1]。

2.2.2 顺序表运算

定义了线性表的存储结构之后，就可以讨论在该存储结构上如何具体实现定义的逻辑结构上的运算了。在顺序表中，线性表的基本运算如下：

1. 顺序表的初始化

```
void    InitList(sqlist  &L)
  {
    L. length= 0;                              //空表,长度为 0
  }
```

2. 取元素

```
elemtype    Get(sqlist  L,  int i)
{   if((i<0)||(i>= L. length))    return NULL;    //非法位置返回空值
    else    return L. data[i-1];    //第 i 个元素的位置为 i-1,返回第 i 个元素的值
}
```

3. 定位（按值查找）

要查找一个值，只需要从头到尾遍历线性表，如果找到了，则返回找到的位置；否则继续查找，如果一直到最后一个位置都没找到，则返回 0。

```
int    Locate(sqlist  L,  elemtype  x)
{    int i= 0;
     while((i<L. length)&&(l. data[i]! = x))    //在顺序表中查找值为 x 的结点
     i+ + ;
     if(i<L. length)  return i+ 1;    //若找到值为 x 的元素,返回元素的序号
     else    return 0;    //未查找到值为 x 的元素,返回 0
}
```

4. 插入数据

要在线性表中第 i 个位置插入一个数据元素 x，需要考虑以下因素：i 是否在 1 和 L. length 之间，如果在 1 和 L. length 之间，则在第 i 个位置插入元素 x，原来的第 i 个位置及其以后的数据元素向后依次移动一个位置，然后线性表长度加上 1，返回 TURE；如果 i 不在 1 和 L. length 之间，则说明插入位置不合适，返回 FLASE。插入

元素过程如图 2-2 所示。

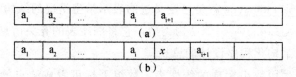

图 2-2　在顺序表中插入结点示意图

（a）插入前；（b）插入后

```
void  Insert(sqlist  &L,int i,elemtype  x)
{  int j;
    if(L. length= = maxsize)
       printf("表已满");
    if(i<1||i>L. length)
       printf("非法位置");              //检查位置是否合适
    for(j= L. length;j>i;j-- )
          L. data[j]= L. data[j-1];       //第 i 个位置之后的数据均向后移动一个位置
    L. data[i-1]= x;                    //下标 i-1 位置就是第 i 个位置,插入 x
    L. length++ ;                       //表长加 1
}
```

分析该算法的执行效率：

该算法花费的时间，主要在于循环中元素后移（其他语句花费的时间可以忽略不计），即从插入位置到最后位置的所有元素都要后移一位，使空出的位置插入元素 x。但是，插入位置是固定不变的，当插入位置 $i=1$ 时，全部元素都得移动，需移动 n 次；当 $i=n+1$ 时，不需要移动元素，因此在 i 位置插入时移动次数为 $n-i+1$。假设在每个位置插入的概率相等，为 $\dfrac{1}{n+1}$，则平均移动元素的次数为 $\sum\limits_{i=1}^{n+1}\left[\dfrac{1}{n}(n-i+1)\right]=\dfrac{n}{2}$，因此时间复杂度为 $O(n)$。

从上面的分析可知，顺序表的插入算法平均要移动一半元素，当 n 较大时，算法效率很低。

5. 删除数据

删除数据和插入数据相似，也要求判断 i 的值是否合适。如果合适，则把后面的数据向前移动，删除成功，表的长度减 1，返回 TRUE；否则，返回 FALSE。删除结点示意图如图 2-3 所示。

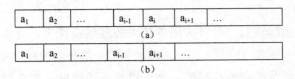

图 2-3　在顺序表中删除结点的示意图

(a) 删除前；(b) 删除后

```
void    Delete(sqlist &L, int i, elemtype  &e)
{
    int j;
    if(i<1||i>L.length)
        printf("非法位置");            //检查位置是否合适
    e= L.data[i- 1];                    //取出要删除的元素值
    for(j= i;j<L.length;j+ + )
        L.data[j- 1]= L.data[j];        //结点前移
        L.length- - ;                  //表长减 1
}
```

该算法的运行时间主要花费在元素前移上，和前面的插入算法类似，平均移动次数为 $\sum_{i=1}^{n}\dfrac{1}{n}(n-i)=\dfrac{n-1}{2}$，因此时间复杂度为 $O(n)$。顺序表的删除运算平均移动元素次数也约为表的一半，当 n 较大时，算法的效率相当低。

线性表的顺序存储由于存储空间是连续的，因此能根据线性表的首地址计算出任意一个结点的存储位置。在顺序存储中，能够方便地查找指定位置的结点，但是插入或删除结点运算效率相当低。

2.3　表的链式存储

由上节的讨论可知，线性表的顺序表表示的特点是用物理位置上的邻接关系来表示结点间的逻辑关系，这一特点使得顺序表有如下的优缺点：

优点：(1) 无需为表示结点间的逻辑关系而增加额外的存储空间。

(2) 可以方便地随机存取表中任一结点。

(3) 方法简单，各种高级语言中都有数组类型，容易实现。

缺点：(1) 插入或删除运算不方便，除表尾的位置外，在表的其他位置上进行插入或删除操作都必须移动大量的结点，效率较低。

(2) 需要预先分配（静态分配）足够大的连续存储空间。若分配过大，则顺序表后面的空间可能长期闲置而得不到充分利用；若分配过小，则可能在使用中因空间不足而造成溢出。

为了克服顺序表的缺点，可以采用链接方式存储线性表，通常将链接方式存储的线性表称为（线性）链表（linked list）。链表是用一组任意的存储单元来存放线性表的结点，这组存储单元既可以是连续的，也可以是不连续的，甚至是零散分布在内存中的任何位置上。因此，链表中结点的逻辑次序和物理次序不一定相同。为了能正确表示结点间的逻辑关系，在存储每个结点值的同时，还必须存储其后继或前驱结点的地址（或位置）信息，这个信息称为指针（pointer）或链（ink）。链表正是通过结点的链域将线性表的各个结点按其逻辑顺序链接在一起的。简单地说，链表就是用指针表示结点间的逻辑关系。

本节主要从以下两个角度来讨论链表：根据链表总空间构成的特点，将链表分为动态链表和静态链表；根据指针链接方式的不同，将链表分为单链表、循环链表和双链表，其中重点讨论单链表。特别需要指出的是，链接存储是最常用的存储方法之一，它不仅可用来表示线性表，还可以用来表示各种非线性的数据结构，在以后的章节中将被反复使用。

在本书中，一种数据结构的链接实现是指按链式存储方式构建其存储结构，并在此存储结构上实现其基本运算。

2.3.1　单链表结构

在单链表中，每个结点由两部分信息组成：一个是数据域，用来存放结点的值（内容）；另一个是指针域（称链域），用来存放结点的直接后继的地址（或位置）。所有结点通过指针域链接在一起，构成一个链表，其中每个结点只有一个指针域，故称之为单链表（single linked list）。数据域和指针域一般用 data 和 next 表示，结点结构为：

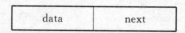

单链表每个结点的地址存放在其前驱结点的 next 域中，但开始结点无前驱，故应另外用一个指针来指向它，这个指针称为头指针，存放这个指针的变量称为头指针变量，一般用 head 表示。另外，终端结点无后继，它的指针域为空，即 NULL（图示中常用 ∧ 表示）。例如，图 2-4 是线性表（"赵""钱""孙""李""周""吴""王"）的单链表示意图。

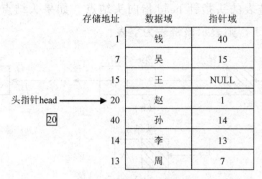

图 2-4 单链表示意图

由于单链表只注重结点间的逻辑顺序，并不关心每个结点的实际存储位置，因此通常用箭头来表示指针域中的指针，从而将链表简洁直观地画成用箭头链接起来的结点序列，如图 2-5 所示。

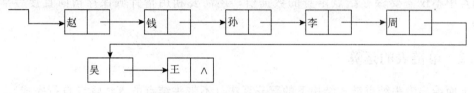

图 2-5 单链表的一般图示表示法

如果给定了头指针，也就知道了单链表第一个结点的位置，于是沿着指针链就可以"顺藤摸瓜"地找到表中任一结点。而表中任一结点也只有通过指向它的指针才能访问，所以头指针变量具有标识单链表的作用，或者说，单链表由头指针唯一确定。因此单链表可以用头指针变量的名字来命名，图 2-5 所示的单链表就称为表 head 或 head 表。

单链表可用 C 语言的类型定义如下：

```
typedef  int   elemtype;          //结点数据类型,假设为 int
typdedef  struct   LNode
    {//结点结构
     elemtype data;
     struct  LNode * next;
    }LinkList;
    LinkList  * L,* head;          //单链表类型,即头指针类型
```

这里的 L（或 head）可以作为单链表的头指针，它指向该链表的第 1 个结点。如果 L＝NULL，则表示该单链表为一个空表，其长度为 0。

为了更方便地判断空表、插入和删除结点，有时在单链表的第 1 个结点前面加上一个附设的结点，称为头结点。头结点的数据域可以不存储任何信息，也可以存储一些附加信息，而头结点的指针域存储链表第 1 个结点的地址。图 2-6 所示即为带头结点

的单链表，此时，单链表的头指针 head 指向头结点。如果头结点的指针域为"空"，即 head->next＝NULL，则表示该链表为空表。

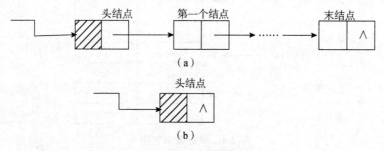

图 2-6　带头结点的单链表

（a）非空表；（b）空表

由于线性表的链式存储方式是利用不连续的内存空间来保存结点的信息，因此，在结点中不仅需要保存结点本身的数据值，还需要利用指针域保存指向直接后继的指针。

2.3.2　单链表的运算

下面给出带头结点链式结构下的部分算法（不带头结点的算法读者自行完成）。设 head 是链表的头指针，数据域为整型数据。

1. 建表

（1）头插法建表。该方法是将新结点插到当前链表的表头上。从有头结点的空表开始，每次在头结点后插入新结点，如图 2-7 所示。

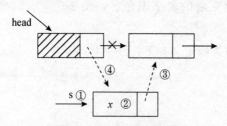

图 2-7　头插法建单链表

```
LinkList    * hcreat(int n)
{    LinkList * head,* s;
     int  i;
    head= (LinkList* )malloc(sizeof(LNode));
    head->next= NULL;
  for(i= 1; i<= n; i+ + )
    {
       s= (LinkList* )malloc(sizeof(LNode));
```

```
        scanf("% d",&s->data);
        s->next= head->next
        head->next= s;
        }
return head;
    }
```

不带头结点的头插法（从左边插入结点），算法如下：

```
  struct  LinkList   * hcreat(int n)
{ struct  LinkList  * s,* p;
    int i;
    p= NULL;
    for(i= 1;i<= n;i+ + )
     {s= (LinkLis* )malloc(sizeof(LNode));
       scanf("% d",&s->data);
       s->next= p;
       p= s;
      }
     return p;
 }
```

头插法建立单链表算法简单，但是得到的单链表顺序与输入数据顺序相反，要想得到与数据顺序一致，可采用尾插法建立单链表。

（2）尾插法建表。

```
  LinkList    * rcreat(int n)
  {    LinkList * head, * s, * r;
       int i;
       head= (LinkList* )malloc(sizeof(LNode));
       head->next= NULL;   r= head;
       for(i= 1; i<=n; i+ + )
          {
              s= (LinkList* )malloc(sizeof(LNode));
              scanf("% d",&s->data);
              r->next= s;
              r= s;
          }
       r->next= NULL;
       return head;
    }
```

不带头结点的尾插法（从右边插入结点），算法如下：

```
    LinkList    * rcreat(int n)
```

```
{    LinkList * p, * s, * r;
     int i;
     p= NULL;
     for(i= 1; i<= n; i+ + )
      {
          s= (LinkList* )malloc(sizeof(LNode));
          scanf("% d",&s->data);
          if(p= = NULL)  p= s;
          else   r->next= s;
          r= s;
      }
     r->next= NULL;
     return  p;
 }
```

若假设链表中元素个数为 n，则以上算法的时间复杂度都为 $O(n)$。

2. 求表长

算法思路是从首结点开始沿着指针链向后搜索，逐个统计表结点数，一直统计到尾结点为止，得到的结点总数即表长。由于在结点中没有保存链表的长度，因此，要获得表长就必须对链表进行完整的遍历。

```
int ListLength(LinkList * head)
{  int  len= 0;
   LinkList * p= head->next;              //p指针指向第一结点
   while(p! = NULL)
   {
     len+ + ;
     p= p->next;                         //指针指向下一个结点
   }
   return len;
}
```

说明：本算法时间复杂度为 $O(n)$，其中 n 是单链表的长度，临时指针变量 p 是必需的，否则会导致链表丢失。

3. 单链表上的查找运算

单链表上的查找运算与顺序表不一样，不能实现随机查找，要找某个元素，只能从头开始找，故属于顺序查找。

（1）按序号查找。设表长为 n，则要查找的结点号 i 应满足 $1 \leqslant i \leqslant n$，但有时需要把头结点形式上看成是第 0 号结点。当 $i = 0$ 时返回头结点（比如在后面将介绍的插入算法中，若插入点为第 1 个结点，则需要先找到它的"前驱"，即第 0 号结点）。按序号查找的算法如下：

```
LinkList  Get(LinkList  * head,int i)
{//结点号 i 的有效范围是 0≤i≤n
    int j;
    LinkList * p;
    if(i= = 0) return head;              //0 号结点为头结点
    if(i<0)
      return NULL;                       //位置非法,无此点
    j= 0;                                //计数器
    p= head->next;                       //从首结点开始搜索
    While((p! = NULL)&&(j<i)
    {
    j+ + ;
    p= p->next;                          //没有搜索到第 i 个点,继续下一个结点
    }
    return p;                            //未找到时 p 自动为 NULL
}
```

（2）按值查找。算法思路：从首结点开始沿着指针链搜索，逐个检查每个结点的数据域，看它是否是所要查找的结点，若是则返回该结点的地址，否则返回 NULL。算法与按序号查找类似，但查找的目标不同，这里不是找第 i 个点，而是找数据域的值。

```
LinkList  Locate(LinkList * head,elemtype x)
{ LinkList * p;
  p= head->next;                         //从首结点开始搜索
  while((p! = NULL)&&(p- > data! = x))
        p= p->next;                      //到下一个结点
  return p;                              //未找到时 p 自动为 NULL
}
```

上述两个算法，如果找到数据，则返回找到位置的地址，所需要的时间为 $\left(\dfrac{n}{2}\right)$；如果找不到数据，则需要遍历整个链表，此时需要时间为 (n)。因此算法时间复杂度为 $O(n)$，其中 n 为链表的长度。

4. 插入运算

实现插入运算 INSERT（L，x，i）的基本步骤如下：

（1）在链表中找到插入位置，这可通过按序号查找（Get）来实现。

（2）生成一个以 x 为值的新结点。

（3）将新结点插入。

插入过程如图 2-8 所示，要使插入的结点成为新的第 i 个结点，需要修改原第 $i-1$

个结点的后继指针，使之指向新结点，新结点的后继是原第 i 个结点。这样，在第（1）步中实际需要找第 $i-1$ 个结点的地址 q 而不是第 i 个结点的地址 p。

算法如下：

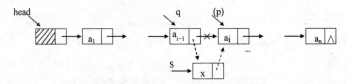

图 2-8　在单链表第 i 个位置插入结点

```
int  Insert(LinkList * head, elemtype  x,  int i)
  {  LinkList  * q,* s;
    s= (LinkList* )malloc(sizeof(LNode));     //生成新结点 s-> data= x;
    if(head->next= = NULL)                     //链表为空
    {
        head-> next= s;
        s> next= NULL;
    }
    q= Get(head,i-1);                          //找第 i-1 个点
    if(q= = NULL)
    {printf("非法插入位置! \n");return 0;}      //无第 i-1 个结点,即 i<1 或 i>n+ 1 时
    else
      {s-> next= q-> next;                      //新结点的后继是原第 i 个点
      q-> next= s;                              //原第 i-1 个结点的后继是新结点
      return  1;                                //插入成功
      }
  }
```

注意上面修改指针 s->next 和 q->next 两条语句的顺序不能颠倒，若先修改了 q->next＝s;，则原第 i 个结点的位置就不知道了。一般规则是先修改新结点的指针（这时不影响其他结点），再修改旧结点的指针。该算法的时间主要花费在查找上，故时间复杂度为 $O(n)$。

5. 删除运算

根据删除运算 DELETE（L，i）的定义，可知其基本步骤为：

（1）找到第 i 个结点，这可通过按序号查找（Get）来实现。

（2）删除该结点。

结点删除流程如图 2-9 所示，设当前要删除的结点（第 i 个结点）地址为 p，则删除时要修改其前驱的后继指针，使之指向当前结点的后继。所以在第（1）步，实际上要找第 $i-1$，算法如下：

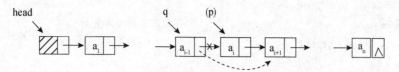

图 2-9 在点链表上删除第 i 个结点

```
int Delete(LinkList * head,int i)
{  LinkList * p,* q;
    q= Get(head,i- 1);                      //找待删结点的直接前趋
    if(q= = NULL|| q- > next= = NULL)        //即 i<1 或 i>n 时
    {printf("非法删除位置! \n");return 0;}
    p= q- > next;                           //保存待删结点的地址,用于释放空间
    q- > next= p- > next;                    //修改前趋的指针
    free(p);                                //释放已删除的结点空间
    return 1;                               //删除成功
}
```

上面的 if 语句有两个条件：q==NULL 表示待删结点的前趋不存在；q->next==NULL 表示待删结点本身不存在。这是因为前趋存在并不能保证待删结点也存在，如链表长度为 n，若要删除第 $i=n+1$ 个结点，它实际上不存在，但它的"前驱"第 $i-1$ 个结点却存在，即终端结点。对不存在的结点实行删除操作，如取它的后继，释放它的空间是错误的。

注意：上述算法中若没有语句 free（p），则链表上虽然没有了结点 * p，但它仍占用内存空间，却又不起作用，形成内存垃圾。随着这种结点的增多，内存浪费越来越严重，可用内存越来越少，最终将会影响到程序的正常运行。所以链表中不需要的结点要及时将其释放。该算法的时间主要花费在查找上，故时间复杂度为 $O（n）$。

若需要将单链表按逻辑顺序输出，则必须从头到尾访问单链表中的每一个结点，算法如下：

```
void  Print(LinkList * head)
{    LinkList  * p= head->next;
      while(p! = NULL)
      {
          printf("% d",p->data);
          p= p->next;
      }
}
```

6. 销毁运算

链表的销毁比较简单，就是从头到尾将所有结点空间释放，算法如下：
```
void Destroy(LinkList * head)
```

```
{ LinkList * p,* q;
    p= head;                              //从头结点开始
    while(p! = = NULL)
    {
        q= p->next;
        free(p);
        p= q;
    }
}
```

以上各算法的时间复杂度除了初始化为 O（1）外，其他都是 O（n）。

从上面的讨论可以看出，链表上实现的插入和删除运算，无须移动结点，仅需修改有关指针。

2.3.3　循环链表结构

循环链表（circular linked list）是一种首尾相接的链表。其特点是无须增加存储量，仅对表的链接方式稍作改变，就可使表的处理更加方便灵活。

在单链表中，将尾结点的指针域由 NULL 改为指向头结点或首结点，就得到了单链形式的循环链表，简称为单循环链表。这相当于将尾结点的后继视为头结点或首结点，将头结点或首结点的前驱视为尾结点。类似地，还有多重链的循环链表，如双循环链表。单循环链表中，表中所有结点被链在一个环上，多重循环链表则是将表中结点链在多个环上。循环链表中头结点也能起到使空表和非空表的处理一致的作用。带头结点的循环链表如图 2-10 所示，其中空循环链表只有头结点并自循环。

图 2-10　单循环链表示意图

在用头指针表示的单循环链表中，找首结点 a_1 的时间是 O（1），但要找到尾结点 a_n，则须从头指针开始遍历整个链表，其时间是 O（n）。在很多实际问题中，表的操作常常要在表的首尾位置上进行，此时头指针表示的单循环链表就显得不够方便，可改用尾指针 rear 来表示单循环链表。

循环链表上的运算与单链表上的运算一致，区别在于最后一个结点的判断（即循环条件不同），但利用循环链表实现某些运算较单链表方便。

【例 2-1】在单循环链表中，指针 p 是指向循环链表中的任意一个结点，求 p 的直接前驱（从 p 点出发，而不从 head 出发），算法如下：

```
LinkList  prior(LinkList * head,LinkList * p)
{
```

```
    LinkList  * q;
    q= p- > next;
    while(q- > next! = p)
        q= q- > next;
    return  q;
}
```

【例 2-2】已知有两个带头结点的循环单链表，设计一个算法，将两个表合并成一个带头结点的循环单链表，第一个表尾接第二个表的头。

分析题意，设两个带尾指针的单循环链表实现，算法如下。

```
Void  UnionList(LinkList  * La,LinkList    * Lb)
{//  La 和 Lb 是两个带头结点的单循环链表的尾指针,本算法将 Lb 接到 La 后成为一个单循环表
    LinkList * p= La- > next;           //p 指向 La 的头结点
    La- > next= Lb- > next- > next;     //La 的后继结点为原 Lb 的第一个元素结点
    Lb- > next= p;                      //Lb 的后继结点为 La 的头结点
```

2.3.4　双向链表结构

在单链表中，每个结点含有后继指针，因此找某个结点的后继比较方便，由后继指针直接可得；但找前驱就不方便了，需要进行查找：如果是单循环链表，那么可从该结点出发沿后继指针逐个查找，时间耗费是 $O(n)$；如果不是循环链表，那么则只能从头结点或首结点出发进行查找，平均时间耗费也是 $O(n)$。若希望能快速确定一个结点的前驱，则可在单链表的每个结点里再增加一个指向其前驱的指针域（见图 2-11）。这样形成的链表含有指向前驱和后继两个方向的链，称之为双（向）链表（double linked list）。

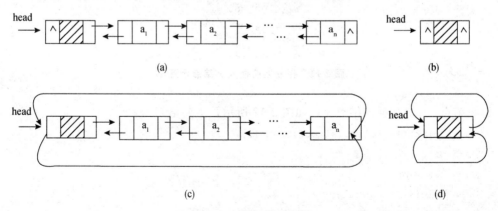

图 2-11　双链表示意图

（a）非空双向链表；（b）空双向链表；（c）非空双向循环链表；（d）空双向循环链表

在 C 语言中，双向链表类型定义如下：

```
typedef int elemtype;                   //结点数据类型,假设为 int
```

```
typedef  struct    DNode
  {elmetype  data;
    struct   DNode * prior,* next;      //prior指向前驱指针,next指向后继指针
  }DLinkList;
DLinkList * head, * p;                   //指针类型说明
```

　　和单链表类似，双链表一般也由头指针 head 唯一确定，增加头结点也能使双链表上的某些运算变得方便，将头结点和尾结点链接起来也能构成循环链表，称为双（向）循环链表，如图 2-11（c）和图 2-11（d）所示。

1. 双向链表插入运算

　　回顾单链表的插入和删除运算，其前插不如后插方便，删除某结点 * p 自身不如删除 * p 的后继方便，原因是表中只有一条后继链，运算中需要查找结点的前驱，不方便。双链表结构是一种对称结构，既有前驱链又有后继链，这就使得两种插入操作和两种删除操作都方便。设指针 p 指向双链表的某一结点，则双链表结构的对称性可用下式表示：

　　p-> prior-> next= p= p-> next-> prior

　　亦即结点 * p 的存储位置既存放在其前驱结点 * （p->prior）的后继指针域中，也存放在其后继结点 * （p->next）的前驱指针域中。

　　双链表的运算如求表长、按序号查找、定位等与单链表基本相同，主要不同是插入和删除运算，因为这需要修改两条链。

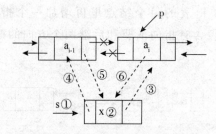

图 2-12　在 p 之前插入 x 结点示意图

　　在结点 * p 之前插入结点 x，如图 2-12 所示，主要语句为：

①s= (DLinkList)malloc(sizeof(DNode));

②s-> data= x;

③s-> next= p;

④s-> prior= p- > prior;

⑤p-> prior- > next= s;

⑥p-> prior= s;

　　这里要修改 4 个指针。注意其语句的次序：语句⑥必须位于语句④和⑤之后，否则，先打断了 p->prior 这条链，以后就不能从 p 获得 p 的前驱了。一般规则与单链表相同，即先修改新结点的指针（这时不影响其他结点），再修改旧结点的指针，但这里

涉及两个旧结点，则先修改其原值不再有用的指针。可类似写出在结点 * p 之后插入结点 x 的算法，对双链表来说，前插并不比后插困难，它们一样方便。插入结点算法如下：

```
void DbInsert(DLinkList * head, elemtype x, elemtype y)
{
    DLinkList * p,* s;
    s= (DLinkList* )malloc(sizeof(DNode));
    s- > data= x;
    P= head;
    While((p! = NULL)&&(p- > data! = y))        //查找值为 y 的结点
        p= p- > next;
    if(p! = NULL)                               //找到插入位置
    {
        s-> next= p;
        s- > prior= p- > prior;
        p- > prior- > next= s;
        p- > prior= s;
    }
    else  printf("非法位置\n");
}
```

2. 双向链表删除运算

删除结点 * p 自身，如图 2-13 所示，主要语句为：

①p- > prior- > next= p- > next;
②p- > next- > prior= p- > prior;
③free(p);

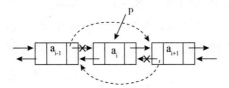

图 2-13　删除 p 指针所指的结点示意图

这里修改两个指针的语句次序可互换。因为双链表上的前插操作和删除某结点 * p 自身的操作都很方便，所以在双链表上实现有关插入和删除时，无须转化为后插操作及删去结点后继的操作。例如，在双链表的第 i 个位置上插入或删除，可直接找到表的第 i 个结点 * p，用上面的方法处理即可，而不必像处理单链表那样，先找到第 i 个结点的前驱才能进行，所以双链表显得更为自然和方便。删除结点算法如下：

```
void    DbDelete(DLinkList  * head, elemtype  y)
{
```

```
DLinkList * p;
p= head;
while((p! = NULL)&&(p- > data! = y))        //查找值为 y 的结点
     p= p- > next;
if(p! = NULL)//找到该结点
  {
    p- > prior- > next= p- > next;
    p- > next- > prior= p- > prior;
    free( p);
  }
else  printf("非法位置\n");
}
```

上述两个算法时间主要花费在查找结点上，故时间复杂度仍为 $O(n)$。

2.4 一元多项式的表示及相加

2.4.1 一元多项式的表示

1. 顺序表示

设有一个一元多项式 $f_n(x) = a_0 + a_1x + a_2x^2 + \cdots + a_nx^n$，若只存储它的系数 a_0，a_1，……，a_n，则可以用一个一维数组表示，占用的存储单元有 $n+1$ 个。但若有很多系数为 0 时，将会浪费很多存储单元。例如对于多项式 $f(x) = 1 + 5x^3 + 8x^{1000}$，用顺序表来存储系数时，需要 1001 个存储单元，但实际只要存储三个项即可，浪费存储单元 998 个。若只存储非 0 的系数，虽然可以节省存储单元，但又不知道是对应哪一项的指数，操作起来不方便。此时，可以考虑使用另一种存储结构。

2. 链式表示

对于一元多项式 $f_n(x) = a_0 + a_1x + a_2x^2 + \cdots + a_nx^n$，若有很多系数为 0，可以采用只存储非零系数及对应的指数，这时，用单链表表示比较方便。

例如，$f(x) = 1 + 2x^7 + 7x^{25} + 8x^{30}$，可用单链表表示，如图 2-14 所示。

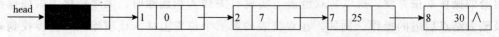

图 2-14   一元多项式的单链表示意图

2.4.2　一元多项式的相加

1. 基本思路

对于 $A(x)$ 和 $B(x)$ 两个一元多项式相加时，需要对两个单链表从头向尾进行扫描。具体实现方法：取 A 和 B 表中任意一个表头作为相加后的链表表头，假设取 A 表的表头 La 作为相加后的链表表头，新表指针 pc＝La，然后设置两个搜索指针 pa＝La->next；pb＝Lb->next；

当 pa 和 pb 都不为空时，循环执行下面的语句：

（1）若 pa 的指数＜pb 的指数，将 pa 插入到新表中，pa 指针后移。

（2）若 pa 的指数＞pb 的指数，将 pb 插入到新表中，pb 指针后移。

（3）若 pa 的指数＝pb 的指数，两系数相加，若相加后的系数为 0，删除 pa、pb 两个结点，然后 pa、pb 后移；若相加系数不为 0，则将结果放入 pa 的系数中，并将 pa 插入到新表中，pa 指针后移，删除 pb 结点，pb 后移。

（4）当循环结束后，若 pb 非空，则 pc->next＝pb；若 pa 非空，则 pc->next＝pa；算法结束。

两个链表 $A(x)=7+3x+9x^8+5x^{17}$ 和 $B(x)=8x+22x^7-9x^8$ 相加过程如图 2-15 所示。

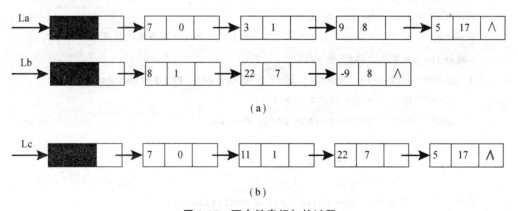

（a）

（b）

图 2-15　两个链表相加的过程

（a）相加前的两个链表；（b）相加后的两个链表

2. 算法实现

```
# include < stdio. h>
typedef  struct  poly{
    int coef;
    int exp;
    struct    poly * next;
}Lpoly;
```

```
//头插法建立带头结点的单链表
Lpoly * hcreat()
{  Lpoly * s,* head;
int x,y;
printf("输入结点的系数和指数,为 0 时算法结束");
scanf("% d% d",&x,&y);
    head= (Lpoly* )malloc(sizeof(poly));
      head-> next= NULL;
    while(x! = 0)
    {  s= (Lpoly* )malloc(sizeof(poly));
      s- > coef= x;s- > exp= y;
      s- > next= head- > next;
      head- > next= s;
      scanf("% d% d",&x,&y);
    }
    return head;
}
Lpoly * polyadd(Lpoly  * La,  Lpoly  * Lb)      //多项式相加
{  Lpoly * pa,* pb,* pc;
   pa= La- > next;pb= Lb- > next;
   pc= La;                                   //指向 A 表的头结点
   while(pa! = NULL&&pb! = NULL)
   {  if(pa- > exp< pb- > exp)  {pc- > next= pa;  pc= pa;pa= pa- > next;}
     else if(pa- > exp> pb- > next)
     {pc- > next= pb;pc= pb;pb= pb- > next;}
     else{
           int sum= pa- > coef+ pb- > coef;
           if(sum= = 0)
           {Lpoly  * p= pa;pa= pa- > next;free(p);
           Lpoly  * q= pb;pb= pb- > next;free(q);
         }
         else
           {pa- > coef= sum;pc- > next= pa;pc= pa;
             pa= pa- > next;
           p= pb;pb= pb- > next;free(p);
         }
      }
   }
if(pa! = NULL) pc- > next= pa;
```

```
        if(pb! = NULL) pc- > next= pb;
        free(Lb);
        return  La;
}
void  main()
{  Lpoly * La,* Lb,* Lc;
    La= hcreat();                          //头插法建立第一个多项式
    Lb= hcreat();                          //头插法建立第二个多项式
    Lc= polyadd(La,Lb);                    //多项式相加
}
```

2.5　线性表顺序存储与链式存储的比较

在实际应用中，顺序存储和链式存储两种方法各有特色，究竟选用哪一种作为存储结构呢？这要根据问题的要求和性质来确定，一般可以从以下几个方面考虑。

2.5.1　基于存储空间考虑

顺序表的存储空间是静态分配的，程序执行前必须预先分配。若线性表的长度 n 变化较大，存储空间难以事先确定。估计过大，将会造成大量存储空间的浪费；估计过小，又不能临时扩充存储单元，将使空间溢出机会增加。链表的存储空间是动态分配的，只要内存空间尚有空余，就不会发生溢出。因此，当线性表长度变化不大，存储空间可以事先估计时，采用顺序表作存储结构比较方便；当线性表长度变化较大，存储空间难以事先估计时，采用链表作存储结构比较方便。

2.5.2　基于时间考虑

顺序表是一种随机访问的表，而链表是一种顺序访问的表，因此顺序表的访问较链表方便。若线性表中运算主要为存取、查找运算，则采用时间复杂度为 $O(1)$ 的顺序表方便；若线性表中的运算大部分为插入、删除运算，则采用时间复杂度为 $O(n)$ 的链表方便；若链表中操作运算都在表尾进行，则应采用带尾指针的单循环链表。

2.5.3　基于语言考虑

由于链表中结点空间的分配和释放都是由系统提供的标准函数 malloc 和 free 动态执行，因此称为动态链表。因为有些高级程序设计语言本身不支持"指针"的数据类型，所以不能使用动态链表。在这种情况下，就需要引入静态链表的概念。

由于程序设计语言不支持动态分配地址的方式，因此必须预先分配好存储空间。

也就是说，先定义一个规模较大的数组，作为备用结点空间。当申请结点时，从备用结点空间内取出一个结点；当释放结点时，就将结点归还给备用结点空间。用这种方式实现的单链表，每个结点（结构数组的一个分量）含两个域：data 域和 next 域。data 域用来存储结点的数据，next 域用来存储模拟指针"游标"，它指示了其后继结点在数组中的位置，把这种用数组描述的链表称为静态链表。

线性表的静态链式存储结构定义如下：

```
# define  Maxsieze  1000;              //链表的最大长度
typedef   int elemtype
typedef   struct  SList               //结点的类型
{
elemtype   data;                      //数据域
int next;                             //游标域
}Node;
Node    SList[Maxsize];               //备用结点空间
```

2.6 线性表的应用

【例 2-3】实现一个单链表的逆置运算，要求不另外增加多余的辅助空间。

分析：要将一个单链表逆置，即将（a_1，a_2，…，a_n）变成（a_n，a_{n-1}，…，a_1）。链表已经存在，不需要另外申请存储空间，只需改变链接关系即可，可借助单链表头插法来实现题目要求，其算法如下：

```
void    Swaplink(LinkList  * head)
{   LinkList  * p,* s;
    p= head- > next;
    head- > next= NULL;
    while(p! = NULL)
    {
        s= p- > next;
        p- > next= head- > next;
        p= s;
    }
}
```

该算法时间复杂度为 $O(n)$。

【例 2-4】约瑟夫问题。设有 n 个人坐在圆桌周围，从第 s 个人开始报数，数到 m 的人出列，然后再从下一个人开始报数，同样数到 m 的人出列，如此重复，直到所有人都出列为止。要求输出出列的顺序。

分析：本问题可以采用一个链表来解决。设圆桌周围的人构成一个带头结点的循环链表。先找到第 s 个人的对应结点，由此开始，顺序扫描 m 个结点，将扫描到的第 m 个结点删除。重复上述过程，直到链表为空。算法如下：

```
typedef  char  elemtype;
typedef  struct  LNode
{ elemtype  data;
    LNode  * next;
}LinkList;
void    Joseph(LinkList * head, int n, int s, int m)
{   int i, j;
    LinkList  * p, * q, * r;
    if(n< s)  return  ;                     //找不到 s 结点
    q= head;
    for(i= 1; i< s; i+ + )
    q= q- > next;                           //找到 s 结点, q 指向 s 结点的前驱
    p= q- > next;                           //p 指向 s 结点
    for(i= 1; i< n; i+ + )
    {
        for(j= 1; j< m; j+ + )              //从当前位置去找第 m 个结点 (报数)
          if((p-> next! = NULL)&&(q- > next! = NULL))
                                            //如果 p 和 q 都不是表尾, 下移指针
            {q= q- > next;
             p= p- > next;
             }
          else if(p- > next= = NULL)
          //p 的下一个结点为空, 则让 p 的下一个结点为表中第一个结点
             {  q= p- > next;
                p= head- > next;
              }
          else//q 的一下结点为空, 则让 q 的下一个结点为表中的第一个结点
             {  q= head- > next;
                p= p- > next;
             }
        printf("% c\n", p- > data);         //第一个元素出列
        r= p;                               //r 指向要删除结点 p, 准备释放
        if(p- > next= = NULL)               //释放 p 所指的结点, 并修改指针
          {p= head- > next;                 //若 p 为表尾
            q- > next= NULL; }
        else                                //p 不为表尾
```

```
        {  p= p- > next;
           if(q- > next! = NULL)          //q不为表尾
                q- > next= p;
           else                          //q为表尾
                head- > next= p;
           }
        free(r);
     }
   printf("% c\n",(head- > next)- > data);
}
```

约瑟夫问题也可以采用顺序表解决，n 个人可以用 1，2，…n 进行编号，然后存入一个一维数组，若某个人出圈，则将数组后面的元素往前移一个数组位置，最后面位置为空，可以存放出圈人的编号，再对前面 $n-1$ 个人重复过程，直到剩下一个人为止，则此时数组存放的值为出圈人的反序。需要指出的是，约瑟夫问题采用循环链表解决，则更加简单。

由上述例子可以看出，链表的用途很广，操作也很灵活。对于初学者来说，要多加练习，勤于思考，深刻理解本章的内容，对后面章节的学习很有帮助。

本章小结

1. 线性表是一种一对一的线性关系的特殊数据结构，通常采用顺序存储结构式链式存储结构进行存储。

2. 线性表的顺序存储结构采用结构体形式，包含两个域：一个数据域，存放数据所有元素；另一个是长度域存放线性表中实际元素个数。

3. 线性表的链式存储，是通过结点之间的链接而得到的，单链表的结点至少有两个域：一个数据域存放结点信息，一个地址域存放后继元素的地址。

4. 循环链表中不存在空指针，使最后一个结点的指针指向开头，形成首尾相连的环。

5. 双向链表结点含三个域：一个存储数据信息的数据域，一个存放前驱地址的指针 prior，一个存放后继地址的指针 next。

6. 顺序存储可以提高存储单元的利用率，但会增加算法执行时间，而链式存储将会占用较多的额外空间，但能使用不连续的存储空间，并且有时能提高程序的运行效率。

习题 2

一、选择题

1. 下述（　　）是顺序存储结构的优点。

A. 存储密度大 　　　　　　　　　B. 插入运算方便

C. 删除运算方便 　　　　　　　　D. 可方便地用于各种物理结构的存储表示

2. 下面关于线性表的叙述中（　　）是错误的。

A. 线性表采用顺序存储，必须占用一连续存储单元

B. 线性表采用顺序存储，便于插入和删除操作

C. 线性表采用链式存储，不必占用一连续存储单元

D. 线性表采用链式存储，便于插入和删除操作

3. 线性表是具有 n 个（　　）的有限序列（$n>0$）。

A. 表元素 　　　　B. 字符 　　　　C. 数据元素

D. 数据项 　　　　E. 信息项

4. 若某线性表最常用的操作是存取任一指定序号的元素和在最后进行插入和删除运算，则利用（　　）存储方式最省时间。

A. 顺序表 　　　　　　　　　　　B. 双链表

C. 带头结点的双循环链表 　　　　D. 单循环链表

5. 若线性表中有 n 个元素，算法（　　）在单链表上实现要比在顺序表上实现效率更高。

A. 删除所有值为 x 的元素

B. 在最后一个元素的后面插入一个新元素

C. 顺序输出前 k 个元素

D. 交换其中某两个元素的值

6. 某线性表中最常用的操作是在最后一个元素之后插入一个元素和删除第一个元素，则采用（　　）存储方式最节省运算时间。

A. 单链表 　　　　　　　　　　　B. 仅有头指针的单循环链表

C. 双链表 　　　　　　　　　　　D. 仅有尾指针的单循环链表

7. 设一个链表最常用的操作是在末尾插入结点和删除尾结点，则选用（　　）最节省时间。

A. 单链表 　　　　　　　　　　　B. 单循环链表

C. 带尾指针的单循环链表 　　　　D. 带头结点的双循环链

8. 静态链表中指针表示的是（　　）。

A. 内存地址 　　　　　　　　　　B. 数组下标

C. 下一元素地址　　　　　　　　　　D. 左、右孩子地址

9. 链表不具有的特点是（　　）。

A. 插入、删除不需要移动元素　　　　B. 可随机访问任一元素

C. 不必事先估计存储空间　　　　　　D. 所需空间与线性长度成正比

10. 若长度为 n 的线性表采用顺序存储结构，在其第 i 个位置插入一个新元素的算法的时间复杂度为（　　）（$1 \leqslant i \leqslant n+1$）。

A. $O(0)$　　　　　　　　　　　　　B. $O(1)$

C. $O(n)$　　　　　　　　　　　　　D. $O(n^2)$

11. 对于顺序存储的线性表，访问结点和增加、删除结点的时间复杂度分别为（　　）。

A. $O(n) \ O(n)$　　　　　　　　　　B. $O(n) \ O(1)$

C. $O(1) \ O(n)$　　　　　　　　　　D. $O(1) \ O(1)$

12. 线性表（a_1，$a_2 \cdots$，a_n）以链式方式存储时，访问第 i 位置元素的时间复杂度为（　　）。

A. $O(i)$　　　　　　　　　　　　　B. $O(1)$

C. $O(n)$　　　　　　　　　　　　　D. $O(i-1)$

13. 非空的循环单链表 head（头指针）的尾结点指针 p 满足（　　）。

A. p-> next= = head　　　　　　　　B. p-> next= = NULL

C. p= = NULL　　　　　　　　　　　D. p= = head

14. 在一个单链表中，已知指针 q 所指结点是指针 p 所指结点的前驱结点，若在 q 和 p 之间插入结点 s，则执行（　　）。

A. s-> next= p-> next；p- next= s　　B. p- next= s-> next；s-> Next= p

C. q-> next= s；s-> next= p　　　　　D. p-> next= s；s- next= q

15. 在一个单链表中，若删除指针 p 所指结点的后续结点，则执行（　　）。

A. p-> next= p-> next- next；

B. p= p-> next；p-> next= p-> next-> next；

C. p-> next= p- next；

D. p= p-> next-> next；

16. 在双向链表指针 p 所指的结点前，插入指针 s 所指的新结点的操作为（　　）。

A. p-> prior= s；s- next= p；p-> prior-> next= s；s-> prior= p-> pror；

B. p-> prior= s；p- prior-> next= s；s-> next= p；s-> prior= p-> prior；

C. s-> next= p；s　-> prior= p-> prior；p-> prior= s；p-> prior-> next= s；

D. s-> next= p；s-> prior= p-> prior；p- prior-> next= s；p-> prior= s；

17. 若某线性表中最常用的操作是取第 i 个元素和找第 i 个元素的前驱元素，则采用（　　）方式存储最节省时间。

A. 单链表　　　　B. 双链表　　　　C. 单循环链表　　　D. 顺序表

18. 一个数组第一个元素的存储地址为 100，每个元素的长度为 2，则第 5 个元素的地址是（　　）。

　　A. 110　　　　　　　B. 108　　　　　　　C. 100　　　　　　　D. 120

19. 以下说法正确的是（　　）。

　　A. 顺序存储方式的优点是存储密度大且插入、删除运算效率高

　　B. 链表的每个结点中都恰好包含一个指针

　　C. 线性表的顺序存储结构优于链式存储结构

　　D. 顺序存储结构属于静态结构而链式结构属于动态结构

20. 某线性表中最常用的操作是在最后一个元素之后插入一个元素和删除第一个元素，则采用（　　）存储方式最节省运算时间。

　　A. 单链表　　　　　　　　　　　　B. 双链表

　　C. 带头结点的双循环链表　　　　　　D. 单循环链表

二、填空题

1. 当线性表的元素总数基本稳定，且很少进行插入和删除操作，但要求以最快的速度存取线性表中的元素时，应采用_____存储结构。

2. 线性表 L＝（a_1，a_2，…，a_n）用数组表示，假定删除表中任一元素的概率相同，则删除一个元素平均需要移动元素的个数是_____。

3. 设单链表的结点结构为（data，next）。next 为指针域，已知指针 px 指向单链表中 data 为 x 的结点，指针 py 指向 data 为 y 的新结点，若将结点 y 插入结点 x 之后，则需要执行以下语句_____；_____。

4、在一个长度为 n 的顺序表中第 i 个元素（1≤i≤n）之前插入一个元素时，需向后移动_____个元素。

5. 在单链表中设置头结点的作用是_____。

6. 对于一个具有 n 个结点的单链表，在已知的结点 *p 后插入一个新结点的时间复杂度为_____，在给定值为 x 的结点后插入一个新结点的时间复杂度为_____。

7. 根据线性表的链式存储结构中每一个结点包含的指针个数，将线性链表分成_____和_____；根据指针链接方式，链表又可分成_____和_____。

8. 在双向循环链表中，向 p 所指的结点后插入指针 f 所指的结点，其操作是_____、_____、_____、_____。

9. 链式存储的特点是利用_____来表示数据元素之间的逻辑关系。

10. 顺序存储结构是通过_____表示元素之间的关系的；链式存储结构是通过_____表示元素之间关系的。

11. 对于双向链表，在两个结点之间插入一个新结点需修改的指针共_____个，单链表为_____个。

12. 循环单链表的最大优点是_____。

13. 已知指针 p 指向单链表 L 中的某结点，则删除其后继结点的语句是_____、_____、_____。

14. 带头结点的双循环链表 L 为空表的条件是_____。

15. 设一线性表的顺序存储总存储容量为 M，其元素存储位置的范围为_____。

三、编程题

1. 已知两个顺序表 La 和 Lb 中的元素递增有序，试利用顺序表的基本操作实现将 La 与 Lb 合并为一个新的顺序表 Lc，且 Lc 中的元素亦递增有序。

2. 已知一个顺序表 L 中的元素通增有序，编写一个算法，将元素 e 插入到顺序表中，且插入 e 后该表仍保持递增有序。

3. 已知一个顺序表 L 中的数据元素为整数类型，编写一个算法，将该表中的所有奇数排在偶数之前，即表的前半部为奇数，后半部为偶数。

4. 编写一个算法，实现顺序表就地逆置操作，即在原顺序表存储空间上将元素按位序逆转。

5. 编写一个算法，实现带头结点的单链表就地逆置操作，即利用原链表结点空间实现逆转。

6. 编写一个算法，计算带头结点的单链表 L 中数据域值为 x 的结点个数。

7. 编写一个算法，将带有头结点单链表 L 中数据值最小的那个结点移到链表的最前面。

8. 设线性表 A＝（a_1, a_2, …, a_m），B＝（b_1, b_2, …b_n），试写一个按下列规则合并 A、B 为线性表 C 的算法，使得：当 $m \leqslant n$ 时，C＝（a_1, b_1, …, a_m, b_m, b_{m+1}, …, b_n）；$m > n$，C＝（a_1, b_1, …, a_n, b_n, a_{n+1}, …, a_m）。其中，线性表 A、B、C 均以单链表作为存储结构，且 C 表利用 A 表和 B 表中的结点空间构成。注意：单链表的长度值 m 和 n 均为显式存储。

9. 已知有单链表表示的线性表中含有三类字符的数据元素（如字母字符、数字字符和其他字符），试编写算法构造三个以循环链表表示的线性表，使得每个表中只含同类的字符，且利用原表中的结点空间作为这三个表的结点空间，头结点可另辟空间。

10. 用 C 语言写出一个完整的算法，实现顺序表上初始化、插入、删除、查找、更新、输出、取一元素等操作，要求每一种操作设定为一个函数，然后用主函数调用。

11. 对于单链表，写出下面算法：

（1）根据一维数组 a［n］建立一个单链表，使单链表中的元素顺序与数组 a［n］的元素顺序相同，要求该算法时间复杂度为 $O(n)$。

（2）统计单链表中值在 x 到 y 之间的结点个数。

（3）将单链表分解为两个单链表，使一个单链表仅含有奇数，另一个单链表中仅含有偶数。

（4）删除单链表中从第 k 个结点开始的连续 j 个结点。

（5）将另一个已经存在的单链表插入到该链表的第 k 个结点之后。

（6）将单链表中的元素排成一个有序序列。

12. 设计一个算法，删除单链表中重复的结点。

13. 设计一个算法，求 A 和 B 两个单链表表示的集合的交集、并集和差集。

第3章

栈和队列

本章导读

栈和队列可看作是特殊的线性表。其特殊性表现在其基本运算是线性表运算的子集，是运算受限的线性表。栈和队列是计算机中使用得较为广泛的两种结构。例如，函数的嵌套调用和程序递归的处理都是用栈来实现的，操作系统中的进程调用、网络管理中的打印服务等都是用队列来实现的。

学习目标

- 理解栈和队列的概念及特征
- 掌握栈和队列的顺序存储结构、链式存储结构及五种基本运算
- 栈和队列在计算机的应用

3.1　栈

3.1.1　栈的基本概念

栈（stack）是限制线性表中元素的插入和删除只能在线性表的同一端进行的一种特殊线性表。允许插入和删除的一端，为变化的一端，称为栈顶（top），另一端为固定的一端，称为栈底（bottom）。

根据栈的定义可知，最先放入栈中的元素在栈底，最后放入的元素在栈顶，而删除元素刚好相反，最后放入的元素最先被删除，最先放入的元素最后被删除。在图 3-1 所示的栈中，元素以 a_1，a_2，……，a_n 的顺序进入栈中，而出来则按照 a_n，a_{n-1}，……，a_2，a_1 的顺序。也就是说，栈是一种后进先出（last in first out）的线性表，简称 LIFO 表。

栈在日常生活中随处可见，如仓库货物的存放，先从底层往上面堆，再从上往下拿，这是一种典型的栈。而乘客乘车，上车的人按从后往前的顺序坐，下车的则按从

前往后顺序下，这也是一种典型的栈。

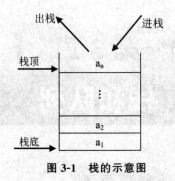

图 3-1　栈的示意图

栈的抽象数据类型定义：

```
ADT   Stack {
```

数据对象：D= {$a_i | a_i \in$ elemset, i= 1,2,…,n,n⩾0}

数据关系：R= {<a_{i-1}, a_i> | $a_{i-1}, a_i \in$ D, i= 1,2,…,n}。

基本操作：

```
InitStack(S)            //构造一个空栈 S

EmptyStack(S)           //判断栈是否为空

Push(S,x)               //插入元素 x 到栈顶

Pop(S)                  //删除栈顶元素

GetTop(S)               //取栈顶元素值

}ADT Stack
```

栈的基本运算如下：

（1）初始化栈 Initstack（&S）：构造一个空栈 S。

（2）进栈 Push（&S，x）：将元素 x 插入栈 S 中。

（3）出栈 Pop（&S）：删除 S 中的栈顶元素。

（4）取栈顶元素 Gettop（S）：返回栈顶元素。

（5）判断空栈 Emptystack（S）：判断 S 是否为空，若为空，返回值为 1，否则返回值为 0。

3.1.2　顺序栈

1. 顺序栈的数据类型

栈的顺序存储结构是用一组连续的存储单元依次存放栈中的每个元素，并用始端作为栈底。栈的顺序实现称为顺序栈。通常用一个一维数组和一个记录栈顶位置的变量来实现栈的顺序存储。

顺序栈定义如下：

```
# define  maxsize 100;
```

```
typedef   int elemtype;
typedef   struct   Stack
{   elemtype   data[maxsize];
    int   top;
}Seqstack;
```

maxsize 为顺序栈的容量。data〔maxsize〕为存储栈中元素的数组；top 为标志栈顶位置的变量，范围为 0～maxsize-1。

假设将数组的 0 下标作为栈底，这样空栈时，栈顶指针 top=-1；进栈时，栈顶指针加 1，即 top++；出栈时，栈顶指针减 1，即 top--。栈操作示意图如图 3-2 所示。

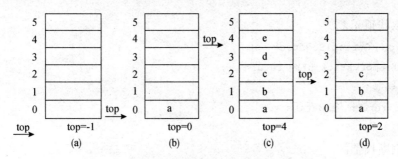

图 3-2　栈的顺序存储结构及栈操作示意图
（a）空栈；（b）一个元素；（c）5 个元素；（d）3 个元素

图 3-2（a）是空栈，栈顶指针 top=-1；图 3-2（b）中只有 1 个元素，top 指向栈顶元素；图 3-2（c）中是元素 a，b，c，d，e 依次入栈后的情况；图 3-2（d）中是元素 e，d 依次出栈后的情况。

2. 顺序栈的运算

下面列出栈的基本运算在顺序栈上的实现算法。

（1）栈的初始化。

```
void Initstack(Seqstack &s)
  {
    s- > top= - 1;;
}
```

（2）进栈。

```
int   Push(Seqstack   &s,  elemtype   x)
{
    if(s- > top= = maxsize- 1)
        {error("栈已满");return 0;}
    else
        { s- > top+ + ;
        s- > data[s- > top]= x;
```

```
        return 1;}
  }
```

（3）出栈。

```
int    Pop(Seqstack  &s)
{  if(Emptystack(s))
   {  error("下溢");return  0;}
   else
   {  s- > top- - ;
   return  1;}
}
```

（4）取栈顶元素。

```
elemtype  Gettop(Seqstack  s)
{    if(Emptystack(s))  return  0;
     else
         return  s.data[s.top];
}
```

（5）判断栈空。

```
int Emptystack(Seqstack  s)
{  if(s.top= = - 1)
     return  1;
     else
     return  0;
  }
```

从上面栈的五种运算可以知道，栈运算的时间复杂度为 O（1），比起线性表中顺序表运算的时间复杂度 O（n）要好，但要通过限制运算位置来实现。

对于顺序栈，入栈时必须先判断栈是否已满，栈满条件是 s->top＝＝maxsize-1，栈满时不能入栈，否则会发生错误，这种现象称为上溢。出栈时，必须判断栈是否为空，栈空条件是 s.top＝＝-1。栈空时不能出栈，否则会发生错误，这种现象称为下溢。

3.1.3 共享栈

在某些应用中，为了节省空间，让两个数据元素类型一致的栈共享一维数组空间，称为共享栈，两个栈的栈底分别设在数组两端，让两个栈彼此迎面"增长"，两个栈的栈顶变量分别为 top1、top2，仅当两个栈的栈顶位置在中间相遇时（top1＋1＝＝top2）才发生"上溢"，共享栈存储示意图如图 3-3 所示。

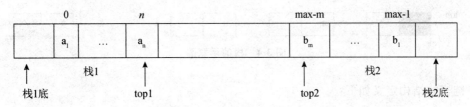

图 3-3 共享栈存储示意图

两个栈共享存储单元可用如下 C 语句描述：

```
# define  maxsize    100;
typedef    struct    Dbseqstack{
    elemtype    data[maxsize];
    int top1,top2;
}Dbseqstack;
```

共享栈的操作和单顺序栈操作基本相似，但是判断上溢为 top1＋1＝＝top2，判断栈空时，两个栈不同，当 top1＝0 时栈 1 为空栈，top2＝maxsize-1 时栈 2 为空栈。以下描述进栈、退栈算法。

（1）两个栈共享存储单元的进栈算法。

```
void Dbpush(Dbseqstack &s, elemtype x, int k)
{
    if(s- > top1+ 1= = s- > top2) printf("栈满");
    else
        if(k= = 0){s- > top1+ + ;s- > data[s- > top1]= x;}
        else {s- > top2- - ;s- > data[s- > top2]= x;}
}
```

（2）两个栈共享存储单元的出栈算法。

```
void  Dbpop(Dbseqstack &s,  int k)
{
    if((k= = 0)&&(s- > top1= = 0)) printf("栈空");
    else if((k= = 1)&&(s- > top2= = maxsize)
        printf("栈空");
    else if(k= = 0)s- > top1- - ;
    else s- > top2+ + ;
}
```

3.1.4 链栈

栈的链式存储称为链栈，链栈可以用带头结点的单链表来实现，如图 3-4 所示。top 指向链表的头结点，top->next 指向栈顶结点，尾结点为栈底结点。由于每个结点空间都是动态分配产生，链栈不用预先考虑容量的大小。

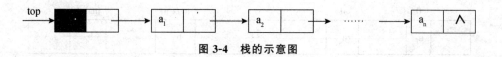

图 3-4　栈的示意图

链栈的结构定义如下：

```
typedef  struct    Stacknode
{ elemtype    data;
    struct  Stacknode    * next;
}Linkstack;
```

根据上述类型定义，栈的基本运算在链栈上的实现算法如下：

（1）初始化栈。

```
void  Initstack(Linkstack  * top)
{
    top= (Linkstack* )malloc(sizeof(Stacknode));
    top-> next= NULL;    //建立一个带头结点的空栈
}
```

（2）进栈。

```
void  Push(Linkstack  * top,elemtype  x)
{
    Linkstack  * s;
    s= (Linkstack* )malloc(sizeof(Stacknode));
    s- > data= x;
    s- > next= top- > next;
    top- > next= s;
}
```

（3）出栈。

```
void  Push(Linkstack  * top,elemtypde  x)
{
    Linkstack  * q;
    if(!(Emptystack(top))
      { q= top- > next;
        top- > next= q- > next;
        free(q);
      }
}
```

（4）取栈顶元素。

```
elemtype Gettop(Linkstack * top)
{
    if(top- > next! = NULL)
        return top- > next- > data;
    else
        return NULL ;
}
```

（5）判断栈空。

```
int  Emptystack(Linkstack * top)
{
    if(top- > next= = NULL)
     return 1;
    else    return  0;
}
```

从上述算法可知，它们的时间复杂度都为 O（1）。

3.1.5　栈的应用

栈在日常生活和计算机程序设计中有许多重要应用。下面介绍栈在计算机中的一些应用。

1. 括号匹配问题

【例 3-1】设一个表达式中可以包含 3 种括号：小括号、中括号和大括号，各种括号之间允许任意嵌套，（［］｛｝）为正确的格式，｛［（）｝｝为不正确的格式。如何检验一个表达式的括号是否匹配呢？例如，下列括号序列：

$$[\ (\ [\ ]\ [\ ]\ )\ ]$$
$$1\ \ 2\ \ 3\ \ 4\ \ 5\ \ 6\ \ 7\ \ 8$$

自左向右扫描表达式，当扫描第 1 个括号后，它期待着与之匹配的 8 号括号出现，但是先扫描到是第 2 个括号，则第一个括号只能暂且等待，同样第二个括号与之匹配的 7 号括号也没出现，第二个括号也暂且等待，继续扫描到 3 号括号后，与之匹配的 4 号括号扫描到了，则 3 号括号期待得到满足，消除等待任务。依此类推，当扫描到 7 号括号时，2 号括号消除等待任务，扫描到 8 号括号时，1 号括号消除等待任务。由此可见，该处理过程与栈的特点符合。如果在上述过程中，出现的右括号不是所期待的，且直到表达式结束所期待的括号也没出现，则说明括号不匹配。

实现括号检验算法的设计思路是：设置一个栈，凡出现左括号，则进栈。凡出现右括号，首先检查栈是否为空，若栈为空，则表明该右括号多余，否则和栈顶元素比较，若匹配，则左括号出栈，否则表明不匹配。表达式检验结束后，若栈为空，则表明表达式匹配正确，否则表明左括号多余。括号匹配算法如下：

```c
int  match(char  c[ ])
{ int i= 0;
   Seqstack  s;
   Initstack(s);
   while(c[i]! = '# ')
     {
        switch(c[i])
          {
             case  '{':
             case  '[':
             case  '(': Push(s,c[i]);break;
             case  '}':  if(!(Emptystack(s))&&Gettop(s)= = '{')
                       {Pop(s);break;}
                         else  return  0;
             case  ']':  if(!(Emptystack(s))&&Gettop(s)= = '[')
                       {Pop(s);break;}
                         else  return  0;
             case  ')':  if(!(Emptystack(s))&&Gettop(s)= = '(')
                       {Pop(s);break;}
                         else  return  0;
          }
        i+ + ;
     }
 return  (Emptystack(s));
   }
```

2. 算术表达式的求值

算术表达式中包含了算术运算符和操作数，而运算符之间又存在优先级问题，不能简单地从左到右运算，而必须先运算优先级别高的，再运算级别低的，同一级运算才按从左到右顺序运算。因此，要实现表达式求值，必须要设置两个栈，一个栈存放运算符，另一个栈存放操作数。在进行求值时，编译程序从左到右扫描，每遇到一个操作数，先一律进操作数栈，每遇到一个运算符，则应与运算栈的栈顶进行比较，若运算符优先级高于栈顶的优先级，则进栈，否则在运算栈中退栈。退栈后，在运算栈中退出两个操作数进行运算，将运算结果存入操作数栈，直至扫描完毕。这时运算符栈为空，操作数栈中只有一个元素，即为运算结果。

【例 3-2】用栈求 $1+2*3-4/2$ 的值，栈的变化如表 3-1 所示。从表 3-1 可知，最后求的表达式的值为 5。

一般算术表达式都是由运算符和操作数及括号组成。操作数可以是常量、变量、函数，而运算符有单目运算符和双目运算符。单目运算符只要求有一个操作数，双目运算符有两个操作数，双目运算符在操作数中间。通常，将双目运算符出现在两个操作数中间的表示方法，称为中缀表示，这样的算术表达式称为中缀表达式。

表 3-1　表达式求值栈示意

步骤	操作数栈	运算符栈	说明
开始			开始两栈为空
1	1		扫描"1"进操作数栈
2	1	＋	扫描"＋"进运算符栈
3	1　2	＋	扫描"2"进操作数栈
4	1　2	＋　＊	扫描"＊"进运算符栈
5	1　2　3	＋　＊	扫描"3"进操作数栈
6	1	＋	扫描"－"退栈
7	1　6	＋	2＊3＝6进操作数栈
8			扫描到"－"退栈
9	7		1＋6＝7进操作数栈
10	7	－	扫描到"－"进运算符栈
11	7　4	－	扫描到"4"进操作数栈
12	7　4	－　/	扫描到"/"进运算符栈
13	7　4　2	－　/	扫描到"2"进操作数栈
14	7	－	扫描完，"/""4""2"退栈
15	7　2	－	4/2结果进栈
16			"－""7""2"退栈
17	5		7－2＝5进栈

　　从表 3-1 中可以看出，中缀表达式求值比较麻烦，需要用到两个栈来实现，并且如果出现圆括号时，运算还要复杂。那么，能否转换成另一种形式的算术表达式，使计算简单化呢？波兰科学家卢卡谢维奇很早就提出算术表达式的另一种表示方法，即后缀表达式，也称逆波兰式，其定义规则是把运算符放在两个操作数的后面。在后缀表达式中，不存在括号，也不存在运算符优先级问题，运算过程按照运算符出现先后顺序进行。

　　例如，对于下列中缀表达式：

　　(1) 18－9＊（4＋3）;

　　(2) （1＋2）＊（（8－2）/（7－4））;

其对应后缀表达式为：

（1）18　9　4　3　＋　＊　　　－；

（2）1　2　＋　8　2　－　7　4　－　／　＊；

【例3-3】利用栈求后缀表达式 1　2　＋　8　2　－　7　4　－　／　＊ 的值。

后缀表达式求值过程：设置一个栈，开始时，栈为空，然后从左到右扫描后缀表达式，若遇到操作数，则进栈；若遇到运算符，则从栈中退出两个栈顶元素，进行运算，运算的结果再进栈，直到后缀表达式扫描完毕。此时，栈中仅有一个元素，即为运算的结果。具体如表3-2所示。

表 3-2　后缀表达式求值的示意

步骤	栈中元素	说明
1	1	1进栈
2	1　2	2进栈
3		遇到＋退2和1
4	3	1＋2＝3进栈
5	3　8	8进栈
6	3　8　2	2进栈
7	3	遇到－号退栈2和8
8	3　6	8－2＝6进栈
9	3　6　7	7进栈
10	3　6　7　4	4进栈
11	3　6	遇到－号退栈4和7
12	3　6　3	7－4＝3进栈
13	3	遇到/号退栈3和6
14	3　2	6/3＝2进栈
15	3	遇到＊号退栈2和3
16	6	3＊2＝6进栈
17	6	扫描完毕，运算结果为6

从表3-2可知，后缀表达式比起中缀表达式求值要简单得多。下面是后缀表达式求值算法，在下面算法中假设后缀表达式以"#"为结束符。后缀表达式求值算法如下：

```
int   calcul_exp(char ＊ exp)        //函数返回后缀表达式结果
{ int a,b,c,result,d;
    Seqstack  s;Initstack(s);
    while(＊ exp! = '# ')
    { d= 0;
```

```
    if(* exp> = '0'&&* exp< = '9')
        {d= 10* d+ * exp- '0';
        Push(s,d);                    //操作数进栈
        exp+ + ;}
    else
      {
        Pop(s,b);Pop(s,a);            //取出两个运算量
        switch(* exp){
            case '+ ':  c= a+ b;break;
            case '- ':  c= a- b;break;
            case '* ':  c= a* b;break;
            case '/':  c= a/b;break;
            }
          Push(s,c);
        exp+ + ;
      }
    Pop(s,result);
    return  result;
}
```

3. 栈与函数的递归调用

栈还有一个重要的应用是在程序设计语言中实现递归。一个直接调用自己或通过一系列的调用语句间接调用自己的函数，称为递归函数。其中直接调用自己的函数称为直接递归，间接调用自己的称为间接递归。递归是算法设计中最重要的手段，它通常是把一个大型的复杂问题转化为一个与原问题相似的规模较小的问题来求解。

【例 3-4】求 n！可用递归函数描述如下：

$$n! = \begin{cases} 1 & n=0 \\ n * (n-1)! & n>0 \end{cases}$$

函数的嵌套调用中，一个函数的执行没有结束，又开始另一个函数的执行，因此必须用栈来保存函数中断地址，以便调用返回时能从断点继续往下执行。函数的递归调用也是一种嵌套，可以用栈来保存断点信息，但是递归调用相当于同一个函数的嵌套调用，故除了保存断点信息外，还必须保存每一层的参数、局部变量等。

下面用一个栈来描述求解过程。（设 $n=4$，栈变化情形如图 3-5 所示）

开始时，栈为空，如图 3-5（a）所示，接着栈中保存 $4 * 3!$，如图 3-5（b）所示，再接着调用 3!，栈中保存 $3 * 2!$，如图 3-5（c）所示，再调用 2!，栈中保存 $2 * 1!$ 如图 3-5（d）所示，接着调用 1!，栈中保存 1 和 0!，如图 3-5（e）所示，再调用 0!，而 0! 值为 1，故返回，$1 * 0!$ 退栈，如图 3-5（f）所示，同时得到 1! 为 1，然后 $2 * 1!$ 退栈如图 3-5（g）所示，然后得到 2! 值，退栈 $3 * 2!$ 如图 3-5（h）所示，同时得到

3! 为 6，退栈 4 和 3! 如图 3-5（i）所示，得到 4!（4＊3!）值为 24，这时栈已空，算法结束。即 4!＝24。

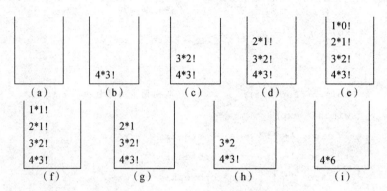

图 3-5　递归调用中栈变化示意图

3.2　队列

3.2.1　队列的定义

仅允许在一端进行插入，另一端进行删除的线性表，称为列队（queue）。队列是一种先进先出（first in first out）线性表，新加入的数据元素插在队列尾端，出队列的数据元素在队列首部被删除。图 3-6 所示为队列示意图，a_1 是队列的首元素，a_n 是队列的尾元素。排队的规则是不允许"插队"，新加入的成员只能排在队列尾，而且队列中全体成员只能按入队顺序离开队列（即先进先出）。

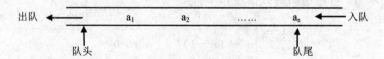

图 3-6　队列示意图

队列的基本运算如下：

（1）队列初始化 InitQueue（Q）：将队列 Q 设置为一个空队列。

（2）入队列 EnQueue（Q，X）：将元素 X 插入队尾中，也称进队。

（3）出队列 OutQueue（Q）：将队列 Q 的队首元素删除，也称退队。

（4）取队首元素 GetQueue（Q）：取出队列 Q 的首元素的值。

（5）判断队空 Empty（Q）：判断队列 Q 是否为空，若为空返回 1，否则返回 0。

3.2.2 队列的顺序实现

顺序存储实现的队列称为顺序队列，是由一个一维数组（用于存储队列中元素）及两个分别指示队首和队尾元素的变量组成。这两个变量分别称为"队列首指针"和"队列尾指针"。

顺序队列类型定义如下。

```
# define  maxsize= 20;
Typedef  int elemtype;
typedef  struct  Seqqueue
{    elemtype  queue[maxsize];
     int front,rear;
}Seqqueue;
Seqqueue  SQ;
```

在顺序队列中，队列的存储空间为 queue [0] 到 queue [maxsize-1]，则判断队列为空的条件为 SQ. front＝SQ. rear＝0，为了方便操作，规定 front 指向队列首元素的前一个单元，rear 指向实际的队列尾元素。若有一个元素进队，则 rear 的值增 1；若有一个元素出队，则 front 的值增 1。入队列操作语句：SQ. rear＝SQ. rear＋1；SQ. queue [SQ. rear] ＝x 完成。出队列操作语句：SQ. front＝SQ. front＋1 完成。图 3-7 表示顺序队列入队列、出队列的操作。

图 3-7 （a）为空队列，SQ. rear＝SQ. front＝0。

图 3-7 （b）为 20 入队列后，SQ. rear 为 1，SQ. front 为 0。

图 3-7 （c）为 30，40，50 入队列后，SQ. rear 为 4，SQ. front 为 0。

图 3-7 （d）为 20，30，40，50 依次出队列后，SQ. rear 为 4，SQ. front 为 4。

图 3-7 （e）为 60 入队列后，SQ. rear 为 5，SQ. front 为 4。

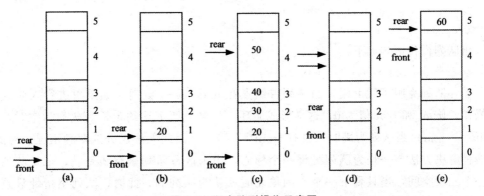

图 3-7 顺序队列操作示意图

在图 3-7 （e）的状态下，由于数组的最大小标为 5，元素 60 已占用，如再有元素入队列，则 SQ. rear 将超出数组的小标范围，致使新元素无法入队，而此时数组中下标低端还有空位置（1 到 4 单元为空），即数组实际空间并没有占满，这种现象称为"假溢出"。

要避免"假溢出"，可以将整个队列中的元素向前移动，直至 front 值为零，或者每次出队时，都将队列中的元素前移一个位置。但是这些避免"假溢出"的方法会引起大量元素的移动，花费大量时间，所以在实际应用中很少采用，一般采用循环队列。

3.2.3 循环队列

为了避免元素移动，可以将存储队列元素的一维数组首尾相接，形成一个环状，如图 3-8 所示，这样的队列称为循环队列。当 SQ.rear＝maxsize-1 时，只要数组的低下标有空闲位置，仍可以入队运算。此时，只需要令 SQ.rear＝0，即把 SQ.queue［0］作为新的队列尾。这样就解决了"假溢出"问题。

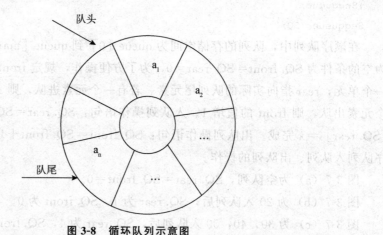

图 3-8　循环队列示意图

根据上述想法，循环队列的入队列操作语句如下：

SQ.rear＝（SQ.rear＋1）％ maxsize;

SQ.queue[SQ.rear]＝x;

出队列操作语句如下：

SQ.front＝（SQ.front＋1）％ maxsize;

循环队列克服了假上溢，当队列首结点在 maxsize-1 处时，如果再进行入队或出队操作，front 和 rear 值为 0，这样形成循环。如果按照上述约定，当队列为空时，有 front＝＝rear；当队列为满时，也有 front＝＝rear，因此无法区分这两种情况。对此，有两种解决方法：一是为队列另设一个标志，用来区分队列是空还是满；二是队列少用一个元素空间，当只剩下一个空闲单元时就认为队列满，此时，队列尾指针只差一步将追上队列首指针。本书采用第二种方法。

循环队列满条件如下：

（（SQ.rear＋1）％ maxsize＝＝SQ.front）;

循环队列空条件如下：

(SQ. rear= = SQ. front);

循环队列的基本运算如下:

(1) 队列初始化。

```
void  InitQueue(Seqqueue  Q)
{    Q. front= Q. rear= maxsize- 1;
}
```

(2) 进队列。

```
void  EnQueue(Seqqueue  Q, elemtype  x)
    {
        if((Q. rear+ 1)% maxsize= = Q. front)  printf("队满\n");
        else  {
            Q. rear= (Q. rear+ 1)% maxsize;
            Q. queue[Q. rear]= x;
         }
}
```

(3) 出队列。

```
void  OutQueue(Sequeue  Q)
{
    if(Q. rear= = Q. front) printf("队空\n");
    else
        Q. front= (Q. front+ 1)% maxsize;
}
```

(4) 取队头元素。

```
elemtype  GetQueue(Sequeue  Q)
  {  if(Q. rear= = Q. front)
        printf("队空");
     else
        return  Q. queue[(Q. front+ 1)% maxsize];
  }
```

(5) 判断队空。

```
int Empty(Sequeue  Q)
  {
    if(Q. rear= = Q. front)  return  1;
    else  return  0;
}
```

3.2.4　链队

队列的链式存储实际是使用一个带头结点的单链表来表示队列,称为链队列。头指针指向链的头结点，尾指针指向队列的尾结点，如图 3-9 所示。链队用 C 语言描述类型定义如下：

```
typedef  struct  Link
{
    elemtype  data;
    struct  Link  * next;
}Link;
struct  Linkqueue
{ struct  Link  * front  ,* rear;
}Linkqueue;
```

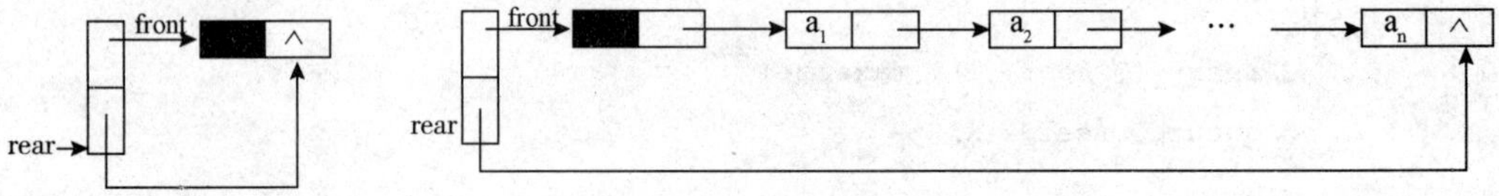

图 3-9 链队列示意图

(a) 空链队列；(b) 非空链队列

链队列上的基本运算如下：

（1）链队列的初始化。

```
Void  InitQueue(Linkqueue  s)
{ struct  Link  * p;
    p= (Link  * )malloc(Link);
    p- > next= NULL;
    s. front= p;
    s. rear= p;
}
```

（2）入链队列。

```
void  Enqueue(Linkqueue  s,elemtype  x)
{  Link  * p;
    p= (link  * )malloc(link);
    p-> data= x;
    p- > next= s. rear- > next;
    s. rear- > next= p;
    s. rear= p;
}
```

（3）判断链队是否为空。

```
int Empty(Linkqueue  s)
{  if(s. front= = s. rear)  return  1;
```

```
    else  return  0;
  }
```

（4）取队首元素。

```
elemtype  Getqueue(Linkqueue  s)
{  if(s.front= = s.rear) return  NULL;
    else    return    s.front- > next- > data;
}
```

（5）出链队。

```
void  Outqueue(Linkqueue  s)
{  Link  * p;
  p= s.front- > next;
  if(p- > next= = NULL)
      {  s.front- > next= NULL;
          s.front= s.rear;
      }
  else
      s.front- > next= p- > next;
  free(p);
}
```

3.2.5 队列的应用

队列在日常生活中和计算机程序设计中都起着非常重要的作用，下面举两个例子说明队列的应用。

（1）CPU 资源的竞争问题。在拥有多个终端的计算系统中，有多个用户需要使用CPU 各自运行自己的程序，它们分别从各自终端向操作系统提出使用 CPU 请求，操作系统按照每个请求在时间上的先后顺序，将其排列成一个队列，每次把 CPU 分配给队首用户使用。若相应的程序运行结束，则令其出队，再把 CPU 分配给新的队头用户，直至所有用户任务处理完毕。

（2）主机与外部设备之间速度不匹配的问题。以主机与打印机为例来说明，主机输出数据给打印机打印，主机输出速度比打印机速度快得多，若直接把数据输出给打印机，显然不行。所以解决的方法是设置一个打印数据缓冲区，打印机就从缓冲区中按照先进先出的原则依次取出数据并打印，打印完后再向主机发出请求，主机接到请求后再向缓冲区写入打印数据，这样利用队列既保证了打印数据的正确，又能使主机提高效率。

本章小结

1. 栈是一种运算受限的特殊线性表，它仅允许在线性表的同一端做插入和删除运算，运算的时间复杂度为 O（1）。

2．栈中常用的五种运算：初始化栈、判断空栈、取栈顶元素、进栈和退栈。

3．中缀表达式求值、后缀表达式求值、函数的嵌套、递归调用等符合后进先出特征的都属于栈的应用。

4．队列也是一种运算受限的特殊线性表，它仅允许在线性表的一端进行插入，另一端进行删除，运算时间复杂度为 O（1）。

5．队列中常用的五种运算：初始化队列、判断队空、取队首元素、进队和退队。

6．队列的顺序存储一般采用循环队列形式，可以克服"假溢出"的问题，最大的存储容量为循环队列容量减1。

7．队列的链式存储结构与单链表类似，但删除结点只能在表头，插入元素只能在表尾。

习题 3

一、填空题

1．线性表、栈和队列都是_____结构，可以在线性表的_____位置插入和删除元素；对于栈只能在_____插入和删除元素；对于队列只能在_____插入和_____删除。

2．设一个带头结点的链栈，其头指针为 head，现有一个新结点入栈，指向该结点的指针为 p，入栈操作为_____。

3．设栈 S 的初始状态为空，若元素 a，b，c，d，e，f 依次进栈，得到的出栈序列是 b，d，c，f，e，a，则栈 S 的容量至少是_____。

4．循环队列被定义为结构体类型，含有三个域：data、front 和 rear，则循环队列 sq 为空的条件是_____。

5．在操作序列 push（1），push（2），pop（   ），push（5），push（7），pop（   ），push（6）之后，栈顶元素是_____，栈底元素是_____。

6．用 S 表示入栈操作，X 表示出栈操作，若元素入栈的顺序为 1234 为了得到 1342 出栈顺序，相应的 S 和 X 的操作串为_____。

7．当两个栈共享存储区时，若利用数组 scion [n] 表示，两栈顶指针为 top [0] 与 top [1]，则当栈 0 空时，top [0] 为_____，栈 1 空时，top [1] 为_____，栈满时为_____。

8．队列是限制进入只能在表的一端，而删除在表的另一端进行的线性表，其特点是_____。

9．循环队列的引入，目的是为了克服_____。

10. 无论对于顺序存储还是链式存储的栈和队列来说，进行插入或删除运算的时间复杂度均相同，是_____。

二、选择题

1. 栈中元素进出原则是（　　）。

A. 先进先出　　　　　　　　　　B. 后进先出

C. 栈空则进　　　　　　　　　　D. 栈满则出

2. 若已知一个栈的入栈序列是 1，2，3……，n，其输出序列为 p_1，p_2，p_3……，p_n，若 $p_1 = n$，则 p_i 为（　　）。

A. i　　　　　　　　　　　　　B. $n = i$

C. $n - i + 1$　　　　　　　　　D. 不确定

3. 如果入栈是元素先入栈，然后 S->top++，则判定一个栈 S（最多元素为 m0）为空的条件是（　　）。

A. S- >top! = 0　　　　　　　　B. S- >top= = 0

C. S- >top! = m0　　　　　　　D. S- >top= = m0

4. 当利用长度为 N 的数组顺序存储一个栈时，假定用 top= =N 表示栈空，则向整个栈插入一个元素时，首先应执行（　　）语句。

A. top+ +　　　　B. top- -　　　　C. top　　　　D. top= 0

5. 假定一个链栈的栈顶指针用 top 表示，当 p 所指向的结点进栈时，执行的操作是（　　）。

A. p- >next= top;top= top- >next;　　B. top= p- >p;p- >next= top;

C. P- >next= top- >next;top- >next= p;　　D. p- >next= top;top= p;

6. 判断一个队列 Q（最多 m 个元素）为满的条件是（　　）。

A. Q- >rear- Q- >front= = m　　　B. Q- >rear- Q- >front- 1= = m

C. Q- >front= = Q- >rear　　　　　D. Q- >front= = Q- >rear+ 1

2. 数组 $Q[n]$ 用来表示一个循环队列，f 为当前队列头元素的前一个位置，r 为队尾元素的位置，假定队列中元素的个数小于 n，则计算队列中元素个数的公式为（　　）。

A. $r - f$　　　　　　　　　　　B. $(n + f - r) \% n$

C. $n + r - f$　　　　　　　　　D. $(n + r - f) \% n$

8. 假定一个链队的队首和队尾指针分别为 front 和 rear，则判断队列为空的条件是（　　）。

A. front= = rear　　　　　　　B. front! = NULL

C. rear! = NULL　　　　　　　D. front= = NULL

9. 假定利用数组 a[N] 循环顺序存储一个队列，用 f 和 r 分别表示队首和队尾指针，并已知队未空，当进行出队并返回队首元素时所执行的操作为（　　）。

A. return(a[＋＋r％N)   B. return(a[－－r％N])

C. return(a[＋＋f％N])   D. return(a[f－－％N])

10. 若一个栈的输入序列为1，2，3，…n输出序列的第一个元素是 i，则第 j 个输出元素是（　　）。

A. $i-j-1$ B. $i-j$

C. $j-i+1$ D. 不确定的

11. 设栈的输入序列是1、2、3、4，则（　　）不可能是其出栈序列。

A. 1，2，4，3   B. 2，1，3，4

C. 1，4，3，2   D. 4，3，1，2

E. 3，2，1，4

12. 递归函数调用时，处理参数及返回地址，要用一种称为（　　）的数据结构。

A. 队列   B. 多维数组   C. 栈   D. 线性表

13. 用链式方式存储的队列，在进行删除运算时（　　）。

A. 仅修改头指针   B. 仅修改尾指针

C. 头、尾指针都要修改   D. 头、尾指针可能都要修改

14. 链式栈结点为（data，link），top指向栈顶，若想删除栈顶结点，并将删除结点的值保存到 x 中，则应执行操作（　　）。

A. x＝top－>data;top＝top－>link;   B. top＝top－>link;x＝top－>link;

C. x＝top;top＝top－>link;   D. x＝top－>link;

15. 一个递归算法必须包括（　　）。

A. 递归部分   B. 终止条件和递归部分

C. 迭代部分   D. 终止条件和迭代部分

16. 设有一个递妇算法如下。

```
int fact(int n){       //n大于等于0
    if(n<= 0)  return  1;
        else  return  n* fact(n- 1);  }
```

则计算 fact（　　）需要调用该函数的次数为（　　）。

A. $n+1$ B. $n-1$ C. n D. $n+2$

17. 栈在（　　）中应用。

A. 递归调用   B. 子程序调用

C. 表达式求值   D. A，B，C

18. 表达式 a＊（b＋c）-d 的后缀表达式是（　　）。

A. abcd＊+-   B. abe+＊d-

C. abc＊+d-   D. -+＊abcd

三、算法设计题

1. 正读和反读都相同的字符序列称为"回文"，如"abeddeba""qwerewq"是回

文,"ashgash" 不是回文。试写一个算法判断读入的一个以"@"为结束符的字符序列是否为回文。

2. 假设以数组 se［m］存放循环队列的元素，同时假设变量 rear 和 front 分别作为队头队尾指针，且队头指针指向队头前一个位置，尾指针指向队尾元素，写出这样设计的循环队列入队出队的算法。

3. 从键盘上输入一个后缀表达式，试编写算法计算表达式的值。规定：后缀表达式的长度，不超过一行，以"＄"符作为输入结束，操作数之间用空格分隔，操作符只可能有+、−、＊、/四种运算，如23434+2＊＄。

4. 假设以带头结点的循环链表表示一个队列，并且只设一个队尾指针指向尾元素结点（注意不设头指针），编写出相应的置空队、入队、出队的算法。

5. 假设以数组 data［m］存放循环队列中的元素，同时设置一个标志 tag，以 tag＝＝0 和 tag＝＝1 来区别在队头指针（font）和队尾指针（rear）相等时，队列状态为"空"还是"满"，编写与此结构相应的插入和删除算法。

6. 编写将十进制正整数 n 转换成 k（$9 \geqslant k \geqslant 2$）进制数的递归算法和非递归算法。

7. 假设以带头结点的循环链表表示队列，并且只设一个指针指向队尾结点，而不设头指针，编写出相应的初始化队列，入队列和出队列的算法。

8. 在火车调度站的入口处有 n 节硬席或软席车厢等待调度，编写一个算法，输出对 n 节车厢进行调度的操作，使所有软席车厢都被调整到硬席之前。

9. 已知 Ackerman 函数的定义如下：

$$akm\ (m,\ n) = \begin{cases} n+1 & m=0 \\ akm\ (m-1,\ 1) & m \neq 0,\ n=0 \\ akm\ (m-1,\ akm\ (m,\ n-1)) & m \neq 0,\ n \neq 0 \end{cases}$$

（1）写出递归算法。

（2）写出非递归算法。

（3）根据非递归算法，画出求 akm（2，1）时栈的变化过程。

第4章

串

········· **本章导读** ·········

本章主要介绍串的逻辑特征，其在计算机中的存储表示，串的基本运算及在顺序、链式两种不同存储结构上的算法实现。

········· **学习目标** ·········

- 串的逻辑特征及常用的基本运算
- 串的顺序存储表示及链式存储表示
- 串的顺序存储中插入、删除、子串定位等基本算法的实现
- 串的链式存储中插入、插入、比较、子串定位等基本算法的实现

4.1　串的定义

4.1.1　基本概念

1. 串的定义

串（string）是由零个或多个字符组成的有限序列，记作 $s=$" $a_1a_2\cdots a_n$"，其中 s 为串的名字，用成对的双引号括起来的字符序列为串的值，但两边的双引号不算串值，不包括在串中。a_i（$1\leqslant i\leqslant n$）可以是字母、数字或其他字符。n 为串中字符的个数，称为串的长度。

串 $s=$" $a_1a_2\cdots a_n$"，也可以表示为 $s=$（a_1，$a_2\cdots a_n$），即线性表的形式。因此，串也是一种线性表，是一种数据类型受限制（只能为字符型）的线性表。

2. 空串

不含任何字符的串称为空串，它的长度 $n=0$，记为 $s=$""。

3. 空白串

含有一个空格的串称为空白串，它的长度 $n=1$，记为 $s=$" " 或 $s=$"ϕ"。

4. 子串、主串

若一个串是另一个串中连续的一段，则这个串称为另一个串的子串，而另一个串相对于该串称为主串。例如，串 s1＝" abcdefg"，s2＝" fabcdefghxyz"，则 s1 为 s2 的子串，s2 相对于 s1 为主串。

另外，空串是任意串的子串，任意串是自身的子串。

若一个串的长度为 n，则它的子串数目为 $\dfrac{n(n+1)}{2}+1$，真子串个数为 $\dfrac{n(n+1)}{2}$（除串本身以外的子串都称为真子串）。

4.1.2　串的运算

为描述方便，假定用大写字母表示串名，小写字母表示组成串的字符。

(1) 赋值 assign（&S，T），表示将 T 串的值赋给 S 串。

(2) 连接 concat（&S，T），表示将 S 串和 T 串连接起来，使 T 串接入 S 串的后面。

(3) 求串长度 length（T），求 T 串的长度。

(4) 求子串 substr（S，i，j，&T），表示截取 S 串中从第 i 个字符开始的连续 j 个字符，作为 S 串的一个子串，存入 T 串。

(5) 比较串大小 strcmp（S，T），比较 S 串和 T 串的大小，若 S＜T，函数值为负；若 S＝T，函数值为零；若 S＞T，函数值为正。

(6) 串插入 insert（&S，i，T），在 S 串的第 i 个位置插入 T 串。

(7) 串删除 del（&S，i，j），删除 S 串中从第 i 个字符开始的连续 j 个字符。

(8) 求子串位置 index（S，T），求 T 子串在 S 主串中首次出现的位置，若 T 串不是 S 串的子串，则得到的位置为−1（若在顺序存储中，数组的下标从 1 开始，则 T 不是 S 串的子串时，得到的位置为 0）。

(9) 串替换 replace（&S，i，j，T），将 S 串中从第 i 个位置开始的连续 j 个字符，用 T 串替换。

4.1.3　串的抽象数据类型描述

串的抽象数据类型可描述如下：

```
ADT strings{
数据对象：D= {aᵢ|aᵢ∈charset,i= 1,2,…,n,n≥0}
数据关系：R= {<aᵢ₋₁,aᵢ>|aᵢ₋₁,aᵢ∈D,i= 1,2,…,n}
基本操作：
void  assign(&S,T)      //表示将 T 串的值赋给 S 串
void  concat(&S,T)      //表示将 S 串和 T 串连接起来,使 T 串接入 S 串的后面
int   length(T)         //求 T 串的长度
```

```
void  substr(S,i,j,&T)        //表示截取 S 串中从第 i 个字符开始的连续 j 个字符,作为 S 串
                                的一个子串,存入 T 串中
int   strcmp(S,T)             //比较 S 串和 T 串的大小,若 S<T,函数值为负,若 S= T,函数值
                                为零,若 S>T,函数值为正
void  insert(&S,i,T)          //在 S 串的第 i 个位置插入 T 串
void  del(&S,i,j)             //删除 S 串中从第 i 个字符开始的连续 j 个字符
int index(S,T)                //求 T 子串在 S 主串中首次出现的位置,若 T 串不是 S 串的子串,
                                则位置为零
void  replace(&S,i,j,T)       //将 S 串中从第 i 个位置开始的连续 j 个字符,用 T 串替换
}ADT  string
```

4.2 串的存储结构

4.2.1 顺序存储

串的顺序存储结构，也称为顺序串，与顺序表（线性表的顺序存储）类似。但由于串的元素全部为字符，所以顺序串的存放形式与顺序表有所区别。

1. 串的非紧缩存储

一个字的存储单元只存储一个字符，和顺序表中一个元素占用一个存储单元类似。具体形式如图 4-1 所示，设串 S=" How do you do"。

2. 串的紧缩存储

根据各机器字的长度，尽可能将多个字符存放在一个字的存储单元中。假设一个字的存储单元可存储 4 个字符，则紧缩存储具体形式如图 4-2 所示。

H
o
w
d
o
y
o
u
d
o

图 4-1 S 串的非紧缩存储

H	o	w	
d	o		y
o	u		d
o			

图 4-2 S 串的紧缩存储

从上面介绍的两种存储方式可知，紧缩存储能够节省大量存储单元，但对串的单个字符操作很不方便，需要花费较多的处理时间。而非紧缩存储的特点刚好相反，操

作方便，但将占用较多的内存单元。

3. 串的字节存储

前两种存储方法都是以字节编址形式进行的，字节编址形式是一个字符占用一个字节，具体形式如图 4-3 所示。

H	o	w		d	o		y	o	u		d	o

图 4-3　S 串的字节编址存储（一个字符占一个字节）

4. 顺序串的数据类型描述

```
# define maxsize maxlen;    //maxlen 表示串的最大容量
struct seqstring
{
char ch[maxsize];           //存放串的值的一维数组
int curlen;                 //当前串的长度
};
```

4.2.2　链式存储

串的链式存储结构，也称为链串，与第 2 章介绍的链（线性表的链式存储）类似，但链串的特点是链表中结点数据域只能是字符型。

1. 结点大小为 1 的链式存储

和前面介绍的单链表一样，每个结点为一个字符，链表也可以带头结点。例如，S="abcdef"的存储结构具体形式如图 4-4 所示。

图 4-4　S 串的链式存储示意图

2. 结点大小为 K 的链式存储

和紧缩存储类似，假设一个字的存储单元可以存储 K 个字符，则一个结点有 K 个数据域和一个指针域，若一个结点中数据少于 K 个，用 ϕ 代替。例如，串 S="abcdef"的存储结构具体形式如图 4-5 所示，假设 $K=4$，并且链表带头结点。

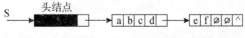

图 4-5　结点大小为 4 的 S 串的链式存储

3. 链串的数据类型描述

（1）结点大小为 1 的链串，与单链表的定义类似，只需将 data 域的类型由元素类型 elemtype 改为字符类型 char 即可。

```
struct link
{
    char data;
    struct link * next;
};
```

（2）结点大小为 k（$k=4$）的链串。具体描述形式如图 4-5 所示。数据类型描述如下：

```
struct link4
{
    char data[4];            //仅使用 data[1]到 data[4]存储空间
    struct link4 *  next;
};
```

4.2.2　索引存储

索引存储方法是用串变量的名字作为关键字组织名字表（索引表），该表中存储的是串名和串值之间的对应关系。名字表中包含的项目根据不同的需要来设置，只要为存取串提供足够的信息即可。如果串值是以链接方式存储的，则名字表中只要存入串名及其串值的链表的头指针即可。若串值是以顺序方式存放的，则表中除了存入指示串值存放的起始地址首指针外，还必须有信息指出串值存放的末地址。末地址的表示方法有几种：给出串长、在串值末尾设置结束符、设置尾指针直接指向串值末地址等。具体介绍下面两种：

1. 带长度的名字表

在表中给出串名、串存放的起始位置及串长度，具体形式如图 4-6 所示。

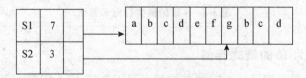

图 4-6　带长度的名字表

由图 4-6 可知，S1 的长度为 7，起始位置从 a 开始，故 S1="abcdefg"，而 S2 的长度为 3，起始位置从 g 开始，故 S2="gbc"。

2. 带末指针的名字表

在表中给出串的名字、头指针及末指针，具体形式如图 4-7 所示。

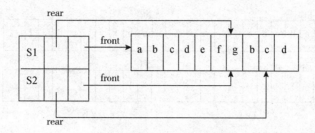

图 4-7　带末指针的名字表

由图 4-7 可知，两个串的名字分别为 S1 和 S2，而 S1 的头指针指向 a，末指针指向 g，故有 S1＝"abcdefg"，而 S2 的头指针指向 g，末指针指向 c，故有 S2＝"gbc"。

4.3　串运算的实现

4.3.1　串插入

1. 顺序串的插入 insert（&S，i，T）

要将 T 串插入到 S 中的 i 个位置，则 S 串中第 i 个位置开始，一直到最后的字符，每个都要向后移动若干，移动的位数为 T 串长度。具体实现过程参见图 4-8，其算法描述如下：

```
void insert(struct seqstring &S,int i,struct seqstring T)
{
    if(S.curlen+ T.curlen>= maxsiz)
        printf("overflow\n");
    else
    {  for(int j= S.curlen- 1;j>= i;j- - )
         s.ch[j+ T.curlen]= s.ch[j];            //元素后移 T.curlen 位
       for(j= 0;j<T.curlen;j+ + )
         S.ch[j+ i]= T.ch[j];                   //插入元素 T 到 S 中
       S.curlen= S.curlen+ T.curlen;            //表长度增加
    }
}
```

设 n 为 S 串长度，m 为 T 串长度，则该算法的时间复杂度为 $O(n+m)$。

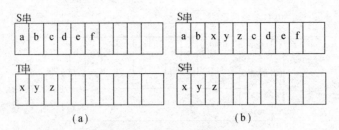

图 4-8　顺序串的插入

（a）插入前；（b）插入后

2. 链串的插入 insert（&S，i，T）

仅考虑结点大小为 1 的链串，要在第 i 个位置插入，先用一个指针指向 S 串的第 $i-1$ 个位置，然后在 T 串中用另一个指针指向最后，具体实现过程如图 4-9 所示，其算法描述如下：

```
void insert(struct link * S,int i,struct link * T)
{
    struct link * P,* Q;
    int j= 0;
    P= S;
    while(P! = NULL)&&(j< i- 1)            //查找 S 串中第 i- 1 个结点位置
    { j+ + ;P= P- > next; }
    Q= T;
    while(Q- > next! = NULL)
        Q= Q- > next;                      //查找 T 串最后一个元素
    if(P! = NULL)                           //插入
    { Q- > next= P- > next;
        P- > next= T- > next;              //去掉 T 串的头结点
    }
    else
        printf("error! \n");               //找不到插入位置
}
```

该算法花费的时间主要在查找上，时间复杂度为 $O(n+m)$。

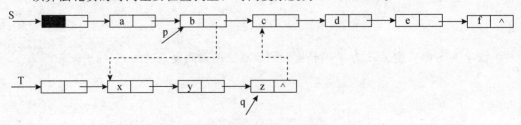

图 4-9　链串上的插入（$i=3$）

4.3.2 串删除

1. 顺序串的删除 del（&S，i，j）

删除 S 串中从第 i 个位置开始的连续 j 个字符，可以分成三种情形讨论：①若 i 值不在串长范围内，不能删除；②从 i 位置开始到最后的字符数目不足 j 个，删除时，不需移动元素，只需修改串长度即可；③i 和 j 都满足需求。删除过程如图 4-10 所示，假设 $i=4$，$j=5$，算法描述如下：

```
void  del  (struct  seqstring  &s,int i,int j)
{
  if((i<0)||(i>= s.curlen))
      printf("error\n");              //i 值不在串值范围内,不能删除
else  if(s.curlen- i+ 1<j)
        s.curlen= i- 1;
//从 i 位置开始到最后的字符数目不足 j 个,删除时不需移动元素,只修改串长度即可
    Else
      {
          for(int k= i+ j;k<= s.curlen;k+ + )
          s.ch[k- i]= s.ch[k];          //元素前移 j 位
          s.curlen= s.curlen- j;         //表长度减 j
      }
}
```

该算法的时间复杂度为 $O(n)$。

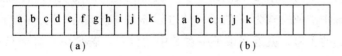

图 4-10 顺序串的删除（$i=4$，$j=5$）

(a) 删除前；(b) 删除后

2. 链串的删除 del（&S，i，j）

和顺序串的删除一样，也可以分三种情形来讨论。删除过程如图 4-11 所示，假设 $i=2$，$j=3$，算法描述如下：

```
void  del(struct  link  * S,  int i,int j)
{
    struct  link  * P,  * Q;
    int k= 0;
    P= S;
    while  (P! = NULL)  &&(k<i- 1)     //查找第 i- 1 位置
    { k+ + ;  P= P- >next;}
```

```
Q= P;
while  (Q! = NULL)&&(k<i+ j)        //查找第 i+ j 位置
{  k+ + ;Q= Q- >next; }
if(P! = NULL)                       //保证 i 合法
{
    if(Q! = NULL)  P- >next= Q;
    else  P- >next= NULL;
}
else  printf("error\n");
}
```

该算法的时间复杂度为 $O(n)$。

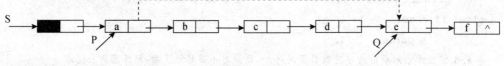

图 4-11　链串的删除（$i=2$，$j=3$ 时的情形）

4.3.3　串的模式匹配运算

1. 顺序串上的模式匹配运算 index（S，T）

（1）简单模式匹配算法。子串的定位运算通常称为串的模式匹配，是串处理中最重要的运算之一。设串 S=" $a_1 a_2 \cdots a_n$"，串 T=" $b_1 b_2 \cdots b_m$"（$m \leqslant n$），子串定位是要在主串 S 中找出一个与子串 T 相同的子串。通常把主串 S 称为目标，把子串 T 称为模式，把从目标 S 中查找模式为 T 的子串的过程称为"模式匹配"。匹配有两种结果：若 S 中有模式为 T 的子串，就返回该子串在 S 中的位置，若 S 中有多个模式为 T 的子串，通常只要找出第一个子串即可，这种情况称为匹配成功；若 S 中无模式为 T 的子串，返回值为-1（若数组下标从 1 开始，返回值为 0），称为"匹配失败"。模式匹配过程如图 4-12 所示，假设 S=" ababababac"，T=" abac"。

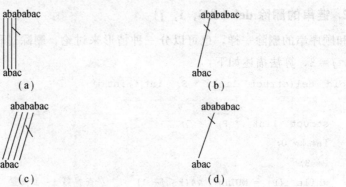

图 4-12　模式匹配过程

（e）

图 4-12 模式匹配过程（续）

（a）第一趟匹配 $s_3 \neq t_3$；（b）第二趟匹配 $s_1 \neq t_0$；

（c）第三趟匹配 $s_5 \neq t_3$；（d）第四趟匹配 $s_3 \neq t_0$；（e）第五趟匹配成功

第一趟比较时，$s_0 = t_0$，继续往下，$s_1 = t_1$，继续往下，$s_2 = t_2$，继续往下，$s_3 \neq t_3$，第一趟模式匹配失败。

第二趟比较时，$s_1 \neq t_0$，第二趟模式匹配失败。

第三趟比较时，$s_2 = t_0$，继续往下，$s_3 = t_1$，继续往下，$s_4 = t_2$，继续往下，$s_5 \neq t_3$，第三趟模式匹配失败。

第四趟比较时，$s_3 \neq t_0$，第四趟模式匹配失败。

第五趟比较时，$s_4 = t_0$，继续往下，$s_5 = t_1$，继续往下，$s_6 = t_2$，继续往下，$s_7 = t_3$，继续往下，$s_8 = t_4$，而此时 T 串中已无字符可比较，即 T 串已经结束，故第五趟模式匹配是成功的。

匹配成后，表示 T 串是 S 串的子串，此时应返回 T 串在 S 串中的位置。返回的值为次数即可，或成为最后一趟模式匹配中最后一次比较的 S 位置与 T 串的长度之差（本例中，最后一次比较为 $s_8 = t_4$，而 T 串的长度为 4，故返回的位置应为 8-4=4）。

匹配若不成功，称模式匹配失败，这时候的函数返回值应为-1，表示 S 串不存在 T 串或称 T 串不是 S 串的子串。

模式匹配算法如下：

```
int index(struct seqstring S,struct seqstring T)
{
    int i= 0,j= 0;
    while((i<S.curlen)&&(j<T.curlen))
        if(S.ch[i]= = T.ch[j])
        {
            i+ + ;j+ + ;
        }
        else
        {
            i= i- j+ 1;                //将 i 指针回溯
            j= 0;
        }
```

```
if(j>= T.curlen)
    return(i- T.curlen);
else
    return(- 1);                    //匹配失败
}
```

该算法中，可以理解 i 指针回溯语句 $i=i-j+1$：在本趟匹配中，有 $s_i \neq t_j$，但前面的字符都匹配，即有 $s_{i-1}=t_{j-1}$，$s_{i-2}=t_{j-2}$，…，$s_{i-j+1}=t_1$，因此下一趟匹配时，i 应从 $i-j+1$ 这一位置开始，即有 $i=i-j+1$，就是算法中的 $i=i-j+1$。该算法的最好时间复杂度为 $O(n+m)$，最差时间复杂度为 $O(n \times m)$。

（2）模式匹配的改进算法——KMP 算法。这种改进算法是 D. E. Knuth、J. H. Morris 和 V. R. Pratt 三人共同发明的，因此称为 KMP 算法。该算法可以在 $O(n+m)$ 的数量级上完成串的模式匹配。算法的改进之处在于：每当一趟匹配过程中出现字符比较不等时，指向主串的指针 i 不回溯，而是利用已经得到的部分匹配结果将模式串向右滑动尽可能远的一段距离后继续比较。模式串 $T=$" acbab" 和主串 $S=$" acacbacbabca"，匹配过程如图 4-13 所示。

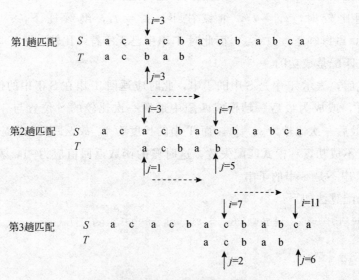

图 4-13　改进的模式匹配算法匹配过程

在图 4-13 所示的匹配过程中，第 1 趟匹配比较不成功时，$i=3$，$j=3$，此时 i 指针不变，仅需将模式串向右移动两个字符的位置，继续进行 $i=3$，$j=1$ 的下一趟比较；第 2 趟匹配中，前 4 个字符比较成功，单 $i=7$，$j=5$ 时比较失败，此时模式串向右移动 3 个字符的位置，继续进行 $i=7$，$j=2$ 的下一趟比较，直到比较成功。在整个匹配过程中，i 指针不回溯。

为了实现该改进算法，需要解决的关键问题是：当匹配过程中某趟比较不成功时，模式串向右滑动的距离是多少，以及下趟比较时模式串的工作指针 j 的值是多少，即

主串中第 i 个字符应该与模式串哪个字符比较。

假设主串 S=" $s_1s_2s_3\cdots s_n$ ",模式串 T=" $t_1t_2t_3\cdots t_m$ ",则当 $s_i\neq t_j$ 时,假设下一次 s_i 应与 t_k 比较,讨论如何确定 k。

(1)若要用 s_i 直接与 t_k 比较,那么主串 S 和模式串 T 必须满足 $t_1=s_{i-k+1}$, $t_2=s_{i-k+2}$,……,$t_{k-1}=s_{i-1}$,即模式串中前 $k-1$ 个字符的字串" $t_1t_2t_3\cdots\cdots t_{k-1}$ "必定与主串中第 i 个字符前长度为 $k-1$ 的子串" $s_{i-k+1}s_{i-k+2}\cdots\cdots s_{i-1}$ "相等。

(2)由上趟匹配结果可知,前 $j-1$ 个字符匹配成功,则有 $t_1=s_{i-k+1}$, $t_2=s_{i-k+2}$, $\cdots$, $t_{j-1}=s_{i-1}$,即模式串前 $j-1$ 个字符的子串" $t_1t_2t_3\cdots t_{j-1}$ "必定与主串中第 $i-1$ 个字符之前长度为 $j-1$ 的子串" $s_{i-k+1}s_{i-k+2}\cdots s_{i-1}$ "相等。

根据(1)和(2)可推出:在模式串的前 $j-1$ 个字符应存在两个长度为 $k-1$ 的相同最大子串,即 $t_1=t_{j-k+1}$, $t_2=t_{j-k+2}$, $\cdots t_{k-1}=t_{j-1}$。next 函数的定义说明如图 4-14 所示。

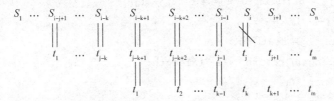

图 4-14 next 函数的定义说明

令 next $[j]=k$,则 next $[j]$ 表示当模式串中第 j 个字符与主串第 i 个字符不等时,模式串中需要重新与主串字符 s_i 进行比较的位置。因此模式串 next 的函数定义:

$$next[j]=\begin{cases}0, & j=1 \\ Max\ \{k\ |\ 1<k<j\ \text{且}\ "t_1t_2\cdots t_{k-1}"="t_{j-k+1}t_{j-k+2}\cdots t_{j-1}"\}, & \text{此集合不为空} \\ 1, & \text{其他}\end{cases}$$

根据此定义可推出下列模式串的 next 函数值。

位置 j	1	2	3	4	5
模式串	a	c	b	a	b
next $[j]$	0	1	1	1	2

从上面的分析可知,在执行匹配比较过程中,一旦出现 $s_i\neq t_j$,必须找出模式串向右滑动的距离,即 next $[j]$ 的值。由 next 函数定义可知,寻找模式串中各字符的 next 函数值与主串无关,只依赖于模式串本身。因此,为了提高查找速度,可以预先求出模式串的 next 函数。

下面给出 KMP 算法和计算 next 函数算法的描述,采用定长顺序存储结构存放主串 S 和模式串 T。

计算 next 函数的算法如下。

```
void    get_next(seqstring  t,int next[])          //计算模式串 t 的 next 函数值,
                                                   //存入数组 next 中
{  int i= 1,j= 0;
   next[1]= 0;
    while(i<t.length)
      if(j= = 0)||t.ch[i]= = t.ch[j])              //比较成功,继续比较后续字符
          {+ + i;+ + j;next[i]= j;}
      else   j= next[j];
}
```

改进的匹配算法（KMP 算法）如下：

```
int index_kmp(seqstrings,seqstring  t)//在目标串 s 中找模式串 t 首次出现的位置
{  int i= 1,j= 1;
   while(i<= s.length&&j<= t.length)
       if(j= = 0)||s.ch[i- 1]= = t.ch[j- 1])
           {+ + i;+ + j;}
       else    j= next[j];
   if(j>t.length) return    i- t.length;
   else   return   0;
}
```

改进的 KMP 算法的时间复杂度是 O （$n+m$）。该算法与前面算法极为相似。不同的是，在匹配失败时指针 i 不变，指针退回到 next [j] 所指的位置重新进行比较，且指针 j 退回到 0 时，指针 i 和 j 同时增 1，即从主串第 $i+1$ 个字符与子串的第 1 个字符重新匹配。KMP 算法最大优点是"指向主串的指针不回溯"。

2. 链串上的模式匹配运算 index （S，T）

链串上的子串定位运算和顺序串上的子串定位运算类似，但返回的值不是位置，而是位置指针。若匹配成功，则返回 T 串在 S 串的地址（指针），若匹配不成功，则返回空指针。其算法描述如下。

```
struct  link * index(struct  link  * S,struct  link  * T)
                                          //假设两个链串都带头结点
{   struct  link  * P,* Q,* R;
   P= S- > next;
   Q= T- > next;
   R= P;
   while(P! = NULL)&&(Q! = NULL)
       if  (P- > data= = Q- > data)
              {   P= P- > next;Q= Q- > next;}
```

```
    else
      {   R= R- > next;                              //指针回溯
          P= R;   Q= T- > next;
      }
    if(Q= = NULL)                                    //匹配成功
      return  R;
    else  return  NULL;                              //匹配失败
}
```

该算法的时间复杂度与顺序串的定位运算相同。

4.4　串操作应用举例

4.1.1 文本编辑

文本编辑程序是一个面向用户的系统服务程序，广泛用于源程序的输入和修改，甚至用于报刊和书籍的编辑排版，以及公文的起草和润色。文本编辑的实质是修改字符数据的形式或格式。虽然各种文本编辑程序的功能强弱不同，但是其基本操作是相同的，一般都包括串的查找、插入和删除等。

为了编辑的方便，用户可以利用换页符和换行符把文件划分为若干页，每页有若干行，可以把文本看成一个字符串，称为文本串，页则是文本串的子串，行又是页的子串。

例如，有下面一段源程序：

```
main(   )
{
    int i,j,k;
    scanf("% d% d",&i,&j);
    k= i>j? i:j;
    printf("% d\n",k);
}
```

可以将此段源程序看成一个文本串，输入内存后如图 4-15 所示。图中"↙"表示回车换行符。

101	m	a	i	n	(		)	↙	{	↙	i	n	t		i
116	,	j	,	k	;	↙	s	c	a	n	f	(	"	%	d
131	%	d	"	,	&	i	,	&	j	)	;		↙	k	=	i
146	>	j	?	i	:	j	;	↙	p	r	i	n	t	f	(
161	"	%	d	\	n	"	,	k	)	;		↙	}	↙	

图 4-15　文本格式示意图

— 77 —

为了管理文本串的表和行，在进入文本编辑的时候，编辑程序先为文本串建立相应的表和行表，即建立各子串的存储映像。页表的每一项给出了页号和该行表起始行号，而行表的每一项则指示每一行的行号、起始地址和该行子串的长度。假设图 4-15 所示的文本串只占一页，且起始行号为 1，则该文本串的行表如图 4-16 所示。

行号	起始地址	长度
1	101	8
2	109	2
3	111	11
4	122	21
5	143	11
6	154	18
7	172	2

图 4-16　文本串的行表

文本编辑程序中设有页指针、行指针和字符指针，分别指示当前操作的页、行和字符。如果在某行内插入或删除若干字符，则要修改行表中该行的长度。若该行的长度超出了分配给它的存储空间，则要为该行重新分配空间，同时还要修改该行的起始位置。如果要插入或删除一行，就要涉及行表的插入或删除。若被删除的行是所在页的起始行，则还要修改页表中相应页的起始行号（修改为下一行号）。为了查找方便，行表是按行号递增顺序存储的，因此对行表进行的插入或删除运算需移动操作位置以后的全部表项。页表的操作与行表类似，在此不再赘述。

4.4.2　建立词索引表

信息检索是计算机应用的重要领域之一，由于信息检索的主要操作是在大量的存放在磁盘上的信息中查询一个特定的信息，为了提高查询效率，就必须建立一张索引表。索引表也可以看成是文本串的形式，也是串的操作应用之一。

本章小结

1. 串是一种数据类型受到限制的特殊线性表，规定表中每一个元素类型只能为字符型。

2. 串虽然是线性表，但又有它特殊的地方，不是作为单个字符进行讨论，而是作为一个整体（字符串）进行讨论。

3. 串的顺序存储有紧缩格式存储和非紧缩格式存储，非紧缩格式存储不能节省内存单元，但操作起来比较方便，而紧缩格式存储可以节省内存单元，但操作起来不方便。

4. 串的链式存储有结点大小为 1 的链式存储和结点大小为 K 的链式存储，前者对应串的顺序存储结构中的非紧缩存储，后者对应串的顺序存储结构中的紧缩存储。

5. 串的插入、删除、子串定位等运算较线性表上的相应运算要复杂。

习题 4

一、选择题

1. 下面关于串的的叙述中，（　　）是不正确的。

A. 串是字符的有限序列

B. 空串是由空格构成的串

C. 模式匹配是串的一种重要运算

D. 串既可以采用顺序存储，也可以采用链式存储

2. 串是一种特殊的线性表，其特殊性体现在（　　）。

A. 可以顺序存储　　　　　　　　　B. 数据元素是一个字符

C. 可以链接存储　　　　　　　　　D. 数据元素可以是多个字符

3. 串的长度是指（　　）。

A. 串中所含不同字母的个数　　　　B. 串中所含字符的个数

C. 串中所含不同字符的个数　　　　D. 串中所含非空格字符的个数

4. 假设有两个串 p 和 q，其中 q 是 p 的子串，求 q 在 p 中首次出现的位置的算法称为（　　）。

A. 求子串　　　　　B. 连接　　　　　C. 匹配　　　　　D. 求串长

5. 若串 S＝" software"，其子串的个数是（　　）。

A. 8　　　　　　　　B. 37　　　　　　　　C. 36　　　　　　　　D. 9

6. 设串 s_1＝" ABCDEFG"，s_2＝" PQRST"，函数 con（$x.y$）返回 x 和 y 串的连接串，sub（$s，i，j$）返回串 s 的从序号 i 的字符开始的 j 个字符组成的子串，len（s）返回串 s 的长度，则 con（subs（s_1，2.len（s_2）），subs（s_1，len（s_2），2））的结果串是（　　）。

A. BCDEF　　　　　　　　　　　　B. BCDEFG

C. BCPQRST　　　　　　　　　　　D. BCDEFEF

7. 假设串的长度为 m 则它的子串个数为（　　）。

A. n　　　　　　　　　　　　　　B. $n(n+1)$

C. $\dfrac{n(n+1)}{2}$　　　　　　　　　D. $\dfrac{n(n+1)}{2+1}$

8. 若 SUBSTR（$S，i，k$）表示求 S 中从第 i 个字符开始的连续 k 个字符组成的

子串的操作，则对于 S=" Bejing&Nanjing"，SUBSTR（S，4，5）=（　　　）。

　　A." ijing"　　　　　　　　　　　　　　B." jing&"

　　C." ingNa"　　　　　　　　　　　　　　D." ing&N"

　　9. 若 INDEX（S，T）表示求 T 在 S 中的位置的操作，则对于 S=" Bejing&Nanjing"，T=" jing"，INDEX（S，T）=（　　　）。

　　A. 2　　　　　　　　B. 3　　　　　　　　C. 4　　　　　　　　D. 5

　　10. 字符串采用结点大小为 1 的链表作为其存储结构，是指（　　　）。

　　A. 链表的长度为 1

　　B. 链表中只存放一个字符

　　C. 链表的每个链结点的数据域中不仅只存放了一个字符

　　D. 链表的每个链结点的数据域中只存放了一个字符

　　11. 假设有两个串 p 和 q，求 q 在 p 中首次出现的位置的运算称为（　　　）。

　　A. 连接　　　　　　B. 模式匹配　　　　　C. 求字串　　　　　D. 求串长

　　12. 串是一种特殊的线性表，其特殊性体现在（　　　）。

　　A. 可以顺序存储　　　　　　　　　　　B. 数据元素是一个字符

　　C. 可以链接存储　　　　　　　　　　　D. 数据元素可以是多个字符

　　13. 若串 S=" softwear"，其子串数目是（　　　）。

　　A. 8　　　　　　　　B. 37　　　　　　　　C. 36　　　　　　　　D. 9

　　14. 在顺序串中，根据空间分配方式的不同，可分为（　　　）。

　　A. 直接分配和间接分配　　　　　　　　B. 静态分配和动态分配

　　C. 顺序分配和链式分配　　　　　　　　D. 随机分配和固定分配

　　15. 设串 s_1=" ABCDEFG"，s_2=" PQRST"，则 con（subs（s_1，2，len（s_2）），subs（s_1，len（s_2），2）））的结果串是（　　　）。

　　A. BCDEF　　　　　　　　　　　　B. BCDEFG

　　C. BCPQRST　　　　　　　　　　　D. BCDEFEF

二、填空题

　　1. 含零个字符的串称为_____串，任何串中所含_____的个数称为该串的长度。

　　2. 空格串是指_____，其长度等于_____。

　　3. 当且仅当两个串的_____相等并且各个对应位置上的字符都_____时，这两个号相等。一个串中任意个连续字符组成的序列称为该串的_____串，该串称为它所有子串的_____串。

　　4. 在 S=" sricture" 中，以 t 为首字符的子串有_____个。

　　5. INDEX（" DATASTRUCTURE"，" STR"）=_____。

　　6. 模式串 P=" ababcac" 的 next 的数值序列为_____。

　　7. 下列程序判断字符串 s 是否对称，对称返回 1，否则返回 0，如 f（" abba"）

返回 1，如 f（" abab"）返回 0。

```
int f(_____)
    {int i= 0,j= 0;
    while  (s[j])_____;
    for(j- - ;i<j&&s[i]= = s[j];i+ + j- - );
    return(_____);
)
```

8. 下列算法求顺序结构存储的串 s 和串 t 的一个最长公共子串。

```
void  maxcnomstr(orderstring  * s,orderstring  * t;int index,int length)
{int i,j,k,length1,con;
    index= 0;length= 0;i= 1;
    while(i<= s. len)
        {    j= 1;
            while(j<= t. len)
            {if(s[i]= = t[j])
                {  k= 1;length1= 1;con= 1;
                    while(con)
                        if ____{length1= length1+ 1;k= k+ 1;}
                        else_____;
                    if(length>length) {index= i;length= length1;}
                    _____;
                }
            else_____;
            }
            _____;
        }
}
```

9. 下列算法的功能是比较两个链串的大小，其返回值为：

```
comstr(s₁,s₂)= {
            - 1 当 s₁<s₂
            0 当 s₁= s₂
            1 当 s₁>s₂
}
```

$$comstr(s_1,s_2)= \begin{cases} -1 & \text{当 } s_1<s_2 \\ 0 & \text{当 } s_1= s_2 \\ 1 & \text{当 } s_1>s_2 \end{cases}$$

请在空白处填入适当的内容。

```
int comstr(Link String  s₁,Link String  s₂)
{// s1 和 s2 为两个链串的头指针
    while(s1&&s2){
        if(s1- > date< s2- > date) return  - 1;
        if(s1- > date> s2- > date) return 1;
```

```
        _____;
        _____;
    }
    if(_____)return  - 1;
    if(_____)return 1;
        _____;
}
```

三、应用题

1，描述以下概念的区别：空格串与空串。

2. 假设有 A=" "，B=" mule"，C=" old"，D=" my"，试计算下列运算的结果（注：A+B 是 CONCAT（A，B）的简写，A=" " 中的" " 含有两个空符）。

(a) A+B

(b) B+A

(c) D+C+B

(d) SUBSTR（B，3，2）

(e) SUBSTR（C，1，0）

(f) LENGTH（A）

(g) LENGTH（D）

(h) INDEX（B，D）

(i) INDEX（C," d"）

(j) INSERT（D，2，C）

(k) INSERT（B，1，A）

(I) DELETE（B，2，2）

(m) DELETE（B，2，0）

3. 假设主串 S="xxyxxxyxxxxyxyx"，模式串 T="xxyxy"，请问：如何用最少的比较次数找到 T 在 s 中出现的位置？相应的比较次数是多少？

4. 给出字符串"abac baad 在 KMP 算法中的 next 和 nextval 数组。

5. 已知 s="(xyz) +∗"，t="(x+z) ∗y"。试利用连接、求子串和置换等基本运算，将 s 转化为 t。

四、编程题

1. 写出下列算法：

(1) 将顺序串 r 中所有值为 ch1 的字符换成 ch2 的字符。

(2) 将顺序串 r 中所有字符按照相反的次序仍存放在 r 中。

(3) 从顺序串 r 中删除其值等于 ch 的所有字符。

(4) 从顺序串 r1 中第 index 个字符起求出首次与串 r2 相同的子串的起始位置。

(5) 从顺序串 r 中删除所有与串 r1 相同的子串。

2. 用顺序结构存储的串 S，编写算法删除 S 中第 i 个字符开始的 j 个字符。

3. 若 S、T 和 V 是三个采用定长顺序存储表示的串，编写一个实现串替换运算的函数 StrReplac（&S，T，V），即用 V 替换串 S 中出现的所有与 T 相等的不重叠的子串。

4. 若 T 和 P 是用结点大小为1的单链表表示的串，设计算法在链串上求模式串 P 在目标串 T 中首次出现的位置。

5. 若 X 和 Y 是用结点大小为1的单链表表示的串，设计一个算法找出 X 中第一个在 Y 中出现的字符。

6. 利用下列串的基本操作，构造子串定位运算 INDEX（s，t）。其中 s 是目标串，t 是模式串。

（1）strlen(char ＊ s);

（2）strcmp(char ＊ s1,char ＊ s2);

（3）substr(char ＊ s,int pos,int len);

7. 编写算法，将串中所有字符倒过来重新排列。

8. 编写算法，实现串 s 和串 t 的交换。

9. 将顺序串 s 中所有值为 x 的字符替换成 y。

10. 将两个顺序串 s、t 中相同字符复制到串 r 中。

11. 将一个链串 H 分解为三个链串 s、t、r，使链串 s 只包含有字母字符，链串 t 中只含有数字字符，链串 r 中含有除数字和字母符以外的其他字符。

12. 实现 replace（s，t，r）的功能，即将串 s 中所有字串 t 用串 r 进行替换，要求用顺序串和链串两种方法实现。

13. 统计串 s 中每一种字符出现的次数，要求用顺序串和链串两种方法实现。

14. 设目标串为 t="abcaabbabcabaacbacba"，模式串为 p="abcabaa"。

（1）计算模式串 p 的 next 数组的值。

（2）不写算法，只画出 KMP 匹配算法进行模式匹配时每一趟的匹配结果。

第 5 章

多维数组和广义表

━━━━━━━━━━━━━ 本章导读 ━━━━━━━━━━━━━

本章主要介绍多维数组的概念及其在计算机中的存储表示，一些特殊矩阵的压缩存储表示及相应运算的实现，广义表的概念和存储结构及其相关运算的实现。

━━━━━━━━━━━━━ 学习目标 ━━━━━━━━━━━━━

- 多维数组的定义及其在计算机中的存储表示
- 对称矩阵、三角矩阵、对角矩阵等特殊矩阵在计算机中的压缩存储表示及地址计算公式
- 稀疏矩阵的三元组表表示及两种转置算法的实现
- 稀疏矩阵的十字链表表示及相加算法的实现
- 广义表存储结构表示及基本运算

5.1 多维数组

5.1.1 多维数组的概念

数组是大家都已经很熟悉的一种数据类型，几乎所有高级程序设计语言中都设定了数组类型。在此仅简单地讨论数组的逻辑结构及其在计算机内的存储方式。

1. 一维数组

一维数组可以看成是一个线性表或一个向量，它在计算机内是存放在一块连续的存储单元中，适合于随机查找。

2. 二维数组

二维数组可以看成是向量的推广。例如，假设 A 是一个有 m 行 n 列的二维数组，则 A 可以表示为：

$$A = \begin{bmatrix} a_{00} & a_{01} & \cdots & a_{0n-1} \\ a_{10} & a_{11} & \cdots & a_{1n-1} \\ \cdots & \cdots & \cdots & \cdots \\ a_{m-10} & a_{m-11} & \cdots & a_{m-1n-1} \end{bmatrix}$$

可以将二维数组 A 看成是由 m 个行向量 $[X_0，X_1，\cdots，X_{m-1}]^T$ 组成的，其中，$X_i = (a_{i0}，a_{i1}，\cdots a_{in-1})$，$0 \leqslant i \leqslant m-1$；也可以将二维数组 A 看成是由 n 个列向量 $[Y_0，Y_1，\cdots，Y_{n-1}]$ 组成，其中 $Y_i = (a_{i0}，a_{i1}，\cdots a_{m-1i})$，$0 \leqslant i \leqslant n-1$。由此可知二维数组中的每一个元素最多可有两个直接前驱和两个直接后继（边界除外），故二维数组是一种典型的非线性结构。

3. 多维数组

三维数组最多可有三个直接前驱和三个直接后继，三维以上的数组可以作类似分多析。因此，可以把三维以上的数组称为多维数组，多维数组可有多个直接前驱和多个直接后继，故多维数组是一种非线性结构。

5.1.2　多维数组在计算机内的存储

由于计算机内存结构是一维的（线性的），因此用一维内存存放多维数组就必须按某种次序将数组元素排成一个线性序列，然后将这个线性序列顺序存放在存储器中。

5.2　多维数组的存储结构

由于数组是先定义后使用，且为静态分配存储单元，也就是说，一旦建立了数组，则结构中的数组元素个数和元素之间的关系就不再发生变动，即它们的逻辑结构就固定下来了，不再发生变化。因此，采用顺序存储结构表示数组是顺理成章的事。本章仅重点讨论二维数组的存储，三维及三维以上的数组（多维），可以作类似分析。

多维数组的顺序存储有两种形式：行优先顺序存储和列优先顺序存储。

5.2.1　行优先顺序

1. 存放规则

行优先顺序存储也称为低下标优先存储，或左边下标优先于右边下标存储。具体实现时，按行号从小到大的顺序，先将第一行中的元素按列号从小到大全部存放好，再存放第二行元素、第三行元素，依此类推。

在 BASIC 语言、Pascal 语言、C/C++ 语言等高级语言程序设计中，都是按行优先顺序存放的。例如，对刚才的 $A_{m \times n}$ 二维数组，可用如下形式存放到内存中：a_{00}，a_{01}，$\cdots\cdots a_{0n-1}$，a_{10}，a_{11}，$\cdots\cdots$，a_{1n-1}，$\cdots\cdots$，a_{m-10}，a_{m-11}，$\cdots\cdots$，$a_{(m-1)(n-1)}$，即二维数

组按行优先存放在内存后，变成了一个线性序列（线性表）。

可以得出多维数组按行优先顺序存放到内存的规律：最左边下标变化最慢，最右边下标变化最快，右边下标变化一遍，与之相邻的左边下标才变化一次。在算法中，若用循环语句的嵌套来实现按行优先顺序存放，最左边下标可以看成是最外层循环，最右边下标可以看成是最内层循环。

2. 地址计算

由于多维数组在内存中排列成一个线性序列，那么，若知道第一个元素的内存地址，如何求得其他元素的内存地址呢？可以将它们的地址排列看成是一个等差数列，假设每个元素占 d 个字节，元素 a_{jj} 的存储地址应为第一个元素的地址加上排在 a_{jj} 前面的元素所占用的单元地址数，而 a_{jj} 的前面有 i 行 $(0 \sim i-1)$ 共 $i \times n$ 个元素，而本行前面又有 j 个元素，故 a_{jj} 的前面一共有 $i \times n+j$ 个元素，假设 a_{00} 的内存地址为 $\text{LOC}(a_{00})$，则 a_{jj} 的内存地址按等差数列计算为 $\text{LOC}(a_{ij}) = \text{LOC}(a_{00}) + (i \times n+j) \times d$。同理，三维数组 $A_{m \times n \times p}$ 按行优先顺序存放的地址计算公式为 $\text{LOC}(a_{ijk}) = \text{LOC}(a_{000}) + (i \times n \times p+j \times p+k) \times d$。

5.2.2　列优先顺序

1. 存放规则

列优先顺序存储也称为高下标优先存储，或右边下标优先于左边下标存储。具体实现时，按列号从小到大的顺序，先将第一列中的元素按行号从小到大的顺序全部存放好，再存放第二列元素、第三列元素，依此类推。

在 FORTRAN 语言程序设计中，数组是按列优先顺序存放的。例如，对前面提到的 $A_{m \times n}$ 二维数组，可以按如下的形式存放到内存中：a_{00}，a_{10}，… a_{m-10}，a_{01}，a_{11}，……，a_{m-11}，…… a_{0n-1}，a_{1n-1}，…… $a_{(m-1)(n-1)}$。因此，二维数组按列优先顺序存放到内存后，也变成了一个线性序列（线性表）。

因此，可以得出多维数组按列优先顺序存放到内存的规律：最右边下标变化最慢，最左边下标变化最快，左边下标变化一遍，与之相邻的右边下标才变化一次。在算法中，若用循环语句的嵌套来实现按列优先顺序存放，最右边下标可以看成是最外层循环，最左边下标可以看成是最内层循环。

2. 地址计算

同样与行优先顺序存放类似，若知道第一个元素的内存地址，则同样可以求得按列优先顺序存放的某一元素 a_{ij} 的地址。

对二维数组 $A_{m \times n}$ 有：$\text{LOC}(a_{ij}) = \text{LOC}(a_{00}) + (j \times m+i) \times d$

对三维数组 $A_{m \times n \times p}$ 有：$\text{LOC}(a_{ijk}) = \text{LOC}(a_{000}) + (k \times m \times n+j \times m+i) \times d$

5.3 特殊矩阵及其压缩存储

矩阵是一个二维数组，是很多科学与工程计算问题中研究的数学对象。矩阵可以用行优先顺序或列优先顺序的方法顺序存放到内存中，但当矩阵的阶数很大时，将会占用较多的存储单元。当其中的元素分布呈现某种规律时，这时从节约存储单元出发，可考虑若干元素共用一个存储单元，即进行压缩存储。所谓压缩存储是指为多个值相同的元素只分配一个存储空间，值为零的元素不分配空间；或者理解为将二维数组（矩阵）压缩到一个占用存储单元数目较少的一维数组中。在进行压缩存储时，虽然节约了存储单元，但怎样在压缩存储后直接找到某元素呢？所以还必须给出压缩前下标（二维数组的行、列）和压缩后（一维数组的下标）下标之间的变换公式，才能使压缩存储变得有意义。下面将来讨论几种情况的特殊矩阵。

5.3.1 特殊矩阵

1. 对称矩阵

若一个 n 阶方阵 A 中，元素满足 $a_{ij}=a_{ji}$，其中 $0 \leqslant i$，$j \leqslant n-1$，则称 A 为对称矩阵。例如，图 5-1 所示是一个 3×3 的对称矩阵。

$$A = \begin{bmatrix} 1 & 2 & 3 \\ 2 & 5 & 4 \\ 3 & 4 & 6 \end{bmatrix}$$

图 5-1 一个对称矩阵

2. 三角矩阵

（1）上三角矩阵。矩阵上三角部分元素是随机的，而下三角部分元素全部相同（为某常数 C 或全为 0），具体形式如图 5-2（a）所示。

（2）下三角矩阵。矩阵的下三角部分元素是随机的，而上三角部分元素全部相同（为某常数 C 或全为 0）具体形式如图 5-2（b）所示。

$$\begin{bmatrix} a_{00} & a_{01} & \cdots & a_{0n-1} \\ c & a_{11} & \cdots & a_{1n-1} \\ \cdots & \cdots & \cdots & \cdots \\ c & c & c & a_{n-1n-1} \end{bmatrix} \begin{bmatrix} a_{00} & c & \cdots & c \\ a_{10} & a_{11} & \cdots & c \\ \cdots & \cdots & \cdots & \cdots \\ a_{n-10} & a_{n-11} & \cdots & a_{n-1n-1} \end{bmatrix}$$
$$\qquad\qquad (a) \qquad\qquad\qquad\qquad\qquad (b)$$

图 5-2 三角矩阵

（a）上三角矩阵；（b）下三角矩阵

3. 对角矩阵

若矩阵中所有非零元素集中在以主对角为中心的带状区域中，区域外的值全为 0，则称其为对角矩阵。常见的对角矩阵有：三对角矩阵、五对角矩阵、七对角矩阵等。

例如，图5-3所示为7×7的三对角矩阵（即有三条对角线上元素非零）。

$$\begin{bmatrix} a_{00} & a_{01} & 0 & 0 & 0 & 0 & 0 \\ a_{10} & a_{11} & a_{12} & 0 & 0 & 0 & 0 \\ 0 & a_{21} & a_{22} & a_{23} & 0 & 0 & 0 \\ 0 & 0 & a_{32} & a_{33} & a_{34} & 0 & 0 \\ 0 & 0 & 0 & a_{43} & a_{44} & a_{45} & 0 \\ 0 & 0 & 0 & 0 & a_{54} & a_{55} & a_{56} \\ 0 & 0 & 0 & 0 & 0 & a_{65} & a_{66} \end{bmatrix}$$

图5-3 一个7×7的三对角矩阵

5.3.2 压缩存储

在特殊矩阵（对称矩阵、上三角矩阵、下三角矩阵、三对角矩阵、多对角矩阵等）中，元素的分布有规律，从节省存储单元的角度来考虑，可以进行压缩存储。

1. 对称矩阵

若矩阵$A_{n\times n}$是对称的，对称的两个元素可以共用一个存储单元，这样一来，原来n阶方阵需n^2个存储单元，若采用压缩存储，仅需$\dfrac{n(n+1)}{2}$个存储单元，节约将近一半存储单元，这就是压缩的好处。但是，将n阶对称方阵压缩存放到一个向量空间s[0]到中$s\left[\dfrac{n(n+1)}{2}-1\right]$，怎样找到s[k]与$a_{ij}$的一一对应关系，以便在s[k]中能直接找到$a_{ij}$呢？

本书仅以行优先顺序存储为例分两种方式讨论。

（1）只存放下三角部分。由于对称矩阵呈主对角线对称，故只需存放主对角线及主对角线以下的元素。此时，a_{00}存入s[0]，a_{10}存入s[1]，a_{11}存入s[2]，……，$a_{(n-1)(n-1)}$存入中$s\left[\dfrac{n(n+1)}{2}-1\right]$，具体过程如图5-4所示。

$$\begin{bmatrix} a_{00} \\ a_{10} & a_{11} \\ a_{20} & a_{21} & a_{22} \\ \cdots & \cdots & \cdots & \cdots \\ a_{n-10} & a_{n-11} & a_{n-12} & \cdots & a_{(n-1)(n-1)} \end{bmatrix}$$

（a）

0	1	2	3	4	5	6	7	……	$\frac{n(n+1)}{2}$-3	$\frac{n(n+1)}{2}$-2	$\frac{n(n+1)}{2}$-1
a_{00}	a_{10}	a_{11}	a_{20}	a_{21}	a_{22}	a_{30}	a_{31}	……	$a_{(n-1)(n-3)}$	$a_{(n-1)(n-2)}$	$a_{(n-1)(n-1)}$

（b）

图5-4 对称矩阵及用下三角压缩存储

（a）一个下三角矩阵；（b）下三角矩阵的压缩存储

这时 $s[k]$ 与 a_{ij} 的对应关系：

$$k = \begin{cases} \dfrac{i(i+1)}{2}+j & i<j \\[3mm] \dfrac{j(j+1)}{2}+i & i \geq j \end{cases}$$

上面的对应关系很容易推出：

当 $i \geq j$ 时，a_{ij} 在下三角部分中，a_{ij} 前面有 i 行，共有 $1+2+3+\cdots+i$ 个元素，而 a_{ij} 是第 i 行的 j 个元素，即有 $k=\dfrac{1+2+3+\cdots+i+j+i(i+1)}{2+j}$。

当 i<j 时，a_{ij} 在三角部分中，但与 a_{ij} 对称，故只需在下三角部分中找 a_{ij}，将 i 与 j 交换即可，即 $k=\dfrac{j(j+1)}{2}+i$。

（2）只存放在上三角部分。对于对称矩阵，除了用下三角存放外，还可以用上三角形存放，这时 a_{00} 存入 $s[0]$，a_{01} 存入 $s[1]$，a_{02} 存入 $s[2]$……，a_{0n-1} 存入 $s[n-1]$，a_{11} 存入 $s[n]$……，a_{n-1n-1} 存入 $s\left[\dfrac{n(n+1)}{2}-1\right]$ 中，具体如图 5-5 所示。

$$\begin{bmatrix} a_{00} & a_{01} & a_{02} & \cdots & a_{0n-1} \\ & a_{11} & a_{12} & \cdots & a_{1n-1} \\ & & a_{22} & \cdots & a_{2n-1} \\ \cdots & \cdots & \cdots & \cdots & \cdots \\ & & & & a_{n-1n-1} \end{bmatrix}$$

（a）

0	1	2	3	4	5	6	7	……	$\frac{n(n+1)}{2}-3$	$\frac{n(n+1)}{2}-2$	$\frac{n(n+1)}{2}-1$
a_{00}	a_{01}	a_{02}	a_{03}	a_{04}	a_{05}	a_{06}	a_{07}	……	$a_{(n-2)(n-2)}$	$a_{(n-2)(n-1)}$	$a_{(n-1)(n-1)}$

（b）

图 5-5 对称矩阵及用上三角压缩存储

（a）一个上三角矩阵；（b）上三角矩阵的压缩存储

这时 $s[k]$ 与 a_{ij} 的对应关系可以按下面的方法推出。

当 $i \leq j$ 时，a_{ij} 在上三角部分中，前面的行号 $0 \sim i-1$，共 i 行，第 0 行有 n 个元素，第 1 行有 $n-1$ 个元素……，第 $i-1$ 行中 $n-(i-1)$ 个元素，因此，前面 i 行共有 $n+n-1+\cdots+n-(i-1)=i*n-\dfrac{i(i-1)}{2}$ 个元素，而 a_{ij} 是本行第 $j-i$ 个元素，故 $k=i*n-\dfrac{i(i-1)}{2}+j-i$。

当 $i>j$ 时，由于对称关系，交换 i 与 j 即可。

即有 $k=j*n-\dfrac{j(j-1)}{2}+i-j$。

故 $s[k]$ 与 a_{ij} 的对应关系为：

$$k = \begin{cases} i * n - \dfrac{i\,(i-1)}{2} + j - i & i > j \\[3mm] j * n - \dfrac{j\,(j-1)}{2} + i - j & i \leqslant j \end{cases}$$

2. 三角矩阵

（1）下三角矩阵。下三角矩阵的压缩存储与对称矩阵用下三角形式存放类似，但必须多一个存储单元存放上三角部分元素，使用的存储单元数目为 $\dfrac{n\,(n+1)}{2} + 1$。因此可以将 $n \times n$ 的三角矩阵压储存放到只有 $\dfrac{n\,(n+1)}{2} + 1$ 个存储单元的向量中。假设仍按行优先存放，这时 $s[k]$ 与 a_{ij} 的对应关系为：

$$k = \begin{cases} \dfrac{i\,(i+1)}{2} + j & i < j \\[3mm] \dfrac{n\,(n+1)}{2} & i \geqslant j \end{cases}$$

（2）上三角矩阵。和下三角矩阵的存储类似，共需 $\dfrac{n\,(n+1)}{2} + 1$ 个存储单元，假设仍按行优先顺序存放，这时 $s[k]$ 与 a_{ij} 的对应关系为：

$$k = \begin{cases} i * n - \dfrac{i\,(i-1)}{2} + j - 1 & i \leqslant j \\[3mm] \dfrac{n\,(n+1)}{2} & i > j \end{cases}$$

3. 对角矩阵

这里仅作三对角矩阵的压缩存储。对于五对角矩阵、七对角矩阵等，读者可作类似分析。在一个 $n \times n$ 的三对角矩阵中，只有 $n+n-1+n-1$ 个非零元，故只需 $3n-2$ 个存储单元即可，零元已用存储单元。

可将 $n \times n$ 三对角矩阵 $A_{n \times n}$ 压缩存放到只有 $3n-2$ 个存储单元的 $s[3n-2]$ 向量中，假设仍按行优先顺序存放，则 $s[k]$ 与 a_{ij} 的对应关系为：

$$k = \begin{cases} 3i-1 & i = j+1 \\ 3i & i = j \text{ 或 } k = 2i+j \\ 3i+1 & i = j-1 \end{cases}$$

5.4　稀疏矩阵

在特殊矩阵中，元素的分布呈现某种规律，因此一定能找到一种合适的方法将它们进行压缩存放。但在实际应用中，还经常会遇到一类矩阵：其矩阵阶数很大，非零元个数较少，零元很多，但非零元的排列（分布）没有一定规律，这一类矩阵称为稀疏矩阵。

按照压缩存储的概念，要存放稀疏矩阵的元素，由于没有某种规律，除存放非零元的值外，还必须存储适当的辅助信息（行、列号），才能迅速确定一个非零元是矩阵中的哪一个位置上的元素。下面介绍稀疏矩阵的几种存储方法及一些算法的实现。

5.4.1　稀疏矩阵的存储

1. 三元组表

在压缩存放稀疏矩阵非零元的同时，若还存放此非零元所在的行号和列号，则称为三元组表法，即稀疏矩阵可用三元组表进行压缩存储，但它是一种顺序存储（按行优先顺序存放）。一个非零元有行号、列号、值，其为一个三元组，将稀疏矩阵中非零元的三元组合起来称为三元组表。此时，数据类型可描述如下：

```
# include<stdio. h>
# define  maxsize    100          //定义非零元的最大数目
struct  node//定义一个三元组
{
    int i,j;                       //非零元行号、列号
    int v;                         //非零元值
};
struct  sparmatrix//定义稀疏矩阵
{
    int rows,cols;                 //稀疏矩阵行、列数
    int terms;                     //稀疏矩阵非零元个数
    struct  node  data[maxsize];   //三元组表
};
```

图 5-6 和图 5-7 给出了两个稀疏矩阵，稀疏矩阵 M 和 N 的三元组表如图 5-8 所示。

$$
\begin{bmatrix}
0 & 12 & 9 & 0 & 0 & 0 & 0 \\
0 & 0 & 0 & 0 & 0 & 0 & 0 \\
-3 & 0 & 0 & 0 & 0 & 14 & 0 \\
0 & 0 & 24 & 0 & 0 & 0 & 0 \\
0 & 18 & 0 & 0 & 0 & 0 & 0 \\
15 & 0 & 0 & -7 & 0 & 0 & 0
\end{bmatrix}
$$

图 5-6　稀疏矩阵 M

$$
\begin{bmatrix}
0 & 0 & -3 & 0 & 0 & 15 \\
12 & 0 & 0 & 0 & 18 & 0 \\
9 & 0 & 0 & 24 & 0 & 0 \\
0 & 0 & 0 & 0 & 0 & -7 \\
0 & 0 & 14 & 0 & 0 & 0 \\
0 & 0 & 0 & 0 & 0 & 0
\end{bmatrix}
$$

图 5-7　稀疏矩阵 N（M 的转置）

i	j	v		i	j	v
0	1	12		0	2	-3
0	2	9		0	5	15
2	0	-3		1	0	12
2	5	14		1	4	18
3	2	24		2	0	9
4	1	18		2	3	24
5	0	15		3	5	-7
5	3	-7		5	2	14
	（a）				（b）	

图 5-8　稀疏矩阵 M 和 N 的三元组表

（a）M 的三元组表；（b）N 的三元组表

2. 带行指针的链表

把具有相同行号的非零元用一个单链表连接起来，稀疏矩阵中的若干个单链表合起来称为带行指针的链接。例如，图 5-6 所示的稀疏矩阵 M 的带行指针的链表描述形式如图 5-9 所示。

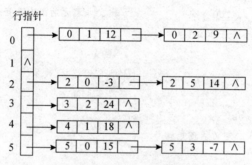

图 5-9　带行指针的链表

3. 十字链表

当稀疏矩阵中非零元的位置或个数经常变动时，三元组表就不再适合作为稀疏矩阵的存储结构了，此时采用链表作为存储结构更为恰当。

十字链表为稀疏矩阵链接存储中一种较好的存储方法。在该方法中，每一个非零元用一个结点表示，结点中除了表示非零元所在的行、列和值的三元组 $(i，j，v)$ 外，还需增加两个链域：行指针域（rptr），用来指向本行中下一个非零元；列指针域（cptr），用来指向本列中下一个非零元。稀疏矩阵中同一行的非零元通过向右的 rptr 指针链接成一个带表头接点的循环链表。同一列的非零元也通过 cptr 指针链接成一个带表头结点的循环链表。如此，每个非零元既是第 i 行循环链表中的一个结点，又是第 j 列循环链表中的一个结点，相当于处在一个十字交叉路口，故称这种链表为十字链表。

另外，为了运算方便，规定行、列循环链表的表头结点和表示非零元的结点一样，为五个域，且规定行、列、域值为 0，并且将所有的行、列链表和头结点一起链成一个循环链表。

在行（列）表头结点中，行、列域的值都为 0，故两组表头结点可以共用，即第 i 行链表第 i 列链表共用一个表头结点，这些表头结点本身又可以通过 v 域（非零元值域，但在表头结点中为 next，指向下一个表头结点）相链接。另外，再增加一个附加结点（由指针 hm 指示，行、列域分别为稀疏矩阵的行、列数目），附加结点指向第一个表头结点，则整个十字链表可由 hm 指针唯一确定。

例如，图 5-6 所示的稀疏矩阵 M 的十字链表描述形式如图 5-10 所示（注：行、列下标从 1 开始而非 0）。

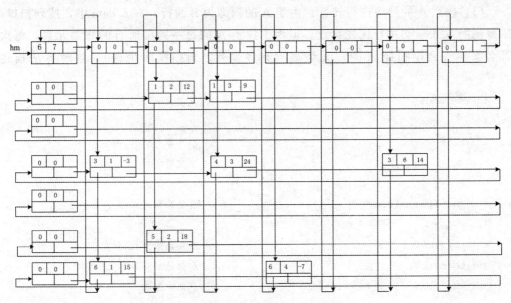

图 5-10　稀疏矩阵的十字链表

十字链表的数据类型描述如下：

```
struct  linknod
{
int,i,j;                              //行号、列号
struct  linknode * cptr,* rptr,      //列、行指针
union  vnext                         //定义一个共用体
{  int v;                            //表结点使用 v 域,表示非零元值
   struct  linknode * next:          //表头结点使用 next 域指向下一个表头
}k;
  };
```

5.4.2　稀疏矩阵的运算

1. 稀疏矩阵的转置运算

下面讨论三元组表上如何实现稀疏矩阵的转置运算。

转置是矩阵中最简单的一种运算。对于一个 $m \times n$ 的矩阵 A，它的转置矩阵 B 是一个 $n \times m$ 的矩阵，且 $B[i][j] = A[j][i]$，$0 \leq i < n$，$0 \leq j < m$。例如，图 5-6 给出的 M 矩阵和图 5-7 给出的 N 矩阵互为转置矩阵。

在三元组表表示的稀疏矩阵中，怎样求得它的转置呢？由转置的性质知，将 A 转置为 B，就是将 A 的三元组表 a.data 变为 B 的三元组表 b.data，此时可以将 a.data 中 i 和 j 的值互换，则得到的 b.data 是一个按列优先顺序排列的三元组表，再将它的顺序适当调整，变成行优先排列，即得到转置矩阵 B。下面将介绍两种方法。

（1）按照 A 的列序进行转置。由于 A 的列即为 B 的行，在 a.data 中，按列扫描，则得到的 b.data 必按行优先存放。但为了找到 A 的每一列中所有的非零元素，每次都必须从头到尾扫描 A 的三元组表（有多少列，则扫描多少遍），这时算法描述如下：

```c
truct  node                              //定义一个三元组
{
int i,j;                                 //非零元行号、列号
int v;                                   //非零元值
    };
struct  sparmatrix                       //定义稀疏矩阵
{
int rows,cols;                           //稀疏矩阵行、列数
int terms;                               //稀疏矩阵非零元个数
struct  node  data[maxsize];             //三元组表
};
void  transpose(struct  sparmatrix  a,struct  sparmatrix  b)
{
    b.rows= a.cols:  b.cols= a.rows;
    b.terms= a.terms;
    if  (b.terms> 0)
{     int bno= 0;
      for(int col= 0;  col<a.cols;  col+ + ) //按列号扫描
        for(int ano= 0;  ano<a.terms;  ano+ +)//对三元组表扫描
          if(a.data[ano].j= col)             //进行转置
            { b.data[bno].j= a.data[ano].i;
              b.data[bno].i= a.data[ano].j;
              b.data[bno].v= a.data[ano]v;
              bno+ + ;
            }
}
    for(int i= 0;i<a.terms;i+ + )             //输出转置后的三元组结果
```

```
            printf("% d% d% d\n",b. data[i]. i,b. data[i]. j,b. data[i]. v);
}
void  main(   )
{
struct  sparmatrix a,b;
scanf("% d% d% d",&a. rows,&a. cols,&a. terms);   //输入稀疏矩阵的行、列数及非零元的
                                                  //个数

for(  int i= 0;  i＜a. terms;  i+ + )
    scanf("% d% d% d",&a. data[i]. i,&a. data[i]. j.&a. data[i]. v);
                                     //输入转置前的稀疏矩阵的三元组

for(i= 0;i＜a. terms;  i+ + )
    scanf("% d% d% d",&a. data[i]. i,&a. data[i]j,&a. data[i]. v);
                                     //输出转置前的三元组结果
transpose(  a,b);                    //调用转置算法
    }
```

分析这个算法，主要工作集中在 col 和 row 二重循环上，故算法的时间复杂度为 O (a. cols * a. terms)。而通常的 m×n 阶矩阵转置算法可描述为：

```
for(col= 0; col＜n; col+ + )
for(row= 0;row＜m,;row+ + )
b[col][row]= a(row)[col];
```

它的时间复杂度为 O （m * n）而一般的稀疏矩阵中非零元个数 a. terms 远大于行数 m，故压缩存储时，进行转置运算，虽然节省了存储单元，但增大了时间复杂度，故此算法仅适应于 a. terms≪a. rows * a. cols 时的情形。

（2）按照 A 的行序进行转置。即按 a. data 中三元组的次序进行转置，并将转置后的三元组放入 b. data 中恰当的位置。若能在转置前求出矩阵 A 的每一列 col（即 B 中每一行）的第一个非零元转置后在 b. data 中的正确位置 pot［col］（0≤col＜a. cols），那么在对 a. data 的三元组依次作转置时，只需将三元组按列号 col 放置到 b. data［pot［col］］中，之后将 pot［col］内容加 1，以指示第 col 列的下一个非零元的正确位置。为了求得位置向量 pot，只需先求出 A 的每一列中非零元个数 num［col］，然后利用下面公式：

$$\begin{cases} pot［0］=0 \\ pot［col］=pot［col-1］+num［col-1］ \quad 1≤col＜a. cols \end{cases}$$

为了节省存储单元，记录每一列非零元个数的向量 num 可直接放入 pot 中，即上面的方式可以改为：pot［col］=pot［col-1］+pot［col］，其中 1≤col＜a. cols。

于是可用上面公式进行迭代，依次求出其他列的第一个非零元转置后在 b. data 中的位置 pot［col］。例如，前面图 5-6 给出的稀疏矩阵 M，每一列的非零元个数为：

pot［1］=2   第 0 列非零元个数

pot［2］=2   第 1 列非零元个数

pot [3] ＝2	第 2 列非零元个数
pot [4] ＝1	第 3 列非零元个数
pot [5] ＝0	第 4 列非零元个数
pot [6] ＝1	第 5 列非零元个数
pot [7] ＝0	第 6 列非零元个数

每一列的第一个非零元的位置为：

pot [0] ＝0	第 0 列第一个非零元位置
pot [1] ＝pot [0] ＋pot [1] ＝2	第 1 列第一个非零元位置
pot [2] ＝pot [1] ＋pot [2] ＝4	第 2 列第一个非零元位置
pot [3] ＝pot [2] ＋pot [3] ＝6	第 3 列第一个非零元位置
pot [4] ＝pot [3] ＋pot [4] ＝7	第 4 列第一个非零元位置
pot [5] ＝pot [4] ＋pot [5] ＝7	第 5 列第一个非零元位置
pot [6] ＝pot [5] ＋pot [6] ＝8	第 6 列第一个非零元位置

则 M 稀疏矩阵的转置矩阵 N 的三元组表很容易写出（图 5-8），算法描述如下：

```
void fastrans(struct sparmatrix a,struct sparmatrix &b)
{
    int pot[100], col, ano, bno;
    b. rows= a. cols; b. cols= a. rows;
    b. terms= a. terms;
    if(b. terms> 0)
    {
        for(col= 0;col<a. cols;col+ + )
            pot[col]= 0;
            for(int t= 0; t<a. terms; t+ +//求出每一列的非零元个数
            {col- = a. data[t]. j;
            }
        pot[0]= 0;
        for(col= 1;col<a. cols;col+ + )       //出每一列的第一个非零元在转置后的位置
            pot[col]= pot[col- 1]+ pot[col];
        for(ano= 0;ano<a. terms;ano+ + )      //转置
        { col= a. data[ano]. j;
          bno= pot[col]
          b. data[bno]. j= a. data[ano]. i;
          b. data[bno]. i= a. data[ano]. j;
          b. data[bno]. v= a. data[ano]. v;
          pot[col]= pot[col]+ 1;
        }
    }
}
```

```
    for(int i= 0;  i<a  terms;  i+ + )
        printf("%d %d %d\d",b. data[i]. i,b. data[i]. j,b. data[i]. v);
                                    // 输出转置后的三元组
    }
void  main(    )
{struct  sparmatrix  a,b;
scanf("%d %d %d",&a. rows,&a. cols,&a. terms);
                                    // 输入稀疏矩阵的行、列数及非零元的个数
for(int i= 0;  i<a  terms;  1+ + )
    scanf("%d %d %d",&a. data[i]. i, &a. data[i]. j, &a. data[i]. v);
                                    // 输入转置前的三元组
for(i= 0;  i<a. terms;  i+ + )
    printf("%d %d %d\n",a. data[i]. i, a. data[i]. j, a. data[i]. v);
                                    // 输出转置前的三元组
    fastrans(a,  b);                // 调用快速转置算法
}
```

此算法比按列转置多用了辅助向量空间 pot，但它的时间为 4 个单循环，因此总的时间复杂度为 O（a. cols+a. terms），比按列转置算法效率要高。

2. 稀疏矩阵的相加运算

当稀疏矩阵用三元组表进行相加时，有可能出现非零元的位置变动，这时候，不宜采用三元组表作存储结构，而采用十字链表较为方便（为描述方便，假设稀疏矩阵的行列下标从 1 开始而非 0）。

（1）十字链表的建立。

分两步讨论十字链表的建立算法。

第一步，建立表头的循环链表。

依次输入矩阵的行、列数和非零元个数：m、n 和 t。由于行、列链表共享一组表头结点，所以表头结点的个数应该是矩阵中行、列数中较大的一个。假设用 s 表示个数，即 $s=\max(m，n)$。依次建立总表头结点（由 hm 指针指向）和 s 个行、列表头结点，并使用 next 域使 $s+1$ 个头结点组成一个循环链表，总表头结点的行、列域分别为稀疏矩阵的行、列数目，s 个表头结点的行列、域分别为 0。开始时，每一个行、列链表均是一个空的循环链表，即 s 个行、列表头结点中的行、列指针域 pt 和 cp 均指向头结点本身。

第二步，生成表中结点。

依次输入 t 个非零元的三元组（i，j，y），生成一个结点，并将它插入到第 i 行链表和第 j 列链表中的正确位置上，使第 i 个行链表和第 j 个列链表变成一个非空的循环链表。

其算法描述如下：

```
struct linknode
{
  int i,j;
  union  vnext
  { int v;
    struct  linknode  * next;
  }k;
  struct  linknode  * rptr, * cptr,
}
struct  linknode  * creatlindmat(    )
{ int m,n,t,s,i,j,k;
  struct  linknode  * p,  * q,  cp[100],  * hm;
                        //cp[100]中的100表示矩阵的行、列数不超过100
  printf("请输入稀疏矩阵的行、列数及非零元个数\n")
  scanf("% d% d% d",&m,&n,&t);
  if(m> n)s= m;  else  s= n;
  hm= (struct  linknode  * )malloc(sizeof(struct  linknode);
  hm- > i= m;hm- > j= n;
  cp[0]= hm;
  for(i= 1;i<= s;i+ + )
{ p= (struct  linknode* )malloc(sizeof(struct  linknode));
  p- > i= 0;p- > j= 0;
  p- > rptr  p;  p- > cptr= p;
  cp[i]= p
  cp[i- 1]- > knextp;
}
  cp[s]- > .next= hm;
  for(int x= l;  x<= t;  x+ + )
  { printf("请输入一个三元组(i,j,v)\");
    scanf("%d %d %d",&i,&j,&k);              //输入一个非零元的三元组
    p= (struct  linknode  * )malloc(sizeof(struct  linknode));
    p- > i= i;p- > j= j;  p- > k.v= k;        //一个三元组的结点
                                          //以下是将p插入到第i行链表中
    q= cp[i]
    while((q- > rptr! = cp[i])&&(  q- > rptr- > j)
        q= q- > rptr;
    p- > rptr- q- > rptr;
    q- > rptr= p;
    //以下是将p插入到第j列链表中
```

```
    q= cp[j];
    while((q- > cptr! = cp[j]]&&(q- > cptr- > i<i))
        q= q- > cptr;
    p- > cptr= q- > cptr;
    q- > cptr= p;
    }
    return  hm;
}
void  main(   )
{  struct  linknode  * p,* q,T;
    struct  linknode  * hm= NULL;
    hm= creatlindmat(    )//生成十字链表
    p= hm- > k. next;
    while(p- > k. next! = hm)                    //输出十字链表
    {  q= p- > rptr;
        while(q- > rptr! = p)                    //输出一行链表
        {printf("%d %d %d",q- > i,q- > j,q- > k. v);
            q= q- > rptr;          }
        if(p! = q)
            printf("%d %d %d\n",q- > i,q- > j,q- > k. v);
        p= p- > k. next,
        }
}
```

在十字链表的建立算法中，建表头结点的时间复杂度为 $O(s)$，插入 t 个非零元结点到相应的行、列链表的时间复杂度为 $O(t*s)$，故算法的总的时间复杂度为 $O(t*s)$。

（2）用十字链表实现稀疏矩阵相加运算。假设原来有两个稀疏矩阵 A 和 B，如何实现运算 A＝A＋B 呢？假设原来 A 和 B 都用十字链表作存储结构，现要求将 B 中结点合并到 A 中，合并后的结果有三种可能：①结果为 $a_{ij}+b_{ij}$；②a_{ij}（$b_{ij}=0$）；③b_{ij}（$a_{ij}=$ 0）。由此可知，当将 B 加到 A 中去时，对 A 矩阵的十字链表来说，或者是改变结点的 v 域值（$a_{ij}+b_{ij}\neq0$），或者不变（$b_{ij}=0$），或者插入一个新结点（$a_{ij}=0$），还可能是删除一个结点（$a_{ij}+b_{ij}=0$）。

于是整个运算过程可以从矩阵的第一行起逐行进行，对每一行都从行表头出发，分别找到 A 和 B 在该行中的第一个非零元结点后开始比较，然后按上述四种不同情况分别处理。若 pa 和 pb 分别指向 A 和 B 的十字链表中行值相同的两个结点，则上述四种情况描述如下。

（1）pa->j＝pb->j 且 pa->k. v＋pb->k. v≠0，则只要将 $a_{ij}+b_{ij}$ 的值送到 pa 所指结点的值域中即可，其他所有域的值都不变化。

（2）pa->j＝pb->j 且 pa->k. v＋pb->k. v＝0，则需要在 A 矩阵的链表中删除 pa

所指的结点。这时，需改变同一行中前一结点的 rptr 域值，以及同一列中前一结点的 cptr 域值。

（3）pa->j<pb->j 且 pa>j≠0，则只要将 pa 指针往右推进一步，并重新加以比较即可。

（4）pa->j＞pb->j 或 pa->j＝0，则需在 A 矩阵的链表中插入 pb 所指结点。

另外，为了插入和删除结点时方便，还需设立一些辅助指针：其一是，在 A 的行链表上设 qa 以指示 pa 所指结点的直接前驱；其二是，在 A 的每一列的列链表上设一个指针 hl [j]，它的初值是指向每一列的列链表的表头结点 cp [j]。

下面对矩阵 B 加到矩阵 A 上面的操作过程作一大致描述：

假设 ha 和 hb 分别为表示矩阵 A 和 B 的十字链表的总表头，ca 和 cb 分别为指向 A 和 B 的行链表的表头结点，其初始状态如下：

ca= ha- > k. next;cb= hb- > k. next;

pa 和 pb 分别为指向 A 和 B 的链表中结点的指针。开始时，pa＝ca->rptr；pb＝cb->rptr，然后按下列步骤执行：

①当 pa->i＝0 时，重复执行第②、③、④步，否则，算法结束。

②当 pb->j≠0 时，重复执行第③步，否则转第④步。

③比较两个结点的列序号，分为三种情形。

a. 若 pa->j<pb->j 且 pa->j≠0，则令 pa 指向本行下一结点，即 qa＝pa；pa＝pa->rptr；转第②步。

b. 若 pa->j＞pb->j 或 pa->j＝0，则需在 A 中插入一个结点。假设新结点的地址为 p，则 A 的行表中指针变化为：qa->rptr＝p；p->rptr＝pa。

同样，A 的列表中指针也应作相应改变，用指向本列中上一个结点，则 A 的列表中指针变化为：p->cptr＝h [j] ->cptr；hl [j] ->cptr＝p；转第②步。

c. 若 pa->j＝pb->j，则将 B 的值加上去，即 pa->k. v＝pa->k. v+pb->k. v，此时若 pa->k. v≠0，则指针不变，否则，删除 A 中该结点，于是行表中指针变为：qa->rptr＝pa->rptr。同时，为了改变列表中的指针，需要先找同列中上一个结点，用 hl [j] 表示，然后令 h [j] ->cptr＝pa->cptr，转第②步。

④一行中元素处理完毕后，接着处理下一行，指针变化为：ca＝ca->k. next；cb＝cb->k. next；转第①步。

稀疏矩阵十字链表相加算法如下：

```
//假设 ha 为稀疏矩阵 A 十字链表的头指针,hb 为稀疏矩阵 B 十字链表的头指针
struct  linknode
{
    int i,j;
    union  vnext
    { int v;
```

```
        struct  linknode  * next;
    }  k;
struct  linknode  * rptr,* cqtr;
};
struct  linknode  * :creatlindmat(    )
{……//前面已有  }
struct  linknode  *  matadd(struct  linknode  * ha,  struct  linknode  * hb)
(  struct  linknode  * pa,* pb,* qa,* ca,* cb,* p,* q;
    struct  linknode  * hl[100];
    int i,j,n;
    if(ha- > i! = hb- > i) ‖ (ha- > j! = hb- > j))
        printf("矩阵不匹配,不能相加\n");
    else
    {  p= ha- k. next;  n= ha- > j;
    for(i= 1;  i<= n;  i+ + )
    {  hl[i]]= p;
        p= p- > k. next;
    }
    ca= ha- > k. next;   cb= hb- > k. next;
    while(ca- > i= = 0)
    {    pa= ca- > rptr;pb= cb- > rptr;
        qa= ca;
        while(pb- > j! = 0)
        {  if(pa- > j< pb- > j) && (pa- > j! = 0)
           {qa= pa;  pa= pa- > rptr;)
           else  if(pa- j> pb- > j(pa- > j= = 0))//插入一个结点
                {p= (struct  linknode  * )malloc(sizeof(struct  linknode));
                p- > i= pb- > i;  p- > j= pb- > j;
                p- > k. v= pb- > k. v;
                qa- > rptr= p;p- > rptr= pa;
                qa= p;pb= pb- > rptr;
                j= p- > j;q= hl[j]- > cptr;
                while((q- > i< p- > i) && (q- > i! = 0))
                      {hl[j]= q;  q= hl[j]- > cptr;}
        hl[j]- > cptr= p;p- > cptr= q;
        hl[j]= p;
    }
```

```
        else
            {pa- > k. v= pa- > k. v+ pb- > k. v;
            if(pa- > k. v= = 0)                    //删除一个结点
            {qa- > rptr= pa- > rptr;
                    j= pa- > j;q= hl[j]- > cptr;
                    while(q- > i<pa- > i)
                        {hl[j]= q;   q= hl[j]- > cptr;}
                            hl[i]- > cptr= q- > cptr;
                            pa= pa- > rptr;   pb= pb- > rptr;
                            free(q);
                                }
                            else
                            {qa= pa;   pa= pa- > rptr;
                                pb= pb- > rptr;
                                    }
                        }
    }
  ca= ca- > k. next;cb= cb- > k. next;
}
return  ha;
}
void  print(struct  linknode  * ha)          //输出十字链表
{struct  linknode  * p,  * a,  * r;
p= ha- > k. next;   r= p;
while(p- > k. next! = r)
{   q= p- > rptr;
  while(q- > rptr! = p)
    {  printf("% d  % d  % d\n",q- > i,q- > j,q- > k. v);
      q= q- > rptr;
    }
    if(p! = q)
    printf("% d  % d  % d\n",q- > i,q- > k. v);
    p= p- > k. next;
    }
}
Void  main(    )
{struct  linknode  T1,T2;
    struct  linknode  * ha= NULL,  * hb= NULL,  * hc= NULL;
    ha= T1. creatlindmat(    );                //生成一个十字链表 ha
```

```
    hb= T2.creatlindmat(   );              // 成另一个十字链表 hb
    print(ha):cout<<endl;                  // 输出十字链表 ha
    print(hb):cout<<endl;                  // 输出十字链表 hb
    hc= T1.matadd(ha,hb);                  // + 字链表相加
    print(hc);cout<<endl;                  // 输出相加后的结果
    }
```

通过算法分析可知，进行比较、修改指针所需的时间是一个常数，整个运算过程在于对 A 和 B 的十字链表逐行扫描，其循环次数主要取决于 A 和 B 的矩阵中非零元个数 na 和 nb，故算法的时间复杂度为 $O (na + nb)$。

5.5 广义表

5.5.1 基本概念

广义表是线性表的推广。线性表中的元素仅限于原子项，即不可以再分，而广义表中的元素既可以是原子项，也可以是子表（另一个线性表）。

1. 广义表的定义

广义表是 n ($n \geqslant 0$) 个元素 a_1，a_2，……，a_n 的有限序列，其中每一个 a_i 或者是原子，或者是一个子表。广义表通常记为 LS＝（a_1，a_2，…，a_n），其中 LS 为广义表的名字，n 为广义表的长度，每个 a_i 为广义表的元素。但在习惯中，一般用大写字母表示广义表，小写字母表示原子。

下面给出广义表的一些例子及表示方法。

2. 广义表举例

(1) F＝0，F 为空表，长度为 0。

(2) G＝（a，(b，c)），G 是长度为 2 的广义表，第一项为原子，第二项为子表。

(3) H＝（x，y，z），H 是长度为 3 的广义表，每一项都是原子。

(4) D＝（BC），D 是长度为 2 的广义表，每一项都是子表。

(5) E＝（a，E），E 是长度为 2 的广义表，第一项为原子，第二项为它本身。

3. 广义表的表示方法

(1) 用 LS＝（a_1，a_2，…，a_n）形式，其中每一个 a_i 为原子或广义表。

例如：A＝（b，c）

  B＝（a，A）

  C＝（A，B）

A、B、C 都是广义表。

（2）将广义表中所有子表写到原子形式，并利用圆括号嵌套。

例如，上面提到的广义表 A、B、C 可以描述为：

A(b,c)

B(a,A(b,c))

C(A(b,c),B(a,A(b,c)))

（3）将广义表用树或图来描述。上面提到的广义表 A、B、C 的描述如图 5-11 所示。

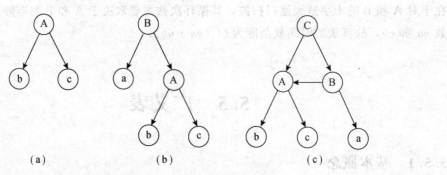

图 5-11 用树和图来表示广义表

(a) A＝ (b, c)；(b) B＝ (a, A)；(c) C＝ (A, B)

4. 广义表的深度

一个广义表的深度是指该广义表展开后所含括号的层数。

例如，A＝ (b, c) 的深度为 1，B＝ (A, d) 的深度为 2，C＝ (f, B, h) 的深度为 3。

5. 广义表的分类

（1）线性表。元素全部是原子的广义表。

（2）纯表。与树对应的广义表，如图 5-11 (a) 和图 5-11 (b) 所示。

（3）再入表。与图对应的广义表（允许结点共享），如图 5-11 (c) 所示。

（4）递归表。允许有递归关系的广义表，例如 E＝ (a, E)。

这四种表的关系满足：

递归表⊃再入表⊃纯表⊃线性表

5.5.2 存储结构

由于广义表的元素类型不一定相同，所以难以用顺序结构存储表中元素。通常采用链接存储方法来存储广义表中元素，并称之为广义链表。常见的表示方法有以下几种。

1. 单链表表示法

模仿线性表的单链表结构，每个原子结点只有一个链域 link，结点结构是：

atom	data/slink	link

其中 atom 是标志域，若为 0，则表示为子表；若为 1，则表示为原子。data/slink 域用来存放原子值或子表的指针，link 域存放下一个元素的地址。

数据类型描述如下：

```
struct  node
{
    int atom;
    struct  node  * link;
    union
    {
        struct  node  * slink;
        elemtype  data;
    }
}
```

例如，设L＝（a，b)

$\qquad$ A＝（x，L）＝（x，(a，b)）

$\qquad$ B＝（A，y）＝（（x，(a，b)），y)

$\qquad$ C＝（A，B）＝（（x，(a，b)），（（x，(a，b)），y)）

可用如图 5-12 所示的结构描述广义表 C，设头指针为 hc。

用此方法存储有两个缺点：其一，在某一个表（或子表）中开始处插入或删除一个结点，修改的指针较多，耗费大量时间；其二，删除一个子表后，它的空间不能很好地回收。

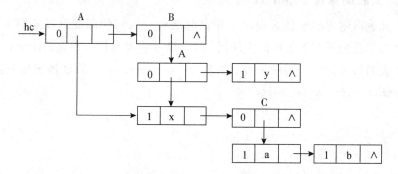

图 5-12　广义表的单链表表示法

2. 双链表表示法

每个结点含有两个指针及一个数据域，每个结点的结构如下：

link1	data	link2

其中，link1 指向该结点子表，link2 指向该结点后继。

数据类型描述如下：

```
struct  node
{
    elemtype  data;
    struct  node  * link1,  * link  2;}
```

例如，对图 5-12 所示的用单链表表示的广义表 C，可用如图 5-13 所示的双链表方法表示。

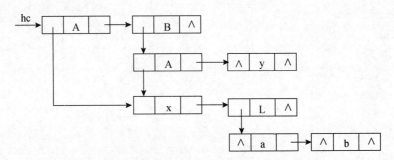

图 5-13　广义表的双链表表示法

广义表的双链表表示法较单链表表示法方便。

5.5.3　基本运算

广义表有许多运算，现仅介绍如下几种。

1. 求广义表的深度 depth（LS）

假设广义表以刚才的单链表表示法作存储结构，则它的深度可以递归求出，即广义表的深度等于它的所有子表的最大深度加 1。设 dep 表示任一子表的深度，max 表示所有子表中表的最大深度，则广义表的深度为：dep＝max+1，算法描述如下：

```
int depth(struct  node  * LS)
{
  int max= 0;
  while(LS! = NULL)
  { if(LS- > atom= 0)                      //有子表
    { int dep= depth(LS- > slink);
        if(dep> max)  max= dep;
    }
    LS= LS- > link;
  }
  return  max+ 1;
}
```

该算法的时间复杂度为 $O(n)$。

2. 广义表的建立 creat（LS）

假设广义表以单链表的形式存储，广义表的元素类型 elemtype 为字符型 char。广义表由键盘输入，假定全部为字母，输入格式为：元素之间用逗号分隔，表元素的起止符号分别为左、右圆括号，空表在其圆括号内使用一个"♯"字符表示，最后使用一个分号作为整个广义表的结束。

例如，给定一个广义表如下：LS＝(a，()，(b,c(d，(e)))，则从键盘输入的数据为：(a，(♯)，(b，c，d，(e)))；↙，其中↙表示回车换行。具体算法描述如下：

```
void  creat(struct  node *LS)
{
   char  ch;
scanf("% c",&ch);
if(ch= = '# ')
    LS= NULL;
else  if(ch= = '(')
{ LS= (struct  node* )malloc(sizeof(struct  node));
    LS- > atom= 0;
    creat(LS- > slink);
}
else
{ LS= (struct  node* )malloc(sizeof(struct  node));
    LS- > atom= 1;
    LS- > data= ch;
}
scanf("% c",&ch);
if(LS= = NULL)
else  if(ch= = ',')
    creat(LS- > link);
else  if(ch= = ')') ‖ (ch= = ';'))
    LS- > link= NULL;
}
```

该算法的时间复杂度为 $O(n)$。

3. 输出广义表 print（LS）

```
void  print(struct  node  * LS)
{
  if(LS- > atom= = 0)
  {
    printf("(");
```

```
    if(LS- > slink= = NULL)
        printf("# ");
    else
        print(LS- > slink);
    }
    else
        printf("% d",LS- > data);
    if(LS- > atom= = 0)
        printf(")");
    if(LS- > link! = NULL)
    {
        printf(",");
    if(LS- > link! = NULL)
    {
        printf(",");
        print(LS- > link);
    }
    }
}
```

该算法的时间复杂度为 $O(n)$。

4. 取表头运算 head

若广义表 LS＝（a_1，a_2，…，a_n），则 head（LS）＝a_1。

取表头运算得到的结果可以是原子，也可以是一个子表。

例如：head（（a_1，a_2，a_3，a_4））＝a_1，head（（（a_1，a_2），（a_3，a_4），a_5））＝（a_1，a_2）。

5. 取表尾运算 tail

若广义表 LS＝（a_1，a_2，…，a_n），则 tail（LS）＝（a_2，a_3，…，a_n）。

即取表尾运算得到的结果是除表头以外的所有元素，取表尾运算得到的结果一定是一个子表。

例如，tail（（a_1，a_2，a_3，a_4））＝（a_2，a_3，a_4），tail（（（a_1，a_2），（a_3，a_4），a_5））＝（（a_3，a_4），a_5）。

值得注意的是广义表（）和（O 是不同的，前者为空表，长度为 0，后者的长度为 1，可得到表头、表尾均为空表，即 head（（（（）））＝（），tail（（（））＝（）。

本章小结

1. 多维数组在计算机中有两种存放形式：行优先和列优先。

108

2. 行优先规则是左边下标变化最慢，右边下标变化最快，右边下标变化一遍，与之相邻的左边下标才变化一次。

3. 列优先规则是右边下标变化最慢，左边下标变化最快，左边下标变化一遍，与之相邻的右边下标才变化一次。

4. 对称矩阵关于主对角线对称。为节省存储单元，可以进行压缩存储，对角线以上的元素和对角线以下的元素可以共用存储单元，故 $n \times n$ 的对称矩阵只需 $\dfrac{n(n+1)}{2}$ 个存储单元即可。

5. 三角矩阵有上三角矩阵和下三角矩阵之分，为节省内存单元，可以采用压缩存储，$n \times n$ 的三角矩阵进行压缩存储时，只需 $\dfrac{n(n+1)}{2} + 1$ 个存储单元。

6. 稀疏矩阵的非零元排列无任何规律，为节省内存单元，进行压缩存储时，可以采用三元组表示方法，即存储非零元的行号、列号和值。若干个非零元有若干个三元组，若干个三元组称为三元组表。

7. 广义表为线性表的推广，里面的元素可以为原子，也可以为子表，故广义表的存储采用动态链表比较方便。

习题 5

一、选择题

1. 常对数组进行的两种基本操作是（　　）。

A. 建立与删除　　　　　　　　　　B. 索引与修改

C. 查找与修改　　　　　　　　　　D. 查找与索引

2. 对于 C 语言的二维数组 DataType A $[m]$ $[n]$，每个数据元素占 K 个存储单元，二维数组中任意元素 a $[i, j]$ 的存储位置可由（　　）式确定。

A. Loc[i,j]= A[m,n]+ [(n+ 1)* i+ j]* k

B. Loc[i,j]= Loc[0,0]+ (m+ n)* i+ j]* k

C. Loc[i,j]= Loc[0,0]+ (n* i+ j)* k

D. Loc[i,j]= [(n+ 1)* i+ j]* k

3. 二维数组 M 的成员是 6 个字符（每个字符占一个存储单元，即一个字节）组成的串，行下标 i 的范围从 0 到 8，列下标 j 的范围从 0 到 9，则存放 M 至少需要（①）个字节；M 数组的第 8 列和第 5 行共占（②）个字节。

①A. 90　　　　　　　B. 180　　　　　　　C. 240　　　　　　　D. 540

②A. 108　　　　　　B. 114　　　　　　　C. 54　　　　　　　 D. 60

4. 二维数组 A 中，每个元素 A 的长度为 3 个字节，行下标 i 从 0 到 7，列下标 j

从 0 到 9，从首地址 SA 开始连续存放在存储器内，该数组按列序存放时，元素 A [41] [7] 的起始地址为（　　）。

　　A. SA+141　　　　　　　　　　　B. SA+180

　　C. SA+222　　　　　　　　　　　D. SA+225

5. 二维数组 A 中，每个元素的长度为 3 个字节，行下标 i 从 0 到 7，列下标 j 从 0 到 9，从首地址 SA 开始连续存放在存储器内，存放该数组至少需要的字节数是（　　）。

　　A. 80　　　　　　B. 100　　　　　　C. 240　　　　　　D. 270

6. 二维数组 A 的每个元素占 5 个字节，行下标从 1 到 5，列下标从 1 到 6，将其按列优先次序存储在起始地址为 1000 的内存单元中，则元素 A [5, 5] 的地址是（　　）。

　　A. 1 175　　　　　　B. 1 180　　　　　　C. 1 205　　　　　　D. 1 120

7. 设二维数组 A [1…m，1…n]（即 m 行 n 列）按行存储在数组 B [1…$m*n$] 中，则二维数组元素 A [i，j] 在一维数组 B 中的下标为（　　）。

　　A.（$i-1$）$*n+j$　　　　　　　　B.（-1）$*n+j-1$

　　C. $j*m+i-1$　　　　　　　　　　D. $i*$（$g-1$）

8. A [1…N，1…N] 是对称矩阵，将下三角（包括对角线）以行序存储到维数组 T [1…$\frac{N(N+1)}{2}$] 中，则对任一上三角元素 a [i] [j] 对应 T [k] 的下标 k 是（　　）。

　　A. $\frac{i(-1)}{2}+j$　　　　　　　　B. $\frac{j(j-1)}{2}+1$

　　C. $\frac{i(j-i)}{2}+1$　　　　　　　　D. $\frac{j(i-1)}{2}+1$

9. A [1…N，1…N] 是对称矩阵，将上三角（包括对角线）以行序存储到一维数组 T [1…$N(N+1)/2$] 中，则对任一上三角元素 a [i] [j] 对应 T [k] 的下标 k 是（　　）。

　　A. $\frac{i(i-1)}{2}+j$　　　　　　　　B. $\frac{j(j-1)}{2}+1$

　　C. $\frac{j(j-1)}{2}+i-1$　　　　　　　D. $\frac{i(i-1)}{2}+j-1$

10. 用数组 r 存储静态链表，结点的 next 域指向后继，工作指针 j 指向链中结点，使 j 沿链移动的操作为（　　）。

　　A. $j=r$ [j].next　　　　　　　　B. $j=j+1$

　　C. $j=j$->next　　　　　　　　　　D. $j=r$ [j] ->next

11. 稀疏矩阵的压缩存储方法是只存储（　　）。

　　A. 非零元素　　　　　　　　　　B. 三元组（i，j，a_{ij}）

C. a_{ij} D. i，j

12. 对稀疏矩阵进行压缩存储的目的是（　　）。

A. 便于进行矩阵运算 B. 便于输入和输出

C. 节省存储空间 D. 降低运算的时间复杂度

13. 有一个 100 * 90 的稀疏矩阵，非 0 元素有 10 个，设每个整型数占 2 字节，则用三元组表示该矩阵时，所需的字节数是（　　）。

A. 60 B. 66 C. 18 000 D. 33

14. 已知广义表 LS＝（（a，b，c），（d，e，f）），运用 head 和 tail 函数取出 LS 中原子 e 的运算（　　）。

A. head(tail(LS)) B. tail（head(LS)）

C. head(tail(head(tail(LS)))) D. head(tail(tail(head(LS))))

15. 广义表（a，b，c，d）的表头是（　　），表尾是（　　）。

A. a B. ()

C. (a，b，c，d) D. （b，c，d）

16. 设广义表 L＝（（a，b，c）），则 L 的长度和深度分别为（　　）。

A. 1 和 1 B. 1 和 3 C. 1 和 2 D. 2 和 3

17. 广义表 A＝(a，b，(c，d)，(e，(f，g)))，则下面式子的值为（　　）。

`Head(Tail(Head(Tail(Tail(A)))))`

A. （g） B. （d） C. c D. d

18. 已知广义表 A＝(a，b)，B＝(A，A)，C＝(a，(b，A)，B)，则 tail(head(tail(C))) 的运算结果是（　　）。

A. (a) B. A C. a D. (b)

E. b F. （A)

19. 广义表运算式 Tail(((a，b)，(c，d))) 的操作结果是（　　）。

A. (c，d) B. c，d

C. （（c，d）） D. d

20. 下面说法不正确的是（　　）。

A. 广义表的表头总是一个广义表 B. 广义表的表尾总是一个广义表

C. 广义表难以用顺序存储结构 D. 广义表可以是一个多层次的结构

二、填空题

1. 通常采用_____存储结构来存放数组。对二维数组可有两种存储方法：一种是_____为主的存储方式，另一种是_____为主序的存储方式，

2. 用一维数组 B 与列优先存放带状矩阵 A 中的非零元素 A [i，j]（1≤i≤n，i-2≤j≤i＋2），B 中的第 8 个元素是 A 中的第_____行、第_____列的元素。

3. 已知二维数组 A [m][n] 采用行序为主的方式存储，每个元素占 k 个存储单元，并且第一个元素的存储地址是 LOC（A[0][0]），则 A [i]　　[j] 的地址

是_____。

4. 二像数组 A [10] [20] 采用列序为生的方式存储，每个元素占一个存储单元，并且 A [0] [0] 的存储地址是 200，则 A [6] [12] 的地址是_____。

5. 二维数组 A [20] [10] 采用行序为主的方式存储，每个元素占 4 个存储单元，并且 A [10] [5] 的存储地址是 1000，则 A [18] [9] 的地址是_____。

6. 设 n 行 n 列的下三角矩阵 A 已压缩到一维数组 B $(1\cdots\frac{n*(n+1)}{2}]$ 中，若按行为主序存储，则 A $[i, j]$ 对应的 B 中的存储位置为_____。

7. 所谓稀疏矩阵是指_____。

8. 广义表简称表，是由零个或多个单元素或子表组成的有限序列，单元素与表的差别仅在于_____，为了区分单元素和表，一般用_____表示表，用_____表示单元素。一个表的长度是指_____，而表的深度是指_____。

9. 设广义表 L＝（（），（）），则 head （L）是_____；tail （L）是_____；L 的长度是_____；深度是_____。

10. 广义表 A＝（（（a，b），（c，d，e）））取出 A 中的单元素 e 的操作是_____。

11. 设某广义表 H＝（A(a，b，c)），运用 head 函数和 tail 函数求出广义表 H 中某元素 b 的运算式为_____。

12. 广义表 A（（（），（a，（b），c）））中，head(tail(head(tial(head(A))))) 等于_____。

13. 广义表运算式 head(tail(((a，b，c)，(x，y，z)))) 的结果是_____ (a，b，c) _____。

14. 已知广义表 A＝（（（a，b），（c），（d，e））），head(tail(tail(head(A)))) 的结果是_____。

三、编程题

1. 当具有相同行值和列值的稀疏矩阵 A 和 B 均以三元组表作为存储结构时，试写出矩阵相加算法，将其结果存放三元组表 C 中。

2. 设二维数组 a [m] [n] 含有 m * n 个整数。

（1）写出算法：判断 a 中所有元素是否互不相同，并输出相关信息（yes/no）。

（2）试分析算法的时间复杂度。

3. 请编写完整的程序。如果矩阵 A 中存在一个元素 A $[i, j]$ 满足这样的条件：A $[i, j]$ 是第 i 行中值最小的元素，且是第 j 列中值最大的元素，则称之为该矩阵的一个鞍点。请编程计算出 $m * n$ 的矩阵 A 中所有的鞍点。

4. 对于二维数组 A [m] [n]，其中 $m\leqslant80$，$n\leqslant80$，先读入 m，n，然后读该数组的全部元素，对如下三种情况分别编写相应算法：

（1）求数组 A 边界元素之和。

（2）求从 A [0] [0] 开始互不相邻的各元素之和。

（3）当 $m=n$ 时，分别求两条对角线的元素之和，否则输出"$m!=n$"的信息。

5. 试编写在以 H 为头的十字链表中查找数据为 k 的第一个结点的算法。

6. 试编写以三元组形式输出用十字链表表示的稀疏矩阵中非零元素及其下标的算法。

7. n 只猴子要选大王，选举办法如下：所有猴子按 1，2，……，n 的编号围坐一圈，从 1 号开始按 1、2、……，m 报数，凡报 m 号的退出到圈外，如此循环报数，直到圈内剩下一只猴子时，这只猴子就是大王。n 和 m 由键盘输入，输出最后剩下的猴子号。编写程序实现上述函数。

8. 编写下列程序：

（1）求广义表表头和表尾的函数 head（）和 tail（）。

（2）求广义表的复制函数 copy＿GL（）。

（3）求广义表的深度函数 depth（）。

（4）计算广义表所有单元素结点数据域（设数据域为整型）之和的函数 sum＿GL（）。

第6章

树和二叉树

········ 本章导读 ········

本章主要介绍树的基本概念，树的存储表示，树的遍历，二叉树的定义、性质和存储结构，二叉树的遍历和线索，树、森林和二叉树的转换，哈夫曼树及其应用。

········ 学习目标 ········

- 树和二叉树的递归定义、有关的术语及基本概念
- 二叉树的性质及其表示方法，二叉树的存储结构
- 二叉树的四种遍历及二叉树的线索化
- 树、森林和二叉树之间的相互转换
- 树、森林的遍历及存储结构
- 哈夫曼树的建立及其应用

6.1 树的基本概念

6.1.1 树的定义

1. 树的定义

树是由 n（$n \geqslant 0$）个结点组成的有限集合。若 $n=0$，称为空树；若 $n>0$，则：

（1）有一个特定的称为根（root）的结点。它只有直接后继，但没有直接前驱。

（2）除根结点以外的其他结点可以划分为 m（$m \geqslant 0$）个互不相交的有限集合 T_0，T_1，…，T_{m-1}，每个集合 T_i（$i=0$，1，…，$m-1$）又是一棵树，称为根的子树，每棵子树的根结点有且仅有一个直接前驱，但可以有 0 个或多个直接后继。

由此可知，数的定义是一个递归的定义，即数的定义中又用到了数的概念。树的结构如图 6-1 所示。

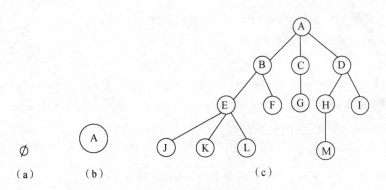

图 6-1 树的结构示意图

（a）空树；（b）仅含有根结点的树；（c）含有多个结点的树

在图 6-1（c）中，树的根结点为 A，该树还可以分为三个互不相交的子集 T_0、T_1、T_2，具体如图 6-2 所示。其中 $T_0 = \{B, E, F, J, K, L\}$，$T_1 = \{C, G\}$，$T_2 = \{D, H, I, M\}$，其中的 T_0、T_1、T_2 都是树，称为图 6-1（c）中树的子树，而 T_0、T_1、T_2 又可以分解成若干棵不相交的子树。如 T_0 可以分解成 T_{00}、T_{01} 两个不相交的子集，$T_{00} = \{E, J, K, L\}$，$T_{01} = \{F\}$，而 T_{00} 又可以分为三个不相交的子集 T_{000}、T_{001}、T_{002}，其中，$T_{000} = \{J\}$，$T_{001} = \{K\}$，$T_{002} = \{L\}$。

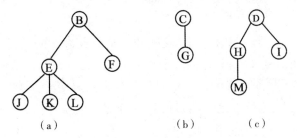

图 6-2 图 6-1（c）中树的三个子树

（a）T_0 子树；（b）T_1 子树；（c）T_2 子树

2. 树的逻辑结构描述

一棵树的逻辑结构可以用二元组描述如下：

tree= (K,R)

K= {k$_i$|1≤i≤n;n≥0,k$_i$ ∈elemtype}

R= {r}

其中，n 为树中结点个数，若 $n=0$，则为一棵空树，$n>0$ 时称为一棵非空树，而关系 r 应满足下列条件：

（1）有且仅有一个结点没有前驱，称该结点为树根。

（2）除根结点以外，其余每个结点有且仅有一个直接前驱。

（3）树中每个结点可以有多个直接后继（孩子结点）。

例如，对图 6-1 （c）的树结构，可以用二元组表示为：

K= {A,B,C,D,E,F,G,H,I,J,K,L,M}

R= {r}

r= {(A,B),(A,C),(A,D),(B,E),(B,F),(C,G),(D,H),(D,I),(E,J),(E,K),(E,L),(H,M)}

3. 树的基本运算

（1）inittree （&T），初始化树 T。

（2）root （T），求树 T 的根结点。

（3）parent （T，x），求树 T 中值为 x 的结点的双亲。

（4）child （T，x，i），求树 T 中值为 x 的结点的第 i 个孩子。

（5）addchild （y，i，x），把值为 x 的结点作为值为 y 的结点的第 i 个孩子插入到树中。

（6）delchild （x，i），删除值为 x 的结点的第 i 个孩子。

（7）traverse （T），遍历或访问树 T。

6.1.2　基本术语

（1）结点。结点是指树中的一个数据元素，一般用一个字母表示。

（2）度。一个结点包含子树的数目，称为该结点的度。

（3）树叶（叶子）。度为 0 的结点，称为叶子结点或树叶，也叫做终端结点。

（4）孩子结点。若结点 X 有子树，则子树的根结点为 X 的孩子结点，也称为孩子、儿子、子女等。如图 6-1 （c）中 A 的孩子为 B、C、D。

（5）双亲结点。若结点 X 有子女 Y，则 X 为 Y 的双亲结点。

（6）祖先结点。从根结点到该结点所经过分枝上的所有结点为该结点的祖先，如图 6-1 （c）中 M 的祖先有 A、D、H。

（7）子孙结点。某一结点的子女及子女的子女都为该结点的子孙。

（8）兄弟结点。具有同一个双亲的结点，称为兄弟结点。

（9）分枝结点。除叶子结点外的所有结点，为分枝结点，也叫做非终端结点。

（10）层数。根结点的层数为 1，其他结点的层数为从根结点到该结点所经过的分支数目再加 1。

（11）树的高度（深度）。树中结点所处的最大层数称为树的高度，如空树的高度为 0，只有一个根结点的树高度为 1。

（12）树中各结点度的最大值称为树的度。

（13）有序树。若一棵树中所有子树从左到右的排序是有顺序的，不能颠倒次序，则称该树为有序树。

（14）无序树。若一棵树中所有子树的次序无关紧要，则称为无序树。

（15）森林（树林）。若干棵互不相交的树组成的集合为森林。一棵树可以看成是一种特殊的森林。

6.1.3 树的表示

（1）树形结构表示法，具体如图 6-1 所示。

（2）凹入法表示法，具体如图 6-3 所示。

（3）嵌套集合表示法，具体如图 6-4 所示。

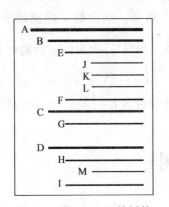

图 6-3　图 6-1（c）的树的
凹入法表示

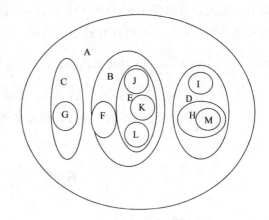

图 6-4　图 6-1（c）的树的集合表示

（4）广义表表示法。对图 6-1（c）的树结构，广义表表示法可表示为：

(A(B(E(J,K,L),F),C(G),D(H(M),I)))

6.1.4 树的性质

性质 1　树中的结点数等于所有结点的度加 1。

证明：根据树的定义，在一棵树中，除根结点以外，每个结点有且仅有一个直接前驱，也就是说，每个结点与指向它的一个分支一一对应，所以，除根结点以外的结点数等于所有结点的分支数（即度数），而根结点无直接前驱。因此，树中的结点数等于所有结点的度数加 1。

性质 2　度为 k 的树中第 i 层上最多有 k^{i-1} 个结点（$i \geqslant 1$）。

下面用数学归纳法证明：

对于 $i=1$，显然成立。假设对于 $i-1$ 层，上述条件成立，即第 $i-1$ 层最多有 k^{i-2} 个结点，对于第 i 层，结点数最多为第 $i-1$ 层结点数的 k 倍（因为度为 k），故第 i 层的结点数为 $k^{i-2} * k = k^{i-1}$。

性质 3　深度为 h 的 k 叉树最多有 $\dfrac{k^h-1}{k-1}$ 个结点。

证明：由性质 2 可知，若每一层的结点数最多，则整个 k 叉树中结点数最多，共有 $\sum\limits_{i=1}^{h} k^{i-1} = k^0 + k^1 + \cdots + k^{h-1} = \dfrac{k^h-1}{k-1}$ 个。

当一棵 k 叉树上的结点数达到 $\dfrac{k^h-1}{k-1}$ 时，称为满 k 叉树。

性质 4 具有 n 个结点的 k 叉树的最小深度为 $\lceil \log_k (n (k-1) +1) \rceil$。

注意：$\lceil x \rceil$ 表示取不小于 x 的最小整数，或称对 x 上取整。

证明：假设具有 n 个结点的 k 叉树的深度为 h，即在该树的前面 $h-1$ 层都是满的，即每一层的结点数等于 k^{i-1} 个（$1 \leqslant i \leqslant h-1$），第 h 层（即最后一层）的结点数可能满，也可能不满，这时，该树具有最小的深度。由性质 3 可知，结点数 n 应满足下面的条件：$\dfrac{k^{h-1}-1}{k-1} < n \leqslant \dfrac{k^h-1}{k-1}$，将其转换为：$k^{h-1} < n (k-1) +1 \leqslant k^h$，再取以 k 为底的对数后，可以得到 $h-1 < \log_k (n (k-1) +1) \leqslant h$，即有：$\log_k (n (k-1) +1) \leqslant h < \log_k (n (k-1) +1) +1$，而 h 只能取整数，所以，该 k 叉树的最小深度为 $h = \lceil \log_k (n (k-1) +1) \rceil$。

6.2　二叉树

6.2.1　二叉树的定义

1. 二叉树的定义

和树结构定义类似，二叉树的定义也可以递归形式给出：

二叉树是 n（$n \geqslant 0$）个结点的有限集，它或者是空集（$n=0$），或者由一个根结点及两棵不相交的左子树和右子树组成。

二叉树的特点是每个结点最多有两个孩子，或者说，在二叉树中，不存在度大于 2 的结点，并且二叉树是有序树（树为无序树），其子树的顺序不能颠倒，因此，二叉树有五种不同的形态，如图 6-5 所示。

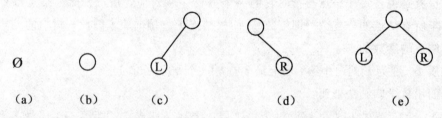

(a) 一棵空二叉树；(b) 只有一个根结点的二叉树；(c) 只有根结点及左子树的二叉树；

(d) 只有根结点及右子树的二叉树；　(e) 有根结点及互不相交的左、右子树的二叉树（L 表示左子树、R 表示右子树）

图 6-5　二叉树的五种不同形态

2. 二叉树的基本运算

(1) inittree（&T）：二叉树的初始化。

(2) root（T）：求二叉树的根结点。

(3) parent（T，x）：求二叉树 T 中值为 x 的结点的双亲。

（4）lchild（T，x）：求二叉树 T 中值为 x 的结点的左孩子。

（5）rchild（T，x）：求二叉树 T 中值为 x 的结点的右孩子。

（6）lbrother（T，x）：求二叉树 T 中值为 x 的结点的左兄弟。

（7）rbrother（T，x）：求二叉树 T 中值为 x 的结点的右兄弟。

（8）traverse（T）：遍历二叉树 T。

（9）createtree（&T）：建立一棵二叉树 T。

（10）addlchild（&T，x，y）：在二叉树 T 中，将值为 y 的结点作为值为 x 的结点的左孩子插入。

（11）addrchild（&T，x，y）：在二叉树 T 中，将值为 y 的结点作为值为 x 的结点的右孩子插入。

（12）dellchild（&T，x）：在二叉树 T 中，删除值为 x 的结点的左孩子。

（13）delrchild（&t，x）：在二叉树 T 中，删除值为 x 的结点的右孩子。

6.2.2　二叉树的性质

性质 1　若二叉树的层数从 1 开始，则二叉树的第 k 层结点数最多为 2^{k-1} 个（$k>0$）。可以用数学归纳法证明之。

性质 2　深度（高度）为 k 的二叉树最大结点数为 2^k-1（$k>0$）。

证明： 深度为 k 的二叉树，若要求结点数最多，则必须每一层的结点数都为最多，由性质 1 可知，最大结点数应为每一层最大结点数之和，即为 $2^0+2^1+\cdots+2^{k-1}=2^k-1$。

性质 3　对任意一棵二叉树，如果叶子结点个数为 n_0，度为 2 的结点个数为 n_2，则有 $n_0=n_2+1$。

证明： 设二叉树中度为 1 的结点个数为 n_1，根据二叉树的定义可知，该二叉树的结点数 $n=n_0+n_1+n_2$。又因为在二叉树中，度为 0 的结点没有孩子，度为 1 的结点有 1 个孩子，度为 2 的结点有 2 个孩子，故该二叉树的孩子结点数为 $n_0*0+n_1*1+n_2*2$，而一棵二叉树中，除根结点外所有都为孩子结点，故该二叉树的结点数应为孩子结点数加 1，即：$n=n_0*0+n_1*1+n_2*2+1$，因此有 $n=n_0+n_1+n_2=n_0*0+n_1*1+n_2*2+1$，最后得到 $n_0=n_2+1$。

为继续给出二叉树的其他性质，先定义两种特殊的二叉树。

满二叉树：深度为 k、具有 2^k-1 个结点的二叉树，称为满二叉树。

从上面满二叉树的定义可知，必须是二叉树的每一层上的结点数都达到最大，否则就不是满二叉树。

完全二叉树：如果一棵具有 n 个结点的、深度为 k 的二叉树，它的每一个结点都与深度为 k 的满二叉树中编号为 $1\sim n$ 的结点一一对应，则称这棵二叉树为完全二叉树。

从完全二叉树的定义可知，结点的排列顺序遵循从上到下、从左到右的规律。所谓从上到下，表示本层结点数达到最大后才能放入下一层。从左到右，表示同一层结点必须按从左到右排列，若左边空一个位置，则不能将结点放入右边。

从满二叉树及完全二叉树的定义还可以知道，满二叉树一定是一棵完全二叉树，反之完全二叉树不一定是一棵满二叉树。满二叉树的叶子结点全部在最底层，而完全二叉树的叶子结点可以分布在最下面两层。深度为 4 的满二叉树和完全二叉树如图 6-6 所示。

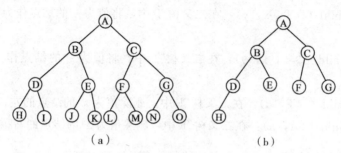

图 6-6　满二叉树和完全二叉树示意图
(a) 满二叉树；(b) 完全二叉树

性质 4　具有 n 个结点的完全二叉树高度为 $\lfloor \log_2(n) \rfloor + 1$ 或 $\lceil \log_2(n+1) \rceil$。

注意： $\lfloor x \rfloor$ 表示取不大于 x 的最大整数，也叫做对 x 下取整，$\lceil x \rceil$ 表示取不小于 x 的最小整数，也叫做对 x 上取整。

证明： 假设该完全二叉树高度为 k，则该二叉树的前面 $k-1$ 层为满二叉树，共有 $2^{k-1}-1$ 个结点，而该二叉树具有 k 层，第 k 层至少有 1 个结点，最多有 2^{k-1} 个结点。因此有下面的不等式成立：

$(2^{k-1}-1) +1 \leqslant n \leqslant (2^{k-1}-1) +2^{k-1}$，即有 $2^{k-1} \leqslant n \leqslant 2^k-1$

由式子后半部分可知：

$n \leqslant 2^k-1 \cdots ①$

由式子前半部分可知：

$2^k-1 \leqslant n \cdots ②$

由①有 $n+1 \leqslant 2^k$，同时取对数得：$\log_2 (n+1) \leqslant k$，故 $k \geqslant \log_2 (n+1)$，即 $k = \lceil \log_2 (n+1) \rceil$。即得到第二个结论。

由②有 $2^{k-1} \leqslant n$，同时取对数得：$k \leqslant \log_2 n+1$ 即 $k = \lfloor \log_2 n \rfloor + 1$，即第一个结论成立，证毕。

性质 5　如果将一棵有 n 个结点的完全二叉树从上到下、从左到右对结点编号 1，2，……，n（注：有的书从 0，1，2，……，$n-1$ 编号，则下面的结论有所不同），然后按此编号将该二叉树中各结点顺序地存放于一个一维数组中，并简称编号为 j 的结点为 j（$1 \leqslant j \leqslant n$），则有如下结论成立：

（1）若 $j=1$，则结点 j 为根结点，无双亲，否则 j 的双亲为 $\lfloor j/2 \rfloor$。

（2）若 $2j \leqslant n$，则结点 j 的左子女为 2j，否则无左子女，即满足 $2j > n$ 的结点为叶子结点。

（3）若 $2j+1 \leqslant n$，则结点 j 的右子女为 2j+1，否则无右子女。

（4）若结点 j 序号为奇数且不等于 1，则它的左兄弟为 j-1。

（5）若结点 j 序号为偶数且不等于 n，它的右兄弟为 j+1。

（6）结点 j 所在层数（层次）为 $\lfloor \log_2 j \rfloor + 1$。

6.2.3 二叉树的存储结构

1. 顺序存储结构

将一棵二叉树按完全二叉树顺序存放到一个一维数组中，若该二叉树为非完全二叉树，则必须将相应位置空出来，使存放的结果符合完全二叉树形状。图 6-7 给出了顺序存储形式。

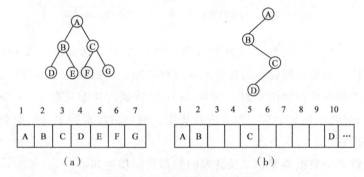

图 6-7 二叉树的顺序存储形式

（a）完全二叉树的存储形式；（b）非完全二叉树的存储形式

在二叉树的顺序存储结构中，各结点之间的关系是通过下标计算出来的，为了与性质 5 对应，建议数组下标不从 0 开始，而是从 1 开始使用。图 6-7 中数组下标可考虑从 1 开始。这样，访问每一个结点的双亲、左右孩子及左右兄弟（如果有的话）都是相当方便的。例如，对于编号为 j 的结点，双亲结点编号为 $\lfloor \frac{j}{2} \rfloor$，左孩子结点编号为 2j，右孩子结点编号为 2j+1，左兄弟结点编号为 j-1，右兄弟结点编号为 j+1。

对于一棵二叉树，若采用顺序存储，当它为完全二叉树时，比较方便，若为非完全二叉树，将会浪费大量存储单元。最坏的非完全二叉树全部只有右分支，设高度为 k，则需占用 $2k-1$ 个存储单元，而实际只有 k 个元素，实际只需 k 个存储单元。因此，对于非完全二叉树，宜采用下面的链式存储结构。

2. 二叉链表存储结构

（1）二叉链表的表示。将一个结点分成三部分，一部分存放结点本身的信息，另外两部分为指针，分别存放左、右孩子的地址。二叉链表中一个结点可描述为：

lchild	data	rchild

对于图 6-7 所示的二叉树，用二叉链表形式描述如图 6-8 所示。

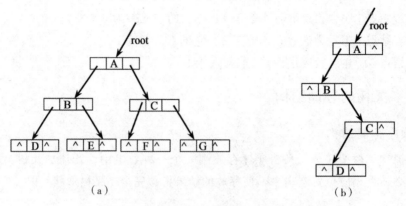

图 6-8　二叉树的二叉链表表示法

（a）完全二叉树的链表；（b）非完全二叉树的二叉链表

对于一棵二叉树，若采用二叉链表存储，当二叉树为非完全二叉树时比较方便，若为完全二叉树，将会占用较多的存储单元（存放地址的指针）。若一棵二叉树有 n 个结点，采用二叉链表作存储结构时，共有 $2n$ 个指针域，其中只有 $n-1$ 个指针指向左右孩子，其余 $n+1$ 个指针为空，没有发挥作用，被白白浪费掉了（后面介绍的线索化二叉树可以利用它）。

（2）二叉链表的数据类型。二叉链表的数据类型描述如下：

```
struct  bitree
  {
    elemtype  data;                    //结点数据类型
    struct  bitree * lchild, * rchild;   //定义左、右孩子为指针型
  };
```

（3）二叉链表的建立。为了后面遍历二叉树方便，先介绍建立二叉链表的算法（假设 elemtype 为 char 型）。

假设二叉链表的数据类型描述如前所述，为建立二叉链表，用一个一维表数组来模拟队列，存放输入的结点，但输入结点时，必须按完全二叉树形式，才能使结点间满足性质 5。若为非完全二叉树，则必须给定一些假想结点（虚结点），使之符合完全二叉树形式。为此，在输入结点值时，存在的结点则输入它对应的字符，不存在的结点（虚结点）则输入逗号，最后以一个特殊符号"♯"作为输入的结束，表示建二叉链表已完成。建成的二叉链表可以由根指针 root 唯一确定。

算法描述如下：

```
# include< stdio. h>
typedef  char  elemtype;
```

```
struct  bitree
{
    elemtype  data;
    struct  bitree  * lchild,* rchild;
};
struct  bitree  * creat(    )
{  struct  bitree  * q[100];              //定义 q 数组作为队列,存放二叉链表中的结
                                          //点,100 为最大容量
    struct  bitree  * s;                  //二叉链表中的结点
    struct  bitree  * root ;              //二叉链表的根指针
    int front= 1, rear= 0;                //定义队列的头、尾指针
    char  ch;                             //结点的 data 域值
    root= NULL;    scanf("% c",&ch);
    while(ch! = '# ')                     //输入值为 # 号,算法结束
    {  s= NULL;
        if(ch! = ',')//输入数据不为逗号,表示不为虚结点,否则为虚结点
        {  s= (struct  bitree  * )malloc(sizeof(struct  bitree));
            s- >data= ch;
            s- >lchild= NULL;
            s- >rchild= NULL;
        }
        rear+ + ;
        q[rear]= s;                       //新结点或虚结点进队
        if(rear= = 1)  root= s;
        else
        {  if((s! = NULL) && (q[front]! = NULL))
           {  if(rear% 2= = 0)
                q[front]- >lchild= s;
                                          //rear 为偶数,s 为双亲左孩子
              else
                q[front]- >rchild= s;}
                                          //rear 为奇数,s 为双亲右孩子
           if(rear% 2= = 1)  front+ + ; //出队
        }
      scanf("% c",&ch);}
    return  root;
}
```

例如,对图 6-9 所示的二叉树,建立的二叉链表如图 6-10 所示。

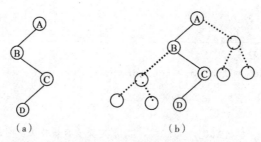

（a）　　　　　　　　（b）

图 6-9　一棵非完全二叉树假设为完全二叉树

（a）非完全二叉树；（b）增加虚结点后假设为完全二叉树

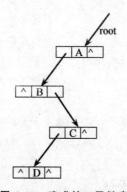

图 6-10　建成的二叉链表

　　对图 6-9（a）所示的二叉树，要用算法建成图 6-10 所示的二叉树链表，从键盘输入的数据应为：AB，，C，，，，D♯↙。其中，♯为输入结束，↙为回车符。

6.2.4　二叉树的抽象数据类型

　　二叉树的抽象数据类型描述如下：

```
ADT binarytree is
Data:
```
　　元素 a_1，a_2，$\cdots$，a_n，由一个根结点及两棵互不相交的左右子树组成。
```
Operation:
void inittree(&T)                 //二叉树的初始化
struct   bitree *root(T)          //求二叉树的根结点
struct bitree *parent(T,x)        //求二叉树 T 中值为 x 的结点的双亲
struct   bitree   * lchild(T,x)   //求二叉树 T 中值为 x 的结点的左孩子
struct   bitree   *rchild(T,x)    //求二叉树 T 中值为 x 的结点的右孩子
struct   bitree *lbrother(T,x)    //求二叉树 T 中值为 x 的结点的左兄弟
struct bitree *rbrother(T,x)      //求二叉树 T 中值为 x 的结点的右兄弟
void traverse(T)                  //遍历二叉树 T
struct   bitree *createtree( )    //建立一棵二叉树 T
```

```
void  addlchild(&T,x,y) // 在二叉树 T 中,将值为 y 的结点作为值为 x 的结点的左孩子插入
void  addrchild(&T,x,y) // 在二叉树 T 中,将值为 y 的结点作为值为 x 的结点的右孩子插入
void  dellchild(&T,x)              // 在二叉树 T 中,删除值为 x 的结点的左孩子
void  delrchild(&t,x)              // 在二叉树 T 中,删除值为 x 的结点的右孩子
end  binarytree
```

6.3 遍历二叉树

所谓遍历二叉树,就是遵从某种次序,访问二叉树中的所有结点,使得每个结点仅被访问一次。

这里提到的"访问"是指对结点施加某种操作,操作可以是输出结点信息、修改结点的数据值等,但要求这种访问不破坏它原来的数据结构。在本书中,规定访问是输出结点信息 data,且以二叉链表作为二叉树的存储结构。

由于二叉树是一种非线性结构,每个结点可能有一个以上的直接后继,因此,必须规定遍历的规则,并按此规则遍历二叉树,最后得到二叉树所有结点的一个线性序列。

令 L、R、D 分别代表二叉树的左子树、右子树、根结点,则遍历二叉树有 6 种规则:DLR、DRL、LDR、LRD、RDL、RLD。若规定二叉树中必须先左后右(左右顺序不能颠倒),则只有 DLR、LDR、LRD 三种遍历规则。DLR 称为前根遍历(或前序遍历、先序遍历、先根遍历),LDR 称为中根遍历(或中序遍历),LRD 称为后根遍历(或后序遍历)。

6.3.1 前根遍历

所谓前根遍历,就是根结点最先遍历,其次左子树,最后右子树。

1. 递归遍历

前根遍历二叉树的递归遍历算法描述如下。

若二叉树为空,则算法结束,否则:

(1)输出根结点。

(2)前根遍历左子树。

(3)前根遍历右子树。

其算法如下:

```
void  preorder(struct  bitree  * root)
{     struct  bitree  * p;
  p= root;
  if(p! = NULL)
```

```
{        printf("% c  ",p->data);
         preorder(p->lchild);
         preorder  (p->rchild);
  }
}
```

2. 非递归遍历

利用一个一维数组作为栈，来存储二叉链表中的结点，算法思路为：从二叉树根结点开始，沿左子树一直走到末端（左孩子为空）为止。在走的过程中，访问所遇结点，并依次把所遇结点进栈，当左子树为空时，从栈顶退出某结点，并将指针指向该结点的右孩子。如此重复，直到栈为空或指针为空为止。

其算法如下：

```
void preorder1(struct  bitree  * root)
{  struct  bitree  * p,* s[100];        //s 为一个栈
  int top= 0;                           //top 为栈顶指针
  p= root;
  while((p! = NULL)||(top>0))
  { while(p! = NULL)
    {        printf("% c  ",p->data);
             s[+ + top]= p;             //进栈
             p= p->lchild;              //进入左子树
          }
    p= s[top- - ];                       //退栈
    p= p->rchild;                        //进入右子树
  }
}
```

6.3.2 中根遍历

所谓中根遍历，就是根在中间，先左子树，然后根结点，最后右子树。

1. 递归遍历

中根遍历二叉树的递归遍历算法描述如下。

若二叉树为空，则算法结束，否则：

（1）中根遍历左子树。

（2）输出根结点。

（3）中根遍历右子树。

其算法如下：

```
void  inorder(struct  biteee  * root)
```

```
{   struct  bitree   * p;
  p= root;
  if  (p! = NULL)
  {   inorder(p- >lchild);
    printf("% c  ",p- >data);
    inorder(p- >rchild);
  }
}
```

2. 非递归遍历

同样利用一个一维数组作栈，来存储二叉链表中的结点，算法思路为：从二叉树根结点开始，沿左子树一直走到末端（左孩子为空）为止。在走的过程中，把依次遇到的结点进栈，待左子树为空时，从栈中退出结点并访问，然后再转向它的右子树。如此重复，直到栈空或指针为空为止。

其算法如下：

```
void  inorder1(  struct  bitree  * root)
{  struct  bitree   * p,* s[100];       //s 为一个栈,top 为栈顶指针
  int top= 0;
  p= root;
  while((p! = NULL)||(top>0))
  {    while(p! = NULL)
      {       s[+ + top]= p;          //进栈
              p= p- >lchild;}         //进入左子树
    {p= s[top- - ];                   //退栈
    printf("% c  ",p- >data);
    p= p- >rchild;                    //进入右子树
  }
}
```

6.3.3　后根遍历

所谓后根遍历，就是根在最后，即先遍历左子树，然后右子树，最后是根结点。

1. 递归遍历

后根遍历二叉树的递归遍历算法描述如下。

若二叉树为空，则算法结束，否则：

（1）后根遍历左子树。

（2）后根遍历右子树。

（3）访问根结点。

其算法如下：

```
void  postorder(struct  bitree  * root)
{   struct  bitree  * p;
    p= root;
    if(p! = NULL)
    {   postorder(p- >lchild);
      postorder(p- >rchild);
      printf("% c  ",p- >data);
    }
}
```

2. 非递归遍历

利用栈来实现二叉树的后序遍历要比前序和中序遍历复杂得多。在后序遍历中，当搜索指针指向某一个结点时，不能马上进行访问，而先要遍历左子树，所以此结点应先进栈保存，当遍历完它的左子树后，再次回到该结点，此时还不能访问它，还需先遍历其右子树，所以该结点还必须再次进栈，只有等它的右子树遍历完后，再次退栈时，才能访问该结点。为了区分同一结点的两次进栈，引入一个栈次数的标志，一个元素第一次进栈标志为 0，第二次进栈标志为 1，并将标志存入另一个栈中，当从标志栈中退出的元素为 1 时，访问结点。

后序遍历二叉树的非递归算法如下：

```
void  postorder1(struct  bitree  * root)
{
    struct  bitree  * p,* s1[100];    //s1 栈存放树中结点
    int s2[100],top= 0,b;             //s2 栈存放进栈标志
    p= root;
    do
    {  while(p! = NULL)
      {s1[top]= p;s2[top+ +]= 0;    //第一次进栈标志为 0
        p= p- >lchild;}             //进入左子树
      if(top>0)
        {b= s2[- - top];
        p= s1[top];
        if(b= = 0)
        {   s1[top]= p;s2[top+ +]= 1//第二次进栈标志为 1
          p= p- >rchild;}          //进入右子树
        else
        {   printf("% c  ",p- >data);
        p= NULL;
        }   }
    }while(top>0);
```

— 128 —

}

例如，可以利用上面介绍的遍历算法，写出如图 6-11 所示的二叉树的三种遍历序列：

先序遍历序列：ABDGCEFH

中序遍历序列：BGDAECFH

后序遍历序列：GDBEHFCA

另外，在编译原理中，有用二叉树来表示一个算术表达式的情形。在一棵二叉树中，若用操作数代表树叶，运算符代表非叶子结点，则这样的树可以代表一个算术表达式。若按前序、中序、后序对该二叉树进行遍历，则得到的遍历序列分别称为前缀表达式（或称波兰式）、中缀表达式、后缀表达式（或称逆波兰式）。具体如图 6-12 所示。

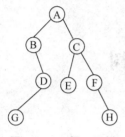

图 6-11　一棵二叉树

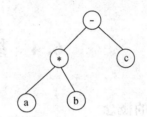

图 6-12　算术表达式 a * b－c
代表的二叉树

图 6-12 所对应的前缀表达式：－ * abc。

图 6-12 所对应的中缀表达式：a * b-c。

图 6-12 所对应的后缀表达式：ab * c-。

二叉树所对应的遍历序列可以通过递归算法得到，也可以通过非递归算法得到。但有时要求直接写出序列，故可以用图 6-13 得到图 6-12 的遍历序列。

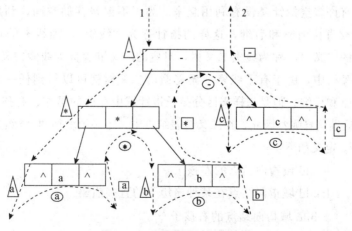

图 6-13　三种遍历过程示意图

从二叉树的三种递归遍历算法可知，三种遍历算法的不同之处在于访问根结点和遍历左、右子树的顺序不同，若递归算法中去掉与递归无关的语句——访问根结点，则三种遍历算法完全相同。对于二叉树的遍历，可以看成是从根结点出发，往左子树走，若左子树为空，返回，再进入右子树，右子树访问完后，再返回根结点。

这样一来每个结点都被访问三次，若将按顺序第一次访问的结点排列起来，则得到该二叉树的先序序列；第二次访问的结点排列起来，则得到该二叉树的中序序列；第三次访问的结点排列起来，则得到该二叉树的后序序列。

在图 6-13 中，第一次访问到的结点用△表示，第二次访问到的结点用○表示，第三次访问到的结点用□表示，按虚线顺序将所有△排列起来，则得到先序序列为- * abc，将所有○排列起来，则得到中序序列为 a * b-c，将所有□排列起来，则得到后序序列为 ab * c-。

6.4　线索二叉树

6.4.1　线索的概念

通过前面介绍的二叉树可知，遍历二叉树实际上就是将树中的所有结点排成一个线性序列（即非线性结构线性化），在这样的线性序列中，很容易求得某个结点在某种遍历下的直接前驱和后继。但有时希望不进行遍历就能快速找到某个结点在某种遍历下的直接前驱和后继，这就应该把每个结点的直接前驱和直接后继记录下来。为了做到这一点，可以在原来的二叉链表结点中，再增加两个指针域，一个指向前驱，一个指向后继，但这样做将会浪费大量的存储单元，存储空间的利用率相当低（一个结点中有 4 个指针，1 个指左孩子，1 个指右孩子，1 个指前驱，1 个指后继），而原来的左、右孩子域有许多空指针又没有利用起来。为了不浪费存储空间，利用原有的孩子指针为空来存放直接前驱和后继，这样的指针称为"线索"，加线索的过程称为线索化，加了线索的二叉树，称为线索二叉树，对应的二叉链表称为线索二叉链表。

在线索二叉树中，由于有了线索，无需遍历二叉树就可以得到任一结点在某种遍历下的直接前驱和后继。但是怎样来区分孩子指针域中存放的是左、右孩子信息还是直接前驱或直接后继信息呢？因此，在二叉链表结点中，还必须增加两个标志域 ltag、rtag。

ltag 和 rtag 定义如下：

$$ltag = \begin{cases} 0 & \text{lchild 域指向结点的左孩子} \\ 1 & \text{lchild 域指向结点在某种遍历下的直接前驱} \end{cases}$$

$$rtag = \begin{cases} 0 & \text{rchild 域指向结点的右孩子} \\ 1 & \text{rchild 域指向结点在某种遍历下的直接后继} \end{cases}$$

这样，二叉链表中每个结点还是有 5 个域，但其中只有 2 个指针，较原来的 4 个指针要方便。增加线索后的二叉链表结点结构可描述如下：

lchild	ltag	data	rtag	rchild

另外，根据遍历的不同要求，线索二叉树可以分为以下几种。

(1) 前序前驱线索二叉树（只需标出前驱）。

(2) 前序后继线索二叉树（只需标出后继）。

(3) 前序线索二叉树（前驱和后继都要标出）。

(4) 中序前驱线索二叉树（只需标出前驱）。

(5) 中序后继线索二叉树（只需标出中序后继）。

(6) 中序线索二叉树（中序前驱和后继都要标出）。

(7) 后序前驱线索二叉树（只需标出后序前驱）。

(8) 后序后继线索二叉树（中需标出后序后继）。

(9) 后序线索二叉树（后序前驱和后继都要标出）。

6.4.2　线索的描述

1. 结点数据类型的描述

```
struct  Hbitree
{
    elemtype  data;
    int ltag ,rtag;                   //左、右标志域
    struct  Hbitree   * lchild,  * rchild;
};
```

2. 线索的画法

在二叉树或二叉链表中，若左孩子为空，则画出它的直接前驱；若右孩子为空，则画出它的直接后继；若左右孩子都不为空时，则无须画前驱和后继。这样就得到了线索二叉树或线索二叉链表。

例如，对于图 6-15（a）所示的二叉树，图 6-15（b）和图 6-15（c）为前序线索二叉树和二叉链表，图 6-16 为中序线索二叉树和二叉链表，图 6-17 为后序线索二叉树和二叉链表。其中虚线为指向前驱和后继的线索，实线为指向孩子的指针。

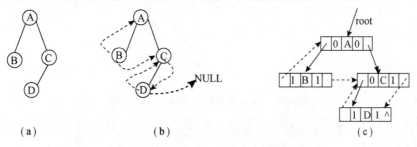

图 6-15　前序线索示意图

（a）二叉树；（b）前序线索二叉树；（c）前序线索二叉链表

131

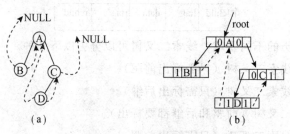

图 6-16　中序线索示意图

（a）中序线索二叉树；（b）中序线索二叉链表

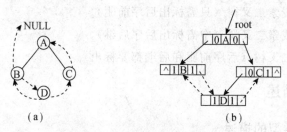

图 6-17　后序线索示意图

（a）后序线索二叉树；（b）后序线索二叉链表

由图 6-15 可知，线索二叉树的画法是：若左孩子（左子树）为空，直接画出指向它在某种遍历下的前驱线索，非空时，不需要画出；若右孩子（右子树）为空，直接画出指向它在某种遍历下的后继线索，右孩子非空时，不需要画出。另外，和单链表类似，线索二叉链表也可以带一个头结点，头结点的左孩子域指向根结点，右孩子域指向该遍历的最后一个结点。例如，图 6-16（b）所示的线索二叉链表，加上头结点后如图 6-18 所示。

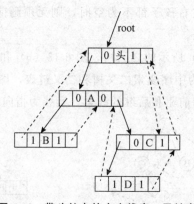

图 6-18　带头结点的中序线索二叉链表

6.4.3　线索的算法实现

在此仅介绍中序线索二叉树的算法实现，设 P 为当前结点，pre 为 p 的前驱结点，算法描述如下：

```
void inth (struct Hbitree * p)
//将 P 所指二叉树中序线索化,调用该函数之前,pre 为 NULL,而树中所有结点的 ltag 和 rtag
//都为 0
{ if (p! = NULL)
  { inth (p- > lchild);              //左子树线索化
   if(p- > lchild= = NULL)
   p- > ltag= 1;
   if (p- > rchild= = NULL)        p- > rtag= 1;
   if (pre! = NULL)
   { if(pre- > rtag= = 1)  pre- > rchild= p;
      if (p- > ltag= 1)    p- > lchild= pre;
   }
   pre= p;
   inth (p- > rchild);              //右子树线索化
  }
}
```

读者可以用此算法跟踪图 6-16 所示的二叉树。

6.4.4　线索二叉树上的运算

1. 线索二叉树上的查找

（1）查找指定结点在中序线索二叉树中的直接后继。若所找结点右标志 rtag＝1，则右孩子域指向中序后继，否则中序后继应为遍历右子树时的第一个访问结点，即右子树中最左下的结点（图 6-19）。由图 6-19 可知，X 的后继为 X_k。

求中序线索二叉树中的直接后继的算法描述如下：

```
struct Hbitree * inordernext (struct Hbitree * p)
//查找 p 的中序后继
{
    struct Hbitree * q;
    if (p- > rtag= = 1)  q= p- > rchild;
    else
    { q= p- > rchild;
        while(q- > ltag= = 0)  q= q- > lchild;
    }
    return q;
```

}

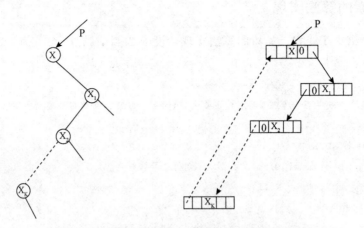

图 6-19　求中序线索二叉树中的直接后继示意图

（2）查找指定结点在中序线索二叉树中的直接前驱。若所找结点左标志 ltag＝1，则左孩子域指向中序前驱；否则中序前驱应为遍历左子树时的最后一个访问结点，即左子树中最右下的结点（图 6-20）。由图 6-20 可知，X 的前驱为 X_k。

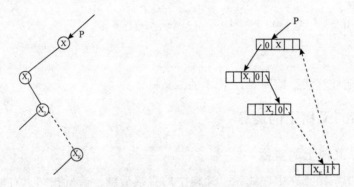

图 6-20　求中序线索二叉树中的直接前驱示意图

求中序线索二叉树中的直接前驱的算法描述如下：

```
struct Hbitree * inordersucc(struct Hbitree * p)
// 找 p 的中序前驱
{    struct Hbitree * q;
     if  (p- > ltag= = 1)   q= p- > lchild;
     else
     {  q= p- > lchild;
        while  (q- > rtag= = 0)    q= q- > rchild;
        }
        return  q;
}
```

（3）查找指定点在前序线索二叉树中的直接后继。前序线索二叉树中的直接后继的查找比较方便，若 P 无左孩子，右链为后继，否则左孩子为后继。其算法描述如下：

```
struct Hbitree * preordernext (struct Hbitree * p)
{
if(p- > ltag= = 1)    return  (p- > rchild);
else    return  (p- > lchild);
}
```

（4）查找指定结点在后序线索二叉树中的直接前驱。后序线索二叉树中的直接前驱的查找也比较方便，可以描述为：若左孩子为空，左链为线索，直接指向前驱，否则（左孩子非空），若右链（右孩子或右线索均可）为空，则左孩子为其前驱，否则右链指前驱。其算法描述如下：

```
struct Hbitree * postordersucc (struct Hbitree * p)
{  if  (p- > ltag= = 1)  return  (p- > lchild);
   else if  (p- > rtag= = 1)  return  (p- > lchild);
   else return  (p- > rchild);
}
```

求后序后继和前序前驱都比较麻烦，在此不再作进一步介绍。

2. 线索二叉树上的遍历

遍历某种次序的线索二叉树，只要从该次序下的开始结点出发，反复找到结点在该次序下的后继，直到后继为空。这对于中序线索和前序线索二叉树很方便，但对于后序线索二叉树较麻烦（因求后序后继较麻烦）。正因如此，后序线索对于遍历没有什么意义。

（1）前序遍历线索二叉树算法。

```
void    preorder2 (struct  Hbitree  * t)
{  struct  Hbitree  * p;
   p= t;                          //找到开始结点
   while  (p! = NULL)
   {  printf("% c  ",p- > data);
      p= preordernext(p);         //调查函数找前序线索二叉树中的直接后继
   }
}
```

（2）中序遍历线索二叉树算法。

```
void inorder2 (struct  Hbitree  * t)
{  struct  Hbitree  * p;
   p= t;
   if  (p! = NULL)
   {  while  (p- > ltag= = 0)  p= p- > lchild;
                              //找开始结点
      while  (p! = NULL)
```

```
        {  printf("% c ",p->data);
           p=  inordernext(p);       //调用函数找中序线索二叉树中的直接后继
        }
    }
  }
```

从上面的算法可知，线索二叉树上的遍历较一般二叉树要方便得多，但是这种方便是以增加线索为代价的，增加线索本身要花费大量时间，因此二叉树是以二叉链表表示还是以线索二叉链表表示，可根据具体情况而定。

3. 线索二叉树的插入和删除

线索二叉树上的查找、遍历都较一般二叉树方便，但线索二叉树也存在其缺点。就插入和删除运算而言，线索二叉树比一般二叉树的时间花费大，因为除修改指针外，还要修改相应线索。

线索二叉树的插入和删除较麻烦，因此本书不再介绍算法，有兴趣的读者可以参考其他数据结构教材。

6.5 树和森林

6.5.1 树的存储结构

1. 双亲表示法

双亲表示法是指以一组连续的存储单元来存放树中的结点，每个结点有两个域：一个是 data 域，存放结点信息；另一个是 parent 域，用来存放双亲的位置（指针）。

用 C 语言描述如下：

```
# define   maxsize  maxlen        //maxlen 表示数组的最大长度
struct  node
{
    elemtype  data;
    int parent;
};
struct  node  a[maxsize];          //定义一维数组存放树中结点
```

该结构的具体描述如图 6-21 所示。

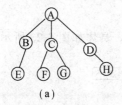

	a[0]	a[1]					a[7]	a[maxsize-1]
data	A	B	C	D	E	F	G	H	...	
parent	-1	0	0	0	1	2	2	3	...	

(a)   (b)

图 6-21　树的双亲表示法示意图

(a) 树的结构；(b) 树的双亲表示法

2. 孩子表示法

将一个结点的所有孩子链接成一个单链表形式，而树中有若干个结点，因此有若干个单链表，每个单链表有一个表头结点，所有表头结点用一个数组来描述。具体描述如图 6-22 所示。

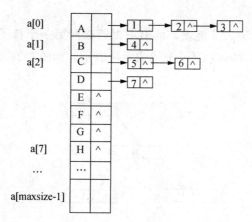

图 6-22　图 6-21 (a) 中树的孩子表示法示意图

该存储结构的形式用 C 语言描述如下：

```
# define  maxsize  maxlen        //maxlen 为数组的最大容量
struct  link
{
    int clild;                   //孩子序号
    struct  link   * next;       //下一个孩子指针
};
struct  node
{
    elemtype   data;             //结点信息
    struct  link * next1;        //头指针
};
struct  node  a[maxsize];
```

3. 双亲孩子表示法

将第 1、2 两种方法结合起来，则得到双亲孩子表示法，具体如图 6-23 所示。

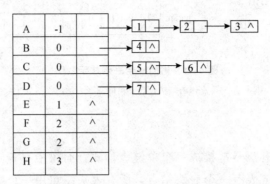

图 6-23　树的双亲孩子表示法示意图

4. 孩子兄弟表示法

此种存储结构类似于二叉链表，但第一根链指向第一个孩子，第二根链指向下一个兄弟。将图 6-21（a）的树用孩子兄弟表示法表示，如图 6-24 所示。

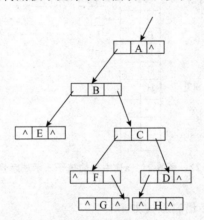

图 6-24　树的孩子兄弟表示法示意图

从上面提到的树的几种表示方法可知，双亲表示法求指定结点的双亲结点方便，求孩子结点不方便；孩子表示法求指定结点的孩子结点方便，求双亲结点不方便；孩子兄弟表示法求孩子结点和兄弟结点都方便。因此，在实际应用中，可根据问题的不同要求，选用不同的存储结构。

6.5.2　树、森林和二叉树的转换

1. 树转换成二叉树

树转换成二叉树可以分为以下三步。

（1）连线：指相邻兄弟之间连线。

（2）抹线：指抹掉双亲与除左孩子外其他孩子之间的连线。

（3）旋转：只需将树作适当的旋转。

具体实现过程如图 6-25 所示。

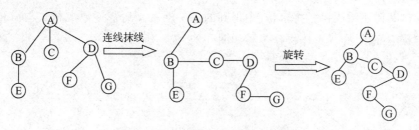

图 6-25 树转换成二叉树示意图

2. 森林转换成二叉树

森林转换成二叉树可以分为以下两步：

（1）将森林中每一棵树分别转换成二叉树。这在刚才的树转换成二叉树中已经介绍过。

（2）合并。使第 n 棵二叉树接入到第 $n-1$ 棵二叉树的根结点的右边并成为它的右子树，第 $n-1$ 棵二叉树接入到第 $n-2$ 棵二叉树的根结点的右边并成为它的右子树，……，第 2 棵二叉树接入到第 1 棵二叉树的右边并成为它的右子树，直到最后剩下一棵二叉树为止。

具体过程如图 6-26 所示。

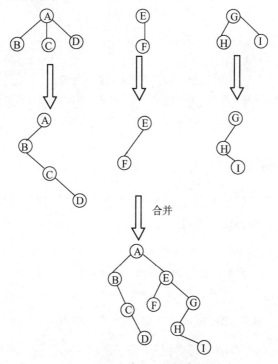

图 6-26 森林转换成二叉树示意图

3. 二叉树还原成树或森林

（1）右链断开。将二叉树的根结点的右链及右链的右链等全部断开，得到若干棵无右子树的二叉树。具体操作如图 6-27（b）所示。

（2）二叉树还原成树。将（1）中得到的每一棵二叉树都还原成树（与树转换成二叉树的步骤刚好相反）。具体操作步骤如图 6-27（c）所示。

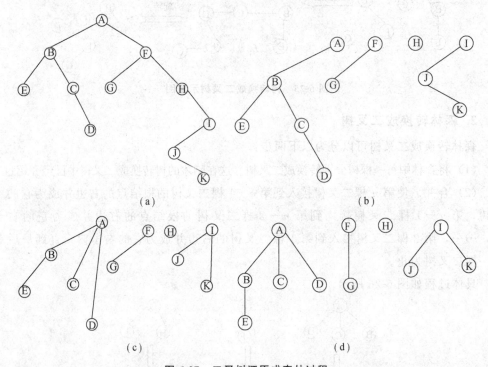

(a)

(b)

(c)

(d)

图 6-27 二叉树还原成森林过程

（a）一个森林得到的二叉树；（b）断开根的右链得到 4 棵无右子树的二叉树；

（c）4 棵二叉树还原成 4 棵树；（d）二叉树还原成森林

6.5.3 树和森林的遍历

在树和森林中，一个结点可能有 2 棵以上的子树，因此不宜讨论它们的中序遍历，即树和森林只有先序遍历和后序遍历。

1. 先序遍历

（1）树的先序遍历。若树非空，则先访问根结点，然后依次先序遍历各子树。

（2）森林的先序遍历。若森林非空，则先访问森林中第一棵树的根结点，再先序遍历第 1 棵树各子树，接着先序遍历第 2 棵树、第 3 棵树、……，直到最后一棵树。

2. 后序遍历

（1）树的后序遍历。若树非空，则依次后序遍历各子树，最后访问根结点。

（2）森林的后序遍历。按顺序后序遍历森林中的每一棵树。

例如，对于图 6-25 所示的树，先序遍历序列为 ABECDFG，后序遍历序列为 EBCFGDA。对于图 6-26 所示的森林（有 3 棵树），先序遍历序列为 ABCDEFGHI，后序遍历序列为 BCDAFEHIG。

另外，树和森林的先序遍历等价于它转换成的二叉树的先序遍历，树和森林的后序遍历等价于它转换成的二叉树的中序遍历。

6.6 回溯法与树的遍历

在程序设计中，有很多问题都可以归纳为求一组解或全部解或最优解问题。例如八皇后问题、背包问题、求集合的幂集等，不是根据某种确定的计算法则，而是利用试探和回溯的搜索技术求解。它的求解过程实质上是一个先序遍历一棵"状态树"的过程，只是这棵树不是遍历前预先建立的，而是隐含在遍历过程中。为了说明问题，给出如下的两个例子，算法从略。

【例 6-7】求八皇后问题的所有可行解（考虑问题的规模太大，将八皇后问题简化为四皇后问题）

在图 6-28 的树中，第 1 层表示棋盘初始状态，第 2 层表示放 1 个皇后后的状态，第 3 层表示放 2 个皇后后的状态（有三种情况符合要求），第 4 层表示放 3 个皇后后的状态（有两种情况符合要求），第 5 层表示放 4 个皇后后的状态（有一种情况符合要求）。

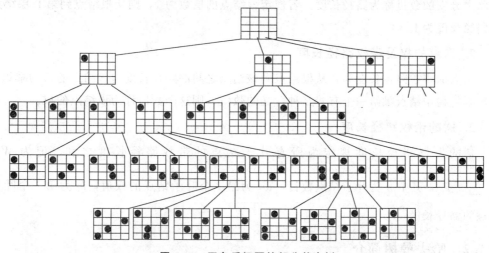

图 6-28 四皇后问题的部分状态树

【例 6-8】背包问题：有重量分别为 t_1，t_2，t_3，…，t_n 的 n 件货物，有装载重量为 T 的背包。问将哪几件货物装入背包中，使背包的利用率最高？假设有 5 件货物，重量分别为：8、16、21、17、12，背包的装载重量为 37。

该问题也可以用状态树来描述，如图 6-29 所示。

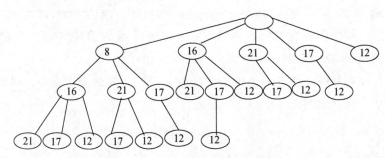

图 6-29 背包问题生成的状态树

在图 6-29 中，有两种状态最佳（8、17、12 和 16、21），即背包中放重量为 8、17、12 或放重量为 16、21 的货物时，背包的利用率最高。

6.7 哈夫曼树

6.7.1 基本术语

1. 路径和路径长度

在一棵树中，从一个结点往下可以达到的孩子或子孙结点之间的通路，称为路径。通路中分支的数目称为路径长度。若规定根结点的层数为 1，则从根结点到第 L 层结点的路径长度为 L−1。

2. 结点的权及带权路径长度

结点的带权路径长度为：从根结点到该结点之间的路径长度与该结点的权的乘积。若将树中结点赋给一个有着某种含义的数值，则这个数值称为该结点的权。

3. 树的带权路径长度

树的带权路径长度规定为所有叶子结点的带权路径长度之和，记为 W_{PL} $= \sum_{i=1}^{n} w_i l_i$，其中 n 为叶子结点数目，w_i 为第 i 个叶子结点的权值，l_i 为第 i 个叶子结点的路径长度。

6.7.2 哈夫曼树简介

1. 哈夫曼树的定义

在一棵二叉树中，若带权路径长度达到最小，称这样的二叉树为最优二叉树，也称为哈夫曼树（Huffman tree）。

例如，给定叶子结点的权分别为 1、3、5、7，则可以得到如图 6-30 所示的不同二叉树。

由图 6-30 可知，图 6-30（b）的带权路径长度最短（为 29），图 6-30（a）的带权路径长度居中（为 32），图 6-30（c）的带权路径长度最长（为 35）。

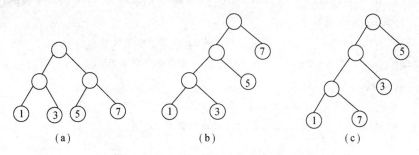

图 6-30　具有不同带权路径长度的二叉树

（a）$W_{PL}=32$；（b）$W_{PL}=29$；（c）$W_{PL}=35$

2. 哈夫曼树的构造

假设有 n 个权值，则构造出的哈夫曼树有 n 个叶子结点。n 个权值分别设为 w_1，w_2，……，w_n，则哈夫曼树的构造规则如下：

（1）将 w_1，w_2，……，w_n 看成是有 n 棵树的森林（每棵树仅有一个结点）。

（2）在森林中选出两个根结点的权值最小的树合并，作为一棵新树的左、右子树，且新树的根结点权值为其左、右子树根结点权值之和。

（3）从森林中删除选取的两棵树，并将新树加入森林。

（4）重复（2）、（3）步，直到森林中只剩一棵树为止，该树即为所求得的哈夫曼树。

下面给出哈夫曼树的构造过程。假设给定的叶子结点的权分别为 1、5、7、3，则构造哈夫曼树过程如图 6-31 所示。

由图 6-31 可知，n 个权值构造哈夫曼树需 $n-1$ 次合并，每次合并，森林中的树数目减 1，最后森林中只剩下一棵树，即为求得的哈夫曼树。

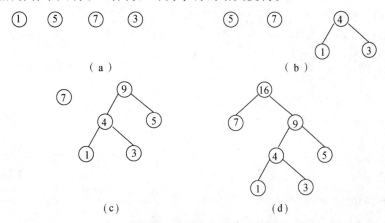

图 6-31　哈夫曼树的构造过程

（a）初始森林；（b）一次合并后的森林；（c）二次合并后的森林；（d）三次合并后的森林

3. 构造哈夫曼树的算法实现

假设哈夫曼树采用双亲孩子表示法存储，并增加权值域，构造哈夫曼树的叶子结点（树的权）有 n 个，合并次数为 $n-1$ 次，则森林中总共有 $2n-1$ 棵树（包含合并后删除的）。存储结构描述如下：

```
# define      n  maxn                //maxn 表示叶子数目
# define    m   2* n- 1              //m 为森林中树的棵数
struct  tree
{
float  weight;                        //权值
int parent;                           //双亲
int lch, rch;                         //左、右孩子
};
struct  tree  hftree[m+ 1];          //规定从第一个元素 hftree[1]开始使用数组
                                      //元素,故定义长度为 m+ 1 而不为 m
```

算法描述如下：

```
# include  <stdio. h>
# define     n  8                   //n 表示叶子数目
# define    m 2* n- 1               //m 为森林中树的棵数
struct  tree
{
float  weight;                        //权值
int parent;                           //双亲
int lch, rch;                         //左、右孩子
  };
struct  tree  hftree[m+ 1];
void  creathuffmantree( )
{  int i, j, p1, p2;
   float  s1, s2;
   for(i= 1; i<= m; i+ + )
   {
     hftree[i]. parent= 0;
     hftree[i]. lch= 0;
     hftree[i]. rch= 0;
     hftree[i]. weight= 0;
   }
   for(i= 1; i<= n; i+ + )
       scanf("% d", &hftree[i]. weight)；//输入权值
   for(i= n+ 1; i<= m; i+ + )          //进行 n- 1 次合并
```

```
    {
        p1= p2= 0;                      //p1,p2 分别指向两个权最小的值的位置
        s1= s2= 32767;                  //s1,s2 代表两个最小权值
        for(j= 1;j<= i- 1;j+ + )        //选两个最小值
        if(hftree[j]. parent= = 0)      //该权值还没有被选中
          if(hftree[j]. weight<s1)
            {s2= s1;
              s1= hftree[j]. weight;
              p2= p1;
              p1= j;
            }
          else
            if(hftree[j]. weight<s2)
            {s2= hftree[j]. weight;
              p2= j;
            }
        //以下为合并
        hftree[p1]. parent= i;
        hftree[p2]. parent= i;
        hftree[i]. lch= p1;
        hftree[i]. rch= p2;
        hftree[i]. weight= hftree[p1]. weight+ hftree[p2]. weight;
    }
    for(i= 1;i<= m;i+ + )                //输出合并后的结果
        printf("% 3d  %3d  %3d  %3d  %3d\n", i, hftree[i]. weight, hftree[i]
. parent, hftree[i]. lch, hftree[i]. rch);
  }
  void  main(   )
  {
    creathuffmantree(  );
  }
```

【例 6-9】给定权值 5，29，7，8，14，23，3，11，用上面的算法建立的哈夫曼树如图 6-32 所示，而二叉树的存储结构如图 6-33 所示。

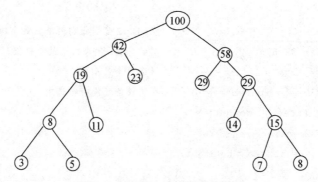

图 6-32　用算法建立的哈夫曼树

	weight	parent	lch	rch
1	5	0	0	0
2	29	0	0	0
3	7	0	0	0
4	8	0	0	0
5	14	0	0	0
6	23	0	0	0
7	3	0	0	0
8	11	0	0	0
9		0	0	0
10		0	0	0
11		0	0	0
12		0	0	0
13		0	0	0
14		0	0	0
15		0	0	0

（a）

	weight	parent	lch	rch
1	5	9	0	0
2	29	14	0	0
3	7	10	0	0
4	8	10	0	0
5	14	12	0	0
6	23	13	0	0
7	3	9	0	0
8	11	11	0	0
9	8	11	7	1
10	15	12	3	4
11	19	13	9	8
12	29	14	5	10
13	42	15	11	6
14	58	15	2	12
15	100	0	13	14

（b）

图 6-33　哈夫曼树的存储结构

（a）初始状态；（b）生成哈夫曼树后的状态

6.7.3　哈夫曼树的应用

1. 哈夫曼编码

在通信中，可以采用 0，1 的不同排列来表示不同的字符，称为二进制编码。哈夫曼树在数据编码中的应用是数据的最小冗余编码问题，是数据压缩学的基础。若每个字符出现的频率相同，则可以采用等长的二进制编码；若频率不同，则可以采用不等长的二进制编码。频率较大的字符采用位数较少的编码，频率较小的字符采用位数较多的编码，这样可以使字符的整体编码长度最小，这就是最小冗余编码问题。哈夫曼编码是一种不等长的二进制编码，且哈夫曼树是一种最优二叉树，它的编码也是一种最优编码。在哈夫曼树中，规定往左编码为 0，往右编码为 1，则得到叶子结点编码为从根结点到叶子结点中所有路径中 0 和 1 的顺序排列。

例如，给定权 {1，5，7，3}，得到的哈夫曼树及编码如图 6-34 所示（假定权值就代表该字符名）。

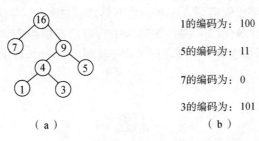

	1的编码为：100
	5的编码为：11
	7的编码为：0
	3的编码为：101

（a）　　　　　　　　　　　　　　（b）

图 6-34　构造哈夫曼树及哈夫曼编码

（a）哈夫曼树；（b）哈夫曼编码

2. 哈夫曼译码

在通信中，若将字符用哈夫曼编码形式发送出去，对方接收到编码后，将编码还原成字符的过程，称为哈夫曼译码。

例如，哈夫曼编码见如图 6-34，假设发送的通信信息为：

11010100111100011101，

则译码成原文为：

5　7　3　7　7　5　1　7　5　3

本章小结

1. 树是一种层次型的数据结构，属于直接后继（为它的孩子）。根结点无直接前驱，但可以有多个直接后继。

2. 树和二叉树是不同的，树是无序的，而二叉树是有序的。

3. 满二叉树和完全二叉树是两种不同的二叉树，满二叉叉树一定是完全二叉树，但完全二叉树不一定是满二叉树。

4. 二叉树具有顺序和链式两种存储结构，在顺序存储结构中，一定要按完全二叉树格式叉树存储，但在存储时，补上的结点用空格代替。在二叉树的链式存储结构中，每个结点有两个指针，一个指向左孩子，一个指向右孩子，具有 n 个结点的二叉树，共有 $2n$ 个指针，其中指向左、右孩子的指针有 $n-1$ 个，另外 $n+1$ 个为空指针。

5. 二叉树的主要运算是遍历，它包括先序、中序、后序和层次四种不同的遍历次序。前三种遍历可以通过递归或使用栈的非递归算法来实现，最后一种可以通过使用队列的非递归算法实现，这几种算法的时间复杂度最好为 $O(n)$，最坏为 $O(n)$。

6. 二叉树的线索是为了方便求某结点在某种遍历次序下的直接前驱和直接后继。为了节省内存开销，可以利用二叉链表中的 $n+1$ 个空指针来线索化，左孩子为空时，让该指针域指向它的直接前驱，右孩子为空时，让该指针域指向它的直接后继。所画出的线索数目正好为 $n+1$ 个.

7. 树和森林的遍历有先序、后序和层次遍历（无中序遍历）。

8. 树和森林的存储比较麻烦，但可以将其转换成二叉树，再按二叉树的结构存储。

9. 哈夫曼树是一种最优二叉树，在通信中有着广泛的应用。在程序设计中，对于多分支的判别（各个分支频率不同），利用哈夫曼树，可以提高程序的执行效率。

习题 6

一、选择题

1. 以下说法错误的是（　　）。

A. 树形结构的特点是一个结点可以有多个直接前驱

B. 线性结构中的一个结点至多只有一个直接后继

C. 树形结构可以表达（组织）更复杂的数据

D. 树（及一切树形结构）是一种"分支层次"结构

E. 任意只含一个结点的集合是一棵树

2. 下列说法中正确的是（　　）。

A. 任意一棵二叉树中至少有一个结点的度为 2

B. 任意一棵二叉树中每个结点的度都为 2

C. 任意一棵二叉树中的度肯定等于 2

D. 任意一棵二叉树中的度可以小于 2

3. 讨论树、森林和二叉树的关系，目的是为了（　　）。

A. 借助二叉树上的运算方法实现对树的一些运算

B. 将树、森林按二叉树的存储方式进行存储

C. 将树、森林转换成二叉树

D. 体现一种技巧，没有什么实际意义

4. 树最适合用来表示（　　）。

A. 有序数据元素

B. 无序数据元素

C. 元素之间具有分支层次关系的数据

D. 元素之间无联系的数据

5. 不含任何结点的空树（　　）。

A. 是一棵树　　　　　　　　　　　　　B. 是一棵二叉树

C. 是一棵树也是一棵二叉树　　　　　　D. 既不是树也不是二叉树

6. 二叉树是非线性数据结构，所以（　　）。

A. 它不能用顺序存储结构存储

B. 它不能用链式存储结构存储

C. 顺序存储结构和链式存储结构都能存储

D. 顺序存储结构和链式存储结构都不能使用

7. 假定在一棵二叉树中，双分支结点数为 15，单分支结点数为 30 个，则叶子结

点数为（　　　）个。

    A. 15　　　　　　　　B. 16　　　　　　　　C. 17　　　　　　　　D. 47

8. 按照二叉树的定义，具有 3 个结点的不同形状的二叉树有（　　）种。

    A. 3　　　　　　　　　B. 4　　　　　　　　　C. 5　　　　　　　　　D. 6

9. 按照二叉树的定义，具有 3 个不同数据结点的不同的二叉树有（　　）种。

    A. 5　　　　　　　　　B. 6　　　　　　　　　C. 30　　　　　　　　D. 32

10. 深度为 5 的二叉树至多有（　　）个结点。

    A. 16　　　　　　　　B. 32　　　　　　　　C. 31　　　　　　　　D. 10

11. 设高度为 h 的二叉树上只有度为 0 和度为 2 的结点，则此类二叉树中所包含的结点数至少为（　　）。

    A. $2h$　　　　　　　B. $2h-1$　　　　　　C. $2h+1$　　　　　　D. $h+1$

12. 对一个满二叉树，m 个树叶，n 个结点，深度为 h，则（　　）。

    A. $n=h+m$　　　　　　　　　　　　B. $h+m=2n$

    C. $m=h-1$　　　　　　　　　　　　D. $n=2h-1$

13. 具有 n（$n>0$）个结点的完全二叉树的深度为（　　）。

    A. $\log_2 (2)$　　　　　　　　　　　B. $\log_2 (n)$

    C. $\log_2 (n) +1$　　　　　　　　　　D. $\log_2 (n) +1$

14. 把一棵树转换为二叉树后，这棵二叉树的形态是（　　）。

    A. 唯一的

    B. 有多种

    C. 有多种，但根结点都没有左孩子

    D. 有多种，但根结点都没有右孩子

15. 任何一棵二叉树的叶结点在先序、中序和后序遍历序列中的相对次序（　　）。

    A. 不发生改变　　　　　　　　　　B. 发生改变

    C. 不能确定　　　　　　　　　　　D. 以上都不对

16. 如果某二叉树的前序遍历结果为 stuwv，中序遍历为 uwtvs，那么该二叉树的后序为（　　）。

    A. uwvts　　　　　　B. vwuts　　　　　　C. wuvts　　　　　　D. wutsv

17. 某二叉树的前序遍历结点访问顺序是 abdgcefh，中序遍历的结点访问顺序是 dgbaechf，则其后序遍历的结点访问顺序是（　　）。

    A. bdgcefha　　　　　　　　　　　B. gdbecfna

    C. bdgaechf　　　　　　　　　　　D. gdbehfca

18. 在一非空二叉树的中序遍历序列中，根结点的右边（　　）。

    A. 只有右子树上的所有结点　　　　B. 只有右子树上的部分结点

    C. 只有左子树上的部分结点　　　　D. 非左子树上的所有结点

19. 如图 6-1 所示二叉树的中序遍历序列是（　　）。

    A. abcdgef　　　B. dfebagc　　　C. dbaefcg　　　D. defbsgc

20. 一棵二叉树如图 6-2 所示，其中序遍历的序列为（　　）。

A. abdgcefh   B. dgbaechf   C. gdbehfca   D. abcdefjgh

21. 设 a、b 为一棵二叉树上的两个结点，在中序遍历时，a 在 b 前的条件是（   ）。

A. a 在 b 的右方   B. a 在 b 的左方

C. a 是 b 的祖先   D. a 是 b 的子孙

22. 实现任意二叉树的后序遍历的非递归算法而不使用栈结构，最佳方案是二叉树采用（   ）存储结构。

A. 二叉链表   B. 广义表存储结构

C. 三叉链表   D. 顺序存储结构

23. 一棵左右子树均不空的二叉树在先序线索化后，其中空的链域的个数是（   ）。

A. 0   B. 1   C. 2   D. 不确定

24. 引入二叉线索树的目的是（   ）。

A. 加快查找结点的前驱或后继的速度

B. 为了能在二叉树中方便地进行插入与删除

C. 为了能方便地找到双亲

D. 使二叉树的遍历结果唯一

25. n 个结点的线索二叉树上含有的线索数为（   ）。

A. $2n$ B. $n-1$ C. $n+1$ D. n

26. 下面几个符号串编码集合中，不是前缀编码的是（   ）。

A. {0, 10, 110, 1111}   B. {11, 10, 001, 101, 0001}

C. {00, 010, 0110, 1000}   D. {b, c, aa, ac, aba, abb, abc}

27. 以下说法错误的是（   ）。

A. 哈夫曼树是带权路径长度最短的树，路径上权值较大的结点离根较近

B. 若一个二叉树的树叶是某子树的中序遍历序列中的第一个结点，则它必是该子树的后序遍历序列中的第一个结点

C. 已知二叉树的前序遍历和后序遍历序列并不能唯一地确定这棵树，因为不知道树的根结点是哪一个

D. 在前序遍历二叉树的序列中，任何结点的子树的所有结点都是直接跟在该结点之后

二、填空题

1. 树和二叉树的三个主要差别为_____、_____、_____。

2. 从概念上讲，树与二叉树是两种不同的数据结构，将树转化为二叉树的基本目的是_____。

3. 深度为 k 的完全二叉树至少有_____个结点，至多有_____个结点。若按自上而下，从左到右次序给结点编号（从 1 开始），则编号最小的叶子结点的编号是_____。

4. 具有 n 个结点的二叉树中一共有_____个指针域，其中只有_____个用来

指向结点的左右孩子，其余的_____个指针域为 NULL。

5. 在二叉树中，指针 p 所指结点为叶子结点的条件是_____。

6. 一棵二叉树的第 i（$i>=1$）层最多有_____个结点；一棵有 n（$n>0$）个结点的满二叉树共有_____个叶子和_____个非终端结点。

7. 二叉树的基本组成部分是：根（N）、左子树（L）和右子树（R）。二叉树的遍历次序有六种，最常用的是三种：前序法（即按 NLR 次序），后序法（即按_____次序）和中序法（也称对称序法，即按 LNR 次序）。这三种方法相互之间有关联。若已知一棵二叉树的前序序列是 BEFCGDH，中序序列是 FEBGCHD，则它的后序序列必是_____。

8. 二叉树的先序序列和中序序列相同的条件是_____。

9. 一个无序序列可以通过构造一棵_____而变成一个有序树，构造树的过程即为对无序序列进行排序的过程。

10. 若一个二叉树的叶子结点是某子树的中序遍历序列中的最后一个结点，则它必是该子树的_____序列中的最后一个结点。

11. 中序遍历的递归算法平均空间复杂度为_____。

12. 若以 {4，5，6，7，8} 作为叶子结点的权值构造哈夫曼树，则其带权路径长度是_____。

三、编程题

1. 有一二叉链表，编写按层次顺序（同一层自左至右）遍历二叉树的算法。

2. 要求二叉树按二叉链表形式存储，编写一个判别给定的二叉树是否是完全二叉树的算法。

3. 试编写算法，对一棵二叉树根结点不变，将左、右子树进行交换，树中每个结点的左、右子树进行交换。

4. 试写出复制一棵二叉树的算法，二叉树采用二叉链表方式存储。

5. 已知二叉树按照二叉链表方式存储，T 为指向该二叉树根结点的指针，p 和 q 分别为指向该二叉树中任意两个结点的指针，试编写一算法 AnceStor（t，p，q，r），找到 p 和 q 的最近共同祖先结点 r。

6. 请设计一个算法，要求该算法把二叉树的叶子结点按从左到右的顺序连成一个单链表，表头指针为 head。二叉树按二叉链表方式存储，链接时用叶子结点的右指针域来存放单链表指针，并分析算法的时间、空间复杂度。

7. 已知二叉树以二叉链表存储，编写算法完成：对于树中每一个元素值为 x 的结点，删去以它为根的子树，并释放相应的空间。

8. 分别写出算法，实现在中序线索二叉树 T 中查找给定结点 p 在中序序列中的前驱与后继。在先序线索二叉树 T 中，查找给定结点 p 在先序序列中的后继。在后序线索二叉树 T 中，查找给定结点 p 在后序序列中的前驱。

第 7 章

图

本章导读

　　本章主要介绍图的基本概念、图的存储结构、图的遍历、生成树和最小生成树、最短路径、拓扑排序等。

学习目标

- 图的基本概念和术语
- 图的两种存储结构（邻接矩阵和邻接表）
- 图的两种遍历及算法实现
- 求最小生成树的两种方法
- 两种最短路径的求法
- 拓扑排序的步骤及用栈的非递归算法实现

7.1　图的基本概念

7.1.1　图的定义

　　图是由顶点集 V 和顶点间的关系集合 E（边的集合）组成的一种数据结构，可以用二元组定义为：G＝（V，E）。

　　例如，对于图 7-1 所示的无向图 G_1 和有向图 G_2，它们的数据结构可以描述为：G_1＝（V_1，E_1），其中 V_1＝{a，b，c，d}，E_1＝{（a，b）（a，c），（a，d），（b，d），（c，d）}，而 G_2＝（V_2，E_2），其中 V_2＝{1，2，3}，E_2＝{<1，2>，<1，3>，<2，3>，<3，1>}。

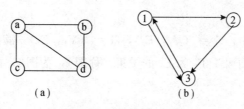

图 7-1 无向图和有向图

(a) 无向图 G_1; (b) 有向图 G_2

7.1.2 图的基本术语

1. 有向图和无向图

在图中，若用箭头标明了边是有方向性的，则称这样的图为有向图，否则称为无向图。在图 7-1 中，G_1 为无向图，G_2 为有向图。

在无向图中，一条边 (x, y) 与 (y, x) 表示的结果相同，用圆括号表示。在有向图中，一条边 $<x, y>$ 与 $<y, x>$ 表示的结果不相同，用尖括号表示。$<x, y>$ 表示从顶点 x 发向顶点 y 的边，x 为始点，y 为终点。有向边也称为弧，x 为弧尾、y 为弧头，则 $<x, y>$ 表示为一条弧；而 $<y, x>$ 表示 y 为弧尾、x 为弧头的另一条弧。

2. 完全图、稠密图、稀疏图

有 n 个顶点，$\dfrac{n(n-1)}{2}$ 条边的图，称为完全无向图；有 n 个顶点，$n(n-1)$ 条弧的有向图，称为完全有向图。完全无向图和完全有向图都称为完全图。

对于一般无向图，顶点数为 n，边数为 e，则 $0 \leqslant e \leqslant \dfrac{n(n-1)}{2}$。

对于一般有向图，顶点数为 n，弧数为 e，则 $0 \leqslant e \leqslant n(n-1)$。

当一个图接近完全图时，称它为稠密图；相反地，当一个图中含有较少的边或弧时，称它为稀疏图。

3. 度、入度、出度

在图中，一个顶点依附的边或弧的数目，称为该顶点的度。在有向图中，一个顶点依附的弧头数目，称为该顶点的入度；一个顶点依附的弧尾数目，称为该顶点的出度；某个顶点的入度和出度之和称为该顶点的度。

另外，若图中有 n 个顶点，e 条边或弧，第 i 个顶点的度为 d_i，则有 $e = \dfrac{1}{2} \sum\limits_{i=1}^{n} d_i$。

例如，对于图 7-1，G_1 中顶点 a，b，c，d 的度分别为 3，2，2，3，G_2 中顶点 1，2，3 的出度分别为 2，1，1，而它们的入度分别为 1，1，2，故顶点 1，2，3 的度分别为 3，2，3。

4. 子图

若有两个图 G_1 和 G_2，$G_1 = (V_1，E_1)$，$G_2 = (V_2，E_2)$，满足如下条件：$V2 \subseteq V_1$，$E_2 \subseteq E_1$，即 V_2 为 V_1 的子集，E_2 为 E_1 的子集，称图 G_2 为图 G_1 的子图。图和子图的示例如图 7-2 所示。

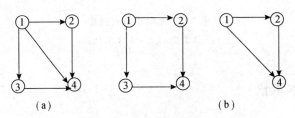

图 7-2　图与子图示例

(a) 图 G；(b) 图 G 的两个子图

5. 权

在图的边或弧中给出相关的数，称为权。权可以代表一个顶点到另一个顶点的距离、耗费等，带权图一般称为网。带权图的示例如图 7-3 所示。

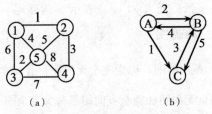

图 7-3　无向带权图和有向带权图

(a) 无向网；(b) 有向网

6. 连通图和强连通图

在无向图中，若从顶点 i 到顶点 j 有路径，则称顶点 i 到顶点 j 是连通的。若任意两个顶点都是连通的，则称此无向图为连通图，否则称为非连通图。

连通图和非连通图示例如图 7-4 所示。

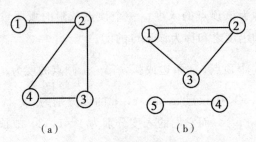

图 7-4　连通图和非连通图

(a) 连通图；(b) 非连通图

在有向图中，若从顶点 i 到顶点 j 有路径，则称从顶点 i 到顶点 j 是连通的。若图中任意两个顶点都是连通的，则称此有向图为强连通图，否则称为非强连通图。

强连通图和非强连通图示例如图 7-5 所示。

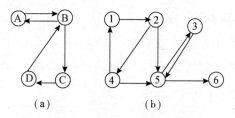

（a） （b）

图 7-5　强连通图和非强连通图

（a）强连通图；（b）非强连通图

7. 连通分量和强连通分量

在无向图中，极大连通子图为该图的连通分量。任何连通图的连通分量只有一个，即它本身，而非连通图有多个连通分量。对于图 7-4 中的非连通图，它的连通分量如图 7-6 所示。

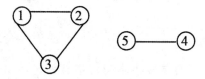

图 7-6　图 7-4（b）的连通分量

在有向图中，极大强连通子图为该图的强连通分量。任何强连通图的强连通分量只有一个，即它本身，而非强连通图有多个强连通分量。

对于图 7-5 中的非强连通图，它的强连通分量如图 7-7 所示。

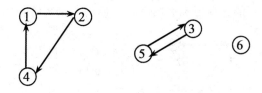

图 7-7　图 7-5（b）的强连通分量

8. 路径、回路

在无向图 G 中，若存在一个顶点序列 V_p，V_{i1}，V_{i2}，……，V_{in}，V_q，使得（V_p，V_{i1}），（V_{i1}，V_{i2}），……，（V_{in}，V_q）均属于 E（G），则称顶点 V_p 到 V_q 存在一条路径。若一条路径上除起点和终点可以相同外，其余顶点均不相同，则称此路径为简单路径。起点和终点相同的路径称为回路，简单路径组成的回路称为简单回路。路径上经过的边的数目称为该路径的路径长度。

9. 有根图

在一个有向图中，若从顶点 V 有路径可以到达图中的其他所有顶点，则称此有向图为有根图，顶点 V 称做图的根。

10. 生成树、生成森林

连通图的生成树是一个极小连通子图，它包含图中全部 n 个顶点和 $n-1$ 条不构成回路的边。非连通图的生成树则组成一个生成森林。若图中有 n 个顶点，m 个连通分量，则生成森林中有 $n-m$ 条边。

7.2　图的存储结构

由于图是一种多对多的非线性关系，无法用数据元素在存储区中的物理位置来表示元素之间的关系，所以不能用顺序存储结构。下面将介绍常用的三种存储结构：邻接矩阵、邻接表和邻接多重表。

7.2.1　邻接矩阵

1. 图的邻接矩阵表示

在邻接矩阵表示中，除了存放顶点本身的信息外，还用一个矩阵表示各个顶点之间的关系。若 $(i, j) \in E (G)$ 或 $\langle i, j \rangle \in E (G)$，则矩阵中第 i 行第 j 列元素值为 1，否则为 0。

图的邻接矩阵定义为：

$$A [i] [j] = \begin{cases} 1 & (i, j) \in E (G) \text{ 或 } \langle i, j \rangle \in E (G) \\ 0 & \text{其他情形} \end{cases}$$

例如，对图 7-8 所示的无向图和有向图，它们的邻接矩阵如图 7-9 所示。

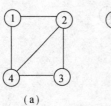

图 7-8　无向图 G_3 及有向图 G_4

(a) 无向图 G_3；(b) 有向图 G_4

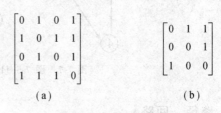

图 7-9　邻接矩阵表示

(a) G_3 的邻接矩阵；(b) G_4 的邻接矩阵

2. 无向图的邻接矩阵得出的结论

（1）矩阵是对称的。

（2）第 i 行或第 i 列中 1 的个数为顶点 i 的度。

（3）矩阵中 1 的个数的一半为图中边的数目。

（4）很容易判断顶点 i 和顶点 j 之间是否有边相连（看矩阵中 i 行 j 列值是否为 1）。

3. 有向图的邻接矩阵得出的结论

（1）矩阵不一定是对称的。

（2）第 i 行中 1 的个数为顶点 i 的出度。

（3）第 j 列中 1 的个数为顶点 j 的入度。

（4）矩阵中 1 的个数为图中弧的数目。

（5）很容易判断顶点 i 和顶点 j 是否有弧相连。

4. 网的邻接矩阵表示

类似地可以定义网的邻接矩阵为：

$$A[i][j] = \begin{cases} w_{ij} & 若 (i, j) \in E (G) \text{ 或 } \langle i, j \rangle \in E (G) \\ 0 & 若 i = j \\ \infty & 其他情形 \end{cases}$$

网及网的邻接矩阵如图 7-10 所示。

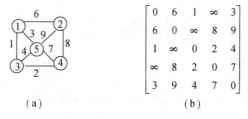

图 7-10　网及其邻接矩阵示意图

（a）网 G_5；（b）网 G_5 的邻接矩阵示意图

5. 图的邻接矩阵数据类型描述

图的邻接矩阵数据类型描述如下：

```
define n maxn                //图中顶点数
define e maxe                //图中边数
struct graph
{
elemtype v[n+ 1];            //存放顶点信息 v1,v2,…,vn,不使用 v[0]存储空间
int arcs[n+ 1][n+ 1]         //邻接矩阵
};
```

6. 建立无向图的邻接矩阵

```
void  creatadj1(struct  graph  &g)
{  int i,j,k ;
   for(k= 1;  k<= n;  k+ + )
```

```
    scanf("% c",&g.v[k]);          //输入顶点信息
  for (i= 1; i<= n; i+ + )
     for (j= 1; j<= n; j+ + )
       g.arcs[i][j]= 0;            //矩阵的初值为 0
  for (k= 1; k<= e; k+ + )
  { scanf("% d% d",&i,&j);         //输入一条边(i,j)
    g.arcs[i][j]= 1;
    g.arcs[j][i]= 1;
  }
}
```

该算法的时间复杂度为 $O(n^2)$。

7. 建立有向图的邻接矩阵

```
void creatadj2(struct graph &g)
{ int i,j,k;
  for(k= 1; k<= n; k+ + )
     scanf("% c",&g.v[k]);         //输入顶点信息
  for (i= 1; i<= n; i+ + )
     for (j= 1; j<= n; j+ + )
       g.arcs[i][j]= 0;
  for (k= 1; k<= e; k+ + )
  { scanf("% d% d",&i,&j);         //输入一条弧<i,j>
    g.arcs[i][j]= 1;
  }
}
```

该算法的时间复杂度为 $O(n^2)$。

8. 建立无向网的邻接矩阵

```
void creatadj3(struct graph &g)
{ int i,j,k ;
   float w;
  for(k= 1; k<= n; k+ + )
     scanf("% c",&g.v[k]);         //输入顶点信息
  for (i= 1; i<= n;i+ + )
     for (j= 1; j<= n; j+ + )
        if (i= = j) g.arcs[i][j]= 0;
        else g.arcs[i][j]= ∞;  //∞代表顶点 i 和顶点 j 无边,上机时可以用一个很大的数代替
for (k= 1; k<= e; k+ + )
{ scanf("% d% d% f",&i,&j,&w); //输入一条边(i,j)及权值 w
    g.arcs[i][j]= w;
```

```
        g.arcs[j][i]= w;
    }
}
```

该算法的时间复杂度为 $O(n^2)$。

9. 建立有向网的邻接矩阵

```
void  creatadj4(struct  graph  &g)
{
int i,j,k ;
float  w;
for(k= 1;  k<= n;  k+ + )
    scanf("% c",&g.v[k]);        //输入顶点信息
for  (i= 1;  i<= n;  i+ +  )
  for  (j= 1;  j<= n;  j+ + )
    if  (i= = j)  g.arcs[i][j]= 0;
    else
        g.arcs[i][j]= ∞;
for  (k= 1;  k<= e;  k+ + )       //输入 e 条边及权值
{
    scanf("% d% d% f",&i,&j,&w);//输入一条弧<i,j>及权值 w
    g.arcs[i][j]= w;
}
}
```

该算法的时间复杂度为 $O(n^2)$。

若要将得到的邻接矩阵输出，可以使用如下的语句段：

```
for(int i= 1;i<= n;i+ + )
  {  for(int j= 1;j<= n;j+ + )
        printf("% d  ",g.arcs[i][j]);
    printf("\n");
}
```

7.2.2　邻接表

1. 图的邻接表表示

将每个结点的边用一个单链表链接起来，若干个结点可以得到若干个单链表，每个单链表都有一个头结点，将所有头结点联系起来组成一个整体，所有头结点可看成一个一维数组，称这样的链表为邻接表。

例如，图 7-8 所示的无向图 G_3 和有向图 G_4 的邻接表如图 7-11 所示。

2. 无向图的邻接表得到的结论

（1）第 i 个链表中结点数目为顶点 i 的度。

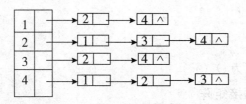

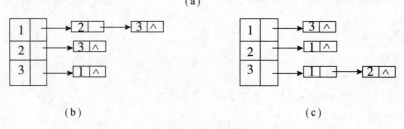

（b）　　　　　　　　　　　　（c）

图 7-11　邻接表示例

（a）无向图 G_3 的邻接表；（b）有向图 G_4 的邻接表；（c）有向图 G_4 的逆邻接表

（2）所有链表中结点数目的一半为图中边数。

（3）占用的存储单元数目为 $n+2e$。

3. 有向图的邻接表得到的结论

（1）第 i 个链表中结点数目为顶点 i 的出度。

（2）所有链表中结点数目为图中弧数。

（3）占用的存储单元数目为 $n+e$。

从有向图的邻接表可知，不能求出顶点的入度。为此，必须另外建立有向图的逆邻接表，以便求出每一个顶点的入度。逆邻接表在图 7-11（c）中已经给出，从该图中可知，有向图的逆邻接表与邻接表类似，只是它是从入度考虑结点，而不是从出度考虑结点。

4. 图的邻接表数据类型描述

图的邻接表数据类型描述如下：

```
# define  n  maxn                          //maxn 表示图中最大顶点数
# define  e  maxe                          //maxe 表示图中最大边数
struct  link                               //定义链表类型
{
    elemtype  data ;
    struct  link * next ;
};
//定义邻接表的表头类型
struct  link  a[n+ 1];
```

在本章中，为方便直观地描述问题，将 elemtype 类型设定为 int 类型，以此代替图中顶点的序号。

5. 无向图的邻接表建立

```
void  creatlink1( )
{ int i,j,k ;
   struct  link * s ;
   for(i= 1;  i<= n;i+ +)                          //建立邻接表头结点
   { a[i].data= i ;
         a[i].next= NULL;
   }
   for(k= 1;  k<= e;k+ +)
   {
      scanf("% d% d",&i,&j) ;                      //输入一条边  (i,j)
      s= (struct  link* )malloc(sizeof(struct  link));//申请一个动态存储单元
      s- >data= j ;
      s- >next= a[i].next ;                        //头插法建立链表
      a[i].next= s  ;
      s= (struct  link* )malloc(sizeof(struct  link));
      s- >data= i ;
      s- >next= a[j].next ;
      a[j].next= s  ;
   }
}
```

该算法的时间复杂度为 $O(n+e)$。

6. 有向图的邻接表建立

```
void  creatlink2( )
{ int i,j,k ;
   struct  link * s ;
   for(i= 1;  i<= n;i+ +)                          //建立邻接表头结点
{ a[i].data= i ;
   a[i].next= NULL;
   }
for(k= 1;  k<= e;k+ +)
{
   scanf("% d% d",&i,&j) ;                         //输入一条边  (i,j)
   s= (struct  link* )malloc(sizeof(struct  link));//申请一个动态存储单元
   s- >data= j ;
   s- >next= a[i].next ;                           //头插法建立链表
   a[i].next= s  ;
```

```
      }
}
```

该算法的时间复杂度为 $O(n+e)$ 。

7. 网的邻接表的数据类型描述

网的邻接表的数据类型可描述如下。

```
# define   n   maxn                                      //maxn 表示网中最大顶点数
# define   e   maxe                                      //maxe 表示网中最大边数
struct   link                                            //定义链表类型
{
     elemtype   data ;
     float   w;                                          //定义网上的权值类型为浮点型
     struct   link  * next ;
};
struct   link   a[n+ 1];
```

8. 无向网的邻接表建立

```
void   creatlink3( )
{  int i,j,k ;float   w;
     struct   link     * s ;
     for(i= 1;   i<= n;i+ + )                            //建立邻接表头结点
     {  a[i].data= i ;
        a[i].w= 0;
        a[i].next= NULL;  }
     for(k= 1;   k<= e;k+ + )
     {  scanf("% d% d% f",&i,&j,&w) ;                    //输入一条边   (i,j,w)
        s= (struct  link* )malloc(sizeof(struct  link));  //申请一个动态存储单元
        s- >data= j ;
        s- >w= w;
        s- >next= a[i].next ;                            //头插法建立链表
        a[i].next= s ;
        s= (struct  link* )malloc(sizeof(struct  link));
        s- >data= i ;
        s- >w= w;
        s- >next= a[j].next  ;
        a[j].next= s ;
     }
}
```

该算法的时间复杂度为 $O(n+e)$ 。

9. 有向网的邻接表建立

```
void  creatlink4( )
{ int i,j,k ;float  w;
  struct  link  * s ;
  for(i= 1;  i<= n;i+ + )                          //建立邻接表头结点
  { a[i].data= i ;
    a[i].w= 0;
    a[i].next= NULL;
  }
  for(k= 1;  k<= e;k+ + )
  {
      scanf("% d% d% f",&i,&j,&w)  ;               //输入一条边(i,j,w)
      s= (struct  link* )malloc(sizeof(struct  link));//申请一个动态存储单元
      s- >data= j ;
      s- >w= w;
      s- >next= a[i].next;                          //头插法建立链表
      a[i].next= s;
  }
}
```

该算法的时间复杂度为 $O(n+e)$。

另外，上面的算法中，建立的邻接表不是唯一的，与从键盘输入边的顺序有关。输入边的顺序不同，得到的链表也不同。

若要将得到的邻接表输出，可以使用如下的语句：

```
for  (i= 1;i<= n;i+ + )
{
  p= a[i].next;
  if(p! = NULL) printf("% d- >",a[i].data);
  else  printf("% d\n",a[i].data);
  while(p- >next! = NULL)
  { printf("% d  - >",p- >data);
    p= p- >next;
  }
  printf("% d  \n",p- >data);
}
```

7.2.3　邻接多重表

在无向图的邻接表中，每条边（V_i，V_j）由两个结点表示，一个结点在第 i 个链表中，另一个结点在第 j 个链表中，当需要对边进行操作时，就需要找到表示同一条边的两个结点，这给操作带来不便，在这种情况下采用邻接多重表比较方便。

在邻接多重表中，每条边用一个结点表示，每个结点由五个域组成，其结点结构为：

Mark	i	next1	j	next2

其中 Mark 为标志域，用来标记这条边是否被访问过，i 和 j 域为一条边的两个顶点，next1 和 next2 为两个指针域，分别指向依附于 i 顶点的下一条边和 j 顶点的下一条边。而表头与邻接表的表头类似。

邻接多重表的形式如图 7-12 所示。

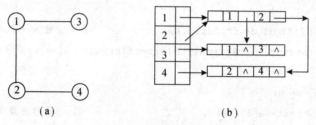

图 7-12　邻接多重表示例

(a) 无向图 G_6；(b) G_6 的邻接多重表

7.3　图的遍历

和树的遍历类似，图的遍历也是从某个顶点出发，沿着某条搜索路径对图中所有顶点各做一次访问。若给定的图是连通图，则从图中任一顶点出发顺着边可以访问到该图中所有的顶点，但在图中有回路，从图中某一顶点出发访问图中其他顶点时，可能又会回到出发点，而图中可能还剩余有顶点没有访问到，因此，图的遍历较树的遍历更复杂。可以设置一个全局型标志数组 visited 来标志某个顶点是否被访问过，未访问的值为 false，访问过的值为 true。根据搜索路径的方向不同，图的遍历有两种方法：深度优先搜索遍历和广度优先搜索遍历。

7.3.1　深度优先搜索遍历

1. 深度优先搜索思想

深度优先搜索遍历类似于树的先序遍历。假定给定图 G 的初态是所有顶点均未被访问过，在 G 中任选一个顶点 i 作为遍历的初始点，则深度优先搜索遍历可定义如下：

(1) 首先访问顶点 i，并将其访问标记置为访问过，即 visited [i] = true。

（2）然后搜索与顶点 i 有边相连的下一个顶点 j，若 j 未被访问过，则访问它，并将 j 的访问标记置为访问过，$visited[j] = \text{true}$，然后从 j 开始重复此过程，若 j 已访问，再看与 j 有边相连的其他顶点。

（3）若与 i 有边相连的顶点都被访问过，则退回到前一个访问顶点并重复刚才的过程，直到图中所有顶点都被访问完为止。

例如，对图 7-13 所示的无向图 G_7，从顶点 1 出发的深度优先搜索遍历序列可有多种。下面仅给出其中三种，其他可作类似分析。

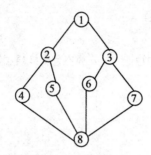

图 7-13　无向图 G_7

在无向图 G_7 中，从顶点 1 出发的深度优先搜索遍历序列（列举三种）为：

1，　2，　4，　8，　5，　6，　3，　7

1，　2，　5，　8，　4，　7，　3，　6

1，　3，　6，　8，　7，　4，　2，　5

2. 连通图的深度优先搜索

若图是连通的或强连通的，则从图中某一个顶点出发可以访问到图中所有顶点，否则只能访问到一部分顶点。

另外，由上述的遍历结果可以看出，从某一个顶点出发的遍历结果是不唯一的。但是若给定图的存储结构，则从某一顶点出发的遍历结果应是唯一的。

（1）用邻接矩阵实现图的深度优先搜索。以图 7-13 中无向图 G_7 为例来说明算法的实现，G_7 的邻接矩阵如图 7-14 所示。其算法描述如下：

```
# include <stdio. h>
# define  elemtype  int
# define  n  8                    //图中顶点数
# define  e  10                   //图中边数
int visited[n+ 1];
struct  graph
{
elemtype  v[n+ 1];               //存放顶点信息 v1,v2,…,vn,不使用 v[0]存储空间
int arcs[n+ 1][n+ 1];           //邻接矩阵
};
```

```
struct  graph  g;
void  creatadj( )                        //建立邻接矩阵
{ int i,j,k ;
  for (k= 1;  k<= n;  k+ + )
     scanf("% d",&g.v[k]);              //输入顶点信息
  for (i= 1;  i<= n;  i+ +  )
     for (j= 1;  j<= n;  j+ + )
   g.arcs[i][j]= 0;
   for (k= 1;  k<= e;  k+ + )
   {
       scanf("% d% d",&i,&j);           //输入一条边(i,j)
       g.arcs[i][j]= 1;
       g.arcs[j][i]= 1;
   }
}
void  dfs(int i)                         //从顶点 i 出发实现深度优先搜索遍历
{ int j;
  printf("% d  ",g.v[i]);               //输出访问顶点
  visited[i]= 1;                        //全局数组访问标记置 1,表示已经访问
  for(j= 1;  j<= n;  j+ + )
    if ((g.arcs[i][j]= = 1)&&(! visited[j]))
    dfs(j);
}
void  main(   )
   { int i;
     creatadj( );
     for(  i= 1;i<= n;i+ + )  visited[i]= 0;
     dfs(1);                            //从顶点 1 出发访问
   }
```

$$
\begin{bmatrix}
0 & 1 & 1 & 0 & 0 & 0 & 0 & 0 \\
1 & 0 & 0 & 1 & 1 & 0 & 0 & 0 \\
1 & 0 & 0 & 0 & 0 & 1 & 1 & 0 \\
0 & 1 & 0 & 0 & 0 & 0 & 0 & 1 \\
0 & 1 & 0 & 0 & 0 & 0 & 0 & 1 \\
0 & 0 & 1 & 0 & 0 & 0 & 0 & 1 \\
0 & 0 & 1 & 0 & 0 & 0 & 0 & 1 \\
0 & 0 & 0 & 1 & 1 & 1 & 1 & 0
\end{bmatrix}
$$

图 7-14 无向图 G_7 的邻接矩阵

用上述算法和无向图 G_7 可以描述从顶点 1 出发的深度优先搜索遍历过程，示意图如图 7-15 所示。其中实线表示下一层递归调用，虚线表示递归调用的返回。

在图 7-15 中，可以得到从顶点 1 的遍历结果为 1，2，4，8，5，6，3，7。同样可以分析出从其他顶点出发的遍历结果。

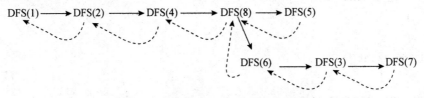

图 7-15　邻接矩阵深度优先搜索示意图

（2）用邻接表实现图的深度优先搜索。仍以图 7-13 中无向图 G_7 为例来说明算法的实现，G_7 的邻接表如图 7-16 所示。其算法描述如下：

```
# include <stdio.h>
# include <stdlib.h>
# define  n  8                    //maxn 表示图中最大顶点数
# define  e  10                   //maxe 表示图中最大边数
# define  elemtype  int
int visited[n+ 1];
struct  link                      //定义链表类型
{
    elemtype    data ;
    struct  link  * next ;
};
struct  link  a[n+ 1];
void  creatlink( )
{ int i,j,k ;
  struct  link     * s ;
  for(i= 1;  i<= n;i+ + )          //建立邻接表头结点
  { a[i].data= i ;
    a[i].next= NULL;
  }
    for(k= 1;  k<= e;k+ + )
    {
      scanf("% d% d",&i,&j) ;     //输入一条边  (i,j)
      s= (struct  link* )malloc(sizeof(struct  link));
                                  //申请一个动态存储单元
      s- >data= j ;
      s- >next= a[i].next ;       //头插法建立链表
```

```
        a[i].next= s  ;
        s= (struct  link* )malloc(sizeof(struct  link));
        s- >data= i  ;
        s- >next= a[j].next  ;
        a[j].next= s  ;
    }
}
void  dfs1(int i)
{
    struct  link  * p;
    printf("% d  ",a[i].data)  ;      // 输出访问顶点
    visited[i]= 1;                  // 全局数组访问标记置为1表示已访问
    p= a[i].next;
    while  (p! = NULL)
    {
        if(! visited[p- >data])
        dfs1(p- >data);
        p= p- >next;
    }
}
void  main(    )
{  int i;
   creatlink(  );
   for(i= 1;i<= n;i+ + )  visited[i]= 0;
   dfs1(1);                        // 从顶点1访问
}
```

　　用上述的算法及图 7-16 可以描述从顶点 7 出发的深度优先搜索遍历示意图，如图 7-17 所示。其中实线表示下一层递归，虚线表示递归返回，箭头旁边的数字表示调用的步骤。

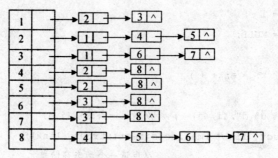

图 7-16　G_7 的邻接表

从顶点 7 出发的深度优先搜索遍历序列，由图 7-17 中可得出为 7，3，1，2，4，8，5，6。从其他顶点出发的深度优先搜索序列，请读者自已写出。

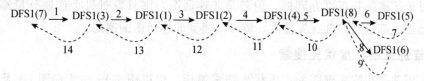

图 7-17　邻接表深度优先搜索示意图

3. 非连通图的深度优先搜索

若图是非连通图或非强连通图，则从图中某一个顶点出发，不能用深度优先搜索访问到图中所有顶点，而只能访问到一个连通子图（即连通分量）或只能访问到一个强连通子图（即强连通分量）。这时，可以在每个连通分量或每个强连通分量中都选一个顶点，进行深度优先搜索遍历，将每个连通分量或每个强连通分量的遍历结果合起来，则得到整个非连通图的遍历结果。

遍历算法就是对所有顶点进行循环，反复调用连通图的深度优先搜索遍历算法即可。其具体实现如下：

```
for(int i= 1;i<= n;i+ + )
if(! visited[i])
        dfs(i);
```

或者为：

```
for(int i= 1;i<= n;i+ + )
    if(! visited[i])
    dfs1(i);
```

7.3.2　广度优先搜索遍历

1. 广度优先搜索的思路

广度优先搜索遍历类似于树的按层次遍历。设图 G 的初态是所有顶点均未访问，在 G 中任选一顶点 i 作为初始点，则广度优先搜索的基本思路如下：

（1）首先访问顶点 i，并将其访问标志置为已访问，即 visited $[i]$ =true。

（2）接着依次访问与顶点 i 有边相连的所有顶点 W_1，W_2，……，W_t。

（3）然后再按顺序访问与 W_1，W_2，……，W_t 有边相连又未曾被访问过的顶点。

（4）依此类推，直到图中所有顶点都被访问完为止。

例如，对图 7-13 所示的无向图 G_7，从顶点 1 出发的广度优先搜索遍历序列可有多种，下面仅给出其中三种，其他可作类似分析。

在无向图 G_7 中，从顶点 1 出发的广度优先搜索遍历序列（列举三种）为：

1，　2，　3，　4，　5，　6，7，　8

```
1,    3,    2,    7,    6,    5,    4,    8
1,    2,    3,    5,    4,    7,    6,    8
```

这对于连通图是可以办到的，但若是非连通图，则只需对每个连通分量都选一顶点作开始点，都进行广度优先搜索，就可以得到非连通图的遍历。

2. 连通图的广度优先搜索

（1）用邻接矩阵实现图的广度优先搜索遍历。仍以图 7-13 中无向图 G_7 及图 7-14 所示的邻接矩阵来说明对无向图 G_7 的遍历过程。算法描述如下：

```c
# include <stdio.h>
# define  elemtype  int
# include <stdio.h>
# define  n  8                          //图中顶点数
# define  e  10                         //图中边数
int visited[n+ 1];
struct    graph
{
     elemtypev[n+ 1];                    //存放顶点信息 v1,v2,…,vn,不使用 v[0]存储空间
     int   arcs[n+ 1][n+ 1];            //邻接矩阵
};
struct  graph  g;
void  creatadj( )                        //建立邻接矩阵
{ int i,  j,k ;
  for  (k= 1;  k<= n;  k+ + )
    scanf("% d",&g.v[k]);               //输入顶点信息
  for  (i= 1;  i<= n;  i+ +  )
    for  (j= 1;  j<= n;  j+ + )
      g.arcs[i][j]= 0;
  for  (k= 1;  k<= e;  k+ + )
  {
      scanf("% d% d",&i,&j);            //输入一条边(i,j)
      g.arcs[i][j]= 1;
      g.arcs[j][i]= 1;
  }
}
void  bfs(int i)                         //从顶点 i 出发实现图的广度优先搜索遍历
{ int q[n+ 1] ;                          //q 为队列
  int f,r,j ;                            //f、r 分别为队列头、尾指针
  f= r= 0 ;                              //设置空队列
  printf("% d  ",g.v[i] );              //输出访问顶点
```

```
        visited[i]= 1 ;                          //全局数组标记置 true 表示已经访问
        r+ + ;  q[r]= i ;                        //入队列
        while  (f<r)
        {  f+ + ;  i= q[f] ;                     //出队列
           for  (j= 1;  j<= n;  j+ + )
                if  ((g. arcs[i][j]= = 1)&&(! visited[j]))
                {  printf("% d  ",g. v[j]) ;
                   visited[j]= 1 ;
                   r+ + ;  q[r]= j ;
                } }
}
void  main(   )
{  int i;
   creatadj( );
   for( i= 1;i<= n;i+ + )  visited[i]= 0;
   bfs(1);                                       //从顶点 1 出发访问
}
```

根据该算法及图 7-14 中的邻接矩阵，可以得到图 7-12 所示的无向图 G_7 的广度优先搜索遍历序列。若从顶点 1 出发，广度优先搜索遍历序列为：1，2，3，4，5，6，7，8；若从顶点 3 出发，广度优先搜索遍历序列为：3，1，6，7，2，8，4，5；从其他顶点出发的广度优先搜索遍历序列可根据类似方法分析得到。

（2）用邻接表实现图的广度优先搜索遍历。仍以无向图 G_7 及图 7-16 所示的邻接表来说明邻接表上实现广度优先搜索遍历的过程，具体算法描述如下：

```
# include <stdio. h>
# include <stdlib. h>
# define  n  8                                  //maxn 表示图中最大顶点数
# define  e  10                                 //maxe 表示图中最大边数
# define  elemtype  int
int visited[n+ 1];
struct  link                                    //定义链表类型
{
    elemtype  data ;
    struct  link  * next ;
};
struct  link  a[n+ 1];
void  creatlink( )
{  int i,j,k ;
   struct  link  * s ;
   for(i= 1;  i<= n;i+ + )                       //建立邻接表头结点
```

```
   {  a[i].data= i ;
      a[i].next= NULL;
   }
   for(k= 1;  k<= e;k+ + )
   {
      scanf("% d% d",&i,&j) ;                              //输入一条边  (i,j)
      s= (struct  link* )malloc(sizeof(struct  link));//申请一个动态存储单元
      s- >data= j ;
      s- >next= a[i].next ;                               //头插法建立链表
      a[i].next= s ;
      s= (struct  link* )malloc(sizeof(struct  link));
      s- >data= i ;
      s- >next= a[j].next ;
      a[j].next= s ;
   }
}
void  bfs1(int i)
{ int q[n+ 1] ;                                            //定义队列
int f,r ;
struct  link * p ;                                         //p为搜索指针
f= r= 0 ;
printf("% d ",a[i].data) ;
visited[i]= 1 ;
r+ + ;  q[r]= i ;                                          //进队
while  (f<r)
      {
         f+ +  ;  i= q[f] ;                                //出队
         p= a[i].next ;
         while  (p! = NULL)
           { if  (! visited[p- >data])
             { printf("% d ",a[p- >data].data);
               visited[p- >data]= 1 ;
               r+ + ;q[r]= p- >data  ;
             }
           p= p- >next;
           }
      }
}
void  main(    )
```

```
{ int i;
  creatlink( );
  for(i= 1;i<= n;i+ + )  visited[i]= 0;
  bfs1(1);                                    // 从顶点 1 访问
}
```

根据该算法及图 7-16，可以得到图 G_7 的广度优先搜索遍历序列。若从顶点 1 出发，广度优先搜索遍历序列为：1，2，3，4，5，6，7，8；若从顶点 7 出发，广度优先搜索遍历序列为：7，3，8，1，6，4，5，2；从其他顶点出发的广度优先搜索遍历序列，可根据类似方法分析得到。

3. 非连通图的广度优先搜索

若图是非连通图或非强连通图，则从图中某一个顶点出发，不能用广度优先搜索遍历访问到图中所有顶点，而只能访问到一个连通子图（即连通分量）或只能访问到一个强连通子图（即强连通分量）。此时，可以在每个连通分量或每个强连通分量中选一个顶点，进行广度优先搜索遍历，最后将每个连通分量或每个强连通分量的遍历结果合起来，则得到整个非连通图或非强连通图的广度优先搜索遍历序列。

非连通图的广度优先搜索遍历算法实现与连通图的只有一点不同，即对所有顶点进行循环，反复调用连通图的广度优先搜索遍历算法即可。具体可以表示如下：

```
for(int i= 1;i<= n;i+ + )
        if(! visited[i])
        bfs(i)  ;
```

或：

```
for(int i= 1;i<= n;i+ + )
    if(! visited[i])
        bfs1(i);
```

7.4 生成树和最小生成树

7.4.1 基本概念

1. 生成树

在图论中，常常将树定义为一个无回路连通图。例如，图 7-18 中的两个图就是无回路的连通图。乍一看它似乎不是树，但只要选定某个顶点做根并以树根为起点对每条边定向，就可以将它们变为通常的树。

在一个连通图中，有 n 个顶点，若存在这样一个子图，含有 n 个顶点，$n-1$ 条不构成回路的边，则这个子图称为生成树，或者定义为：一个连通图 G 的子图如果是一棵包含 G 的所有顶点的树，则该子图为图 G 的生成树。

图 7-18 两个无回路的连通图

由于 n 个顶点的连通图至少有 $n-1$ 条边，而所有包含 $n-1$ 条边及 n 个顶点的连通图都是无回路的树，所以生成树是连通图中的极小连通子图。所谓极小是指边数最少。若在生成树中去掉任何一条边，都会使之变为非连通图；若在生成树上任意增加一条边，就会构成回路。

那么，对给定的连通图，如何求得它的生成树呢？回到前面提到的图的遍历，访问过图中一个顶点后，要访问下一个顶点，一般要求两个顶点有边相连，即必须经过图中的一条边，要遍历图中 n 个顶点且每个顶点都只遍历一次，则必须经过图中的 $n-1$ 条边，这 $n-1$ 条边构成连通图的一个极小连通子图，所以它是连通图的生成树。由于遍历结果可能不唯一，所以得到的生成树也可能不是唯一的。

要求得生成树，可考虑用深度优先搜索遍历算法及广度优先搜索遍历算法。对于深度优先搜索算法 DFS 或 DFS1，由 DFS (i) 递归到 DFS (j)，中间必经过一条边 (i, j)，因此，只需在 DFS (j) 调用前输出这条边或保存这条边，即可求得生成树的一条边。整个递归完成后，则可求得生成树的所有边。对于广度优先搜索算法 BFS 或 BFS1，若 i 出队，j 入队，则 (i, j) 为一条树边。因此，可以在算法的 if 语句中输出这条边，算法完成后，将会输出 $n-1$ 条边，也可求得生成树。

由深度优先搜索遍历得到的生成树，称为深度优先生成树；由广度优先搜索遍历得到的生成树，称为广度优先生成树。

图 7-13 中无向图 G_7 的两种生成树如图 7-19 所示。

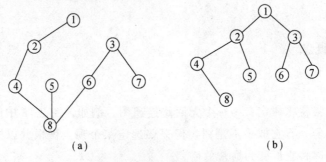

（a）　　　　　　　　　　（b）

图 7-19 两种生成树示意图

（a）深度优先生成树；（b）广度优先生成树

若一个图是强连通的有向图，同样可以得到它的生成树。生成树可以利用连通图的深度优先搜索遍历或连通图的广度优先搜索遍历算法得到。

2. 生成森林

若一个图是非连通图或非强连通图，但有若干个连通分量或若干个强连通分量，则通过深度优先搜索遍历或广度优先搜索遍历，得到的不是生成树，而是生成森林。若非连通图有 n 个顶点、m 个连通分量或强连通分量，则可以遍历得到 m 棵生成树，合起来为生成森林，森林中包含 $n-m$ 条树边。

生成森林可以利用非连通图的深度优先搜索遍历或非连通图的广度优先搜索遍历算法得到。

3. 最小生成树

在一般情况下，图中的每条边若给定了权值，这时所关心的不是生成树，而是生成树中边上权值之和。若生成树中每条边上权值之和达到最小，称为最小生成树。

下面将介绍求最小生成树的两种方法：普里姆算法和克鲁斯卡尔算法。

7.4.2 普里姆（Prim）算法

1. 普里姆算法思路

下面仅讨论无向网的最小生成树问题。

普里姆算法的思路是：在图中任取一个顶点 k 作为开始点，令集合 U ＝ {k}，集合 W＝V－U，其中 V 为图中所有顶点集合，然后找出一个顶点在集合 U 中，另一个顶点在集合 W 中的所有的边中，权值最短的一条边；找到后，将该边作为最小生成树的树边保存起来，并将该边顶点加入 U 集合中，并从 W 中删去这个顶点；然后重新调整 U 中顶点到 W 中顶点的距离，使之保持最小。再重复此过程，直到 W 为空集为止。求解过程如图 7-20 所示。假设开始顶点就选为顶点 1，故首先有 U ＝ {1}，W ＝ {2，3，4，5，6}。

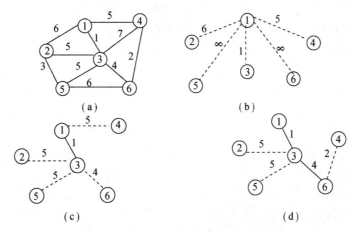

图 7-20　prim 算法构造最小生成树的过程

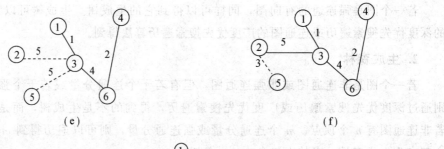

（e）
（f）

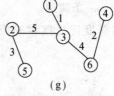

（g）

图 7-20　prim 算法构造最小生成树的过程（续）

（a）无向网；（b）u＝{1}　w＝{2, 3, 4, 5, 6}；

（c）u＝{1, 3}　w＝{2, 4, 5, 6}；（d）u＝{1, 3, 6}　w＝{2, 4, 5}；

（e）u＝{1, 3, 6, 4}　w＝{2, 5}；

（f）u＝{1, 3, 6, 4, 2}　w＝{5}；（g）u＝{1, 3, 6, 4, 2, 5}　w＝{ }

2. 普里姆算法实现

假设网用邻接矩阵作存储结构，与图的邻接矩阵类似，只是将 0 变为∞，1 变为对应边上权值，而矩阵中对角线上的元素值为 0，本算法参照的示例为图 7-20（a）中的无向网，普里姆算法的算法实现可描述如下。

```
# include <iostream.h>
const  int n= 6;                    //定义网中顶点数
const  int e= 10;                   //定义网中边数
    struct edgeset
    {
        int fromvex;                //边的起点
        int endvex;                 //边的终点
        int weight;                 //边上的权值
    };
struct  tree
    {
    int s[n+ 1][n+ 1];              //网的邻接矩阵
    struct  edgeset  ct[n+ 1];      //最小生成树的边集
    };
    struct  tree  t;
void  prim( )                       //普里姆算法
    {
```

```
    struct  edgeset  temp;
        int i,j,k,min,t1,m,w;
        for(i= 1;i＜n;i+ + )                    //从顶点 1 出发求最小生成的树边
        {
          t.ct[i].fromvex= 1;
          t.ct[i].endvex= i+ 1;
          t.ct[i].weight= t.s[1][i+ 1];
        }
        for(k= 2;k＜= n;k+ + )
        {
              min= 32767;
              m= k- 1;
              for(j= k- 1;j＜n;j+ + )    //找权值最小的树边
                if(t.ct[j].weight＜min)
                {
                  min= t.ct[j].weight;
                  m= j;
                }
              temp= t.ct[k- 1];
              t.ct[k- 1]= t.ct[m];
              t.ct[m]= temp;
              j= t.ct[k- 1].endvex;
              for(i= k;i＜n;i+ + )        //重新修改树边的距离
              {
                t1= t.ct[i].endvex;
                w= t.s[j][t1];
                if(w＜t.ct[i].weight) //原来的边用权值较小的边取代
                {t.ct[i].weight= w;
                  t.ct[i].fromvex= j;
                }
              }
        }
    }
void  main(  )
{
    int i,j,k,w;
    for(  i= 1;i＜= n;i+ + )
        for(  j= 1;j＜= n;j+ + )
                if(i= = j)  t.s[i][j]= 0;
```

```
        else  t.s[i][j]= 32767;  //若(i,j)边上无权值,用 32767 来代替∞

for(  k= 1;k<= e;k+ + )                    //建立网的邻接矩阵
{
    printf("请输入一条边及边上的权值");
    scanf("% d% d% d",&i,&j,&w);
    t.s[i][j]= w;
    t.s[j][i]= w;
}
prim( );                                   //用普里姆算法求最小生成树
    for(i= 1;i<n;i+ + )                     //输出 n- 1 条生成树的边
    { printf("% d  ",t.ct[i].fromvex);
      printf("% d  ",t.ct[i].endvex);
      printf("% d  \n",t.ct[i].weight);
    }
}
```

该算法的时间复杂度为 $O(n^2)$，与边数 e 无关。

用普里姆算法求得图 7-20（a）中的无向网的生成树，结果如图 7-21 所示。

	第1条边	第2条边	第3条边	第4条边	第5条边
fromvex	13422				
endvex	36635				
weight	14253				

图 7-21　普里姆算法求解的结果

7.4.3　克鲁斯卡尔（Kruskal）算法

1. 克鲁斯卡尔算法的基本思路

克鲁斯卡尔算法的基本思路是：将图中所有边按权值递增顺序排列，依次选定权值较小的边，但要求后面选取的边不能与前面所有选取的边构成回路，若构成回路，则放弃该条边，再去选后面权值较大的边，n 个顶点的图中，选够 $n-1$ 条边即可。

例如，对图 7-20（a）中的无向网，用克鲁斯卡尔算法求最小生成树的过程如图 7-22 所示。

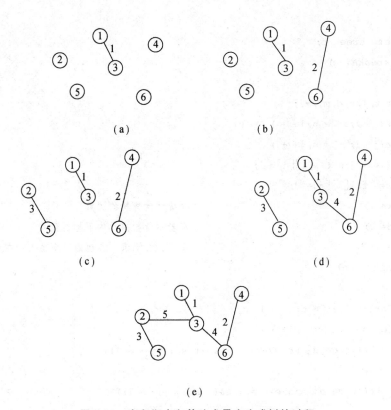

图 7-22 克鲁斯卡尔算法求最小生成树的过程

（a）选第 1 条边；（b）选第 2 条边；（c）选第 3 条边；（d）选第 4 条边；（e）选第 5 条边

2. 克鲁斯卡尔算法实现

本算法参照的示例为图 7-20（a）中的无向网。

```c
# include <stdio.h>
# define n 6
# define e 10
  struct edgeset//定义一条边
  {
      int fromvex;
      int endvex;
      int weight;
  };
  struct tree//定义生成树
  {
      struct edgeset c[n];          //存放生成树边
      struct edgeset ge[e+ 1];      //存放网中所有边
      int s[n+ 1][n+ 1];//s为一个集合,一行元素 s[i][0]~s[i][n]表示一个集合
//若 s[i][t]= 1,则表示顶点 t 属于该集合,否则不属于该集合
```

```
    };
    struct  tree  t;
void  kruska(  )
{
    int i,j,k,d,m1,m2;
    for(i= 1;i<= n;i+ + )
    for(j= 1;j<= n;j+ + )
    if(i= = j)   t. s[i][j]= 1;
    else  t. s[i][j]= 0;
      k= 1;                              //统计生成树的边数
      d= 1;                              //表示待扫描边的下标位置
                                         //m1,m2 记录一条边的两个顶点所在集合的序号

    while(k<n)
    {
    for(i= 1;i<= n;i+ + )
    for(j= 1;j<= n;j+ + )
    {  if((t. ge[d]. fromvex= = j)&&(t. s[i][j]= = 1))
m1= i;
        if((t. ge[d]. endvex= = j)&&(t. s[i][j]= = 1))
m2= i;
        }
if(m1!= m2)
        {        t. c[k]= t. ge[d];        k+ + ;
        for(j= 1;j<= n;j+ + )
        {t. s[m1][j]= t. s[m1][j]||t. s[m2][j];
                                         //求出一条边后,合并两个集合
         t. s[m2][j]= 0;                  //另一个集合置为空
         }}
      d+ + ;
    }  }
void  main(    )
{ int i;
for(  i= 1;i<= e;i+ + )              //按从小到大的顺序输入网中的边的起点、终点及权值
  { scanf("% d",&t. ge[i]. fromvex);
    scanf("% d",&t. ge[i]. endvex);
    scanf("% d",&t. ge[i]. weight);
    }
    kruska(  );
    for(  i= 1;i<n;i+ + )              //输出最小生成树的边的起点、终点及权值
```

```
{    printf("% d  ",t.c[i].fromvex);
     printf("% d  ",t.c[i].endvex);
     printf("% d\n  ",t.c[i].weight);
}}
```

利用上述算法实现时，要求输入的网中的边上权值必须为从小到大排列。例如，对图7-23（a）的无向网，输入的值顺序如图7-23（b）所示，通过算法调用得到的最小生成树的树边如图7-24所示。

边的数目	1	2	3	4	5	6	7	8	9	10
边的起点	1	2	2	3	2	4	1	4	1	5
边的终点	5	3	4	4	6	6	2	5	6	6
边上权值	4	5	8	10	12	15	18	20	23	25

(a)   (b)

图 7-23 无向网及用克鲁斯卡尔算法求最小生成树的输入边的顺序

(a) 无向网；(b) 用克鲁斯卡尔算法求最小生成树的输入边的顺序

	12345				
开始顶点	12221				
终止顶点	53462				
边上权值	4581218				

图 7-24 用克鲁斯卡尔算法求出的图

7.5 最短路径

交通网络中常常会有这样的问题：从甲地到乙地之间是否有公路连通？在有多条通路的情况下，哪一条路最短？交通网络可用带权图来表示。顶点表示城市名称，边表示两个城市有路连通，边上权值可表示两城市之间的距离、交通费或途中所花费的时间等。求两个顶点之间的最短路径，不是指路径上边数之和最少，而是指路径上各边的权值之和最小。

另外，若两个顶点之间没有边，则认为两个顶点无直接通路，但有可能有间接通路（从其他顶点达到）。路径上的开始顶点（出发点）称为源点，路径上的最后一个顶点称为终点，并假定讨论的权值不能为负数。

7.5.1 单源点最短路径

1. 单源点最短路径

单源点最短路径是指：给定一个出发点（单源点）和一个有向网 G＝（V，E），求源点到其他各顶点之间的最短路径。

例如，对图 7-25 所示的有向网 G，设顶点 1 为源点，则源点到其余各顶点的最短路径如图 7-26 所示。

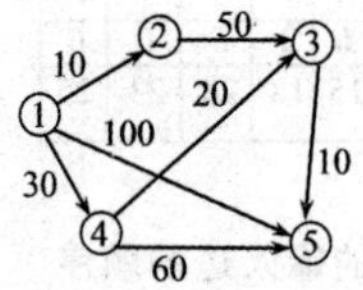

图 7-25　有向网 G

源点	中间顶点	终点	路径长度
1		2	10
1		4	30
1	4	3	50
1	4 3	5	60

图 7-26　源点 1 到其余顶点的最短路径

从图 7-25 可以看出，从顶点 1 到顶点 5 有四条路径：①1→5，②1→4→5，③1→4→3→5，④1→2→3→5，路径长度分别为 100，90，60，70，因此，从源点 1 到顶点 5 的最短路径为 60。

那么怎样求出单源点的最短路径呢？可以将源点到终点的所有路径都列出来，然后在里面选最短的一条即可。但是，用手工方式可以这样做，但当路径特别多时，就显得特别麻烦，并且没有什么规律，不能用计算机算法实现。

迪杰斯特拉（Dijkstra）在做了大量观察后，首先提出了按路长度递增的顺序生成各顶点的最短路径算法，称之为迪杰斯特拉算法。

2. 迪杰斯特拉算法的基本思路

迪杰斯特拉算法的基本思路是：设置并逐步扩充一个集合 S，存放已求出其最短路径的顶点，则尚未确定最短路径的顶点集合是 V−S，其中 V 为网中所有顶点集合。按最短路径长度递增的顺序逐个以 V−S 中的顶点加到 S 中，直到 S 中包含全部顶点，而 V−S 为空。

其具体做法是：设源点为 V_1，则 S 中只包含顶点 V_1，令 W＝V−S，则 W 中包含除 V_1 外图中所有顶点，V_1 对应的距离值为 0，W 中顶点对应的距离值是这样规定的：若图中有弧<V_1，V_j>，则 V_j 顶点的距离为此弧权值，否则为∞（一个很大的数），然后每次从 W 中的顶点中选一个其距离值为最小的顶点 V_m 加入到 S 中。每往 S 中加入一个顶点 V_m，就要对 W 中的各个顶点的距离值进行一次修改。若加进 V_m 做中间顶点，使<V_1，V_m>+<V_m，V_j>的值小于<V_1，V_j>值，则用<V_1，V_m>+<V_m，V_j>代替原来 V_j 的距离，修改后再在 W 中选距离值最小的顶点加入到 S 中，如此进行下去，直到 S 中包含图中所有顶点为止。

3. 迪杰斯特拉算法实现

下面以邻接矩阵存储来讨论迪杰斯特拉算法。以图 7-27（a）为例说明，为了找到源点 V_1 到其他顶点的最短路径，引入一个辅助数组 dist，它的每一个分量 dist［i］表示当前找到的从源点 V_1 到终点 V_i 的最短路径长度。它的初始状态是：若从源点 V_1 到顶点 V_i 有边，则 dist [i] 为该边上的权值，若没有边，则 dist [i] $=\infty$（表示机器中最大正整数）。

其算法描述如下：

```
# include <stdio. h>
# define n 5
# define max 32767                      //max 代表
struct Graph
{   int arcs[n+ 1][n+ 1];               //图的领接矩阵
    int dist[n+ 1];                     //存放从源点到各顶点的最短路径
    int path[n+ 1];                     //存放在最短路径上的顶点的前一顶点号
    int s[n+ 1];                        //已求得的在最短路径上的顶点的顶点号
};
struct Graph t;
void shortest_path(int V1)              //V1 为源点
{   int i,j,u,w,min,pre;
for(i= 1;i<= n;i+ + )
{t. dist[i]= t. arcs[V1][i];
  t. s[i]= 0;
  if((i! = V1)&&(t. dist[i]<max)) t. path[i]= V1;
  else t. path[i]= 0;}
}
t. s[V1]= 1;dist[V1]= 0;
for(i= 1;i<n;i+ + )
{   min= max;u= V1;
    for(j= 1;j<= n;j+ + )                //求最短路径
    if(! t. s[j]&&t. dist[j]<min){u= j,min= t. dist[j];}
    t. s[u]= 1;                         //将距离值最小的顶点并入集合 S 中
    for(w= 1;w<= n;w+ + )                //修改路径长度
    if(! t. s[w]&&t. arcs[u][w]<max &&t. dist[u]+ t. arcs[u][w]<t. dist[w])
    {t. dist[w]= t. dist[u]+ t. arcs[u][w];t. path[w]= [u];}
    }
}
for(i= 1;i<= n;i+ + )                    //输出路径长度及路径
{if(i! = V1)
    {printf("% d:",t. dist[i]);
    printf("% d",i);                    //输出终点
    pre= t. path[i];
    while(pre! = 0)
```

```
    { printf("←% d",pre);
      pre= t.path[pre];}
    printf("\n");
    }
  }
}
void main(  )
{  int i,j,k,w;
    for(j= 1;j<= n;i+ + )
     for(j= 1;j<= n;j+ + )
       if(i= = j)  t.arcs[i][j]= 0;
       else  t.arcs[i][j]= max;
     for(k= 1;k<= e;k+ + )
      {scanf("% d% d% d",&i,&j,&w);  //输入一条边
       t.arcs[i][j]= w;}            //建立邻接矩阵
     shortest_path(1);}             //顶点 1 位单源点
```

利用该算法求得的最短路径如图 7-27 所示。

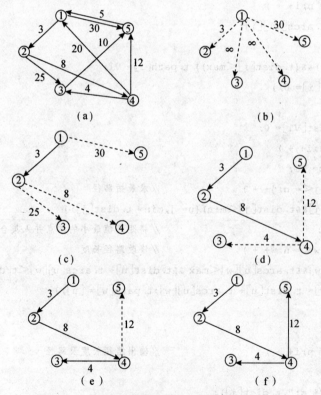

图 7-27　迪杰斯特拉算法求最短路径的过程及结果

（a）一个有向网点；（b）源点 1 到其他顶点的初始距离；（c）第一次求得的结果；

（d）第二次求得的结果；（e）第三次求得的结果；（f）第四次求得的结果

由图 7-27 可知，1 到 2 的最短距离为 3，路径为：1→2；1 到 3 的最短距离为 15，路径为：1→2→4→3；1 到 4 的最短距离为 11，路径为：1→2→4；1 到 5 的最短距离为 23，路径为：1→2→4→5。

7.5.2 所有顶点对之间的最短路径

1. 顶点对之间的最短路径的概念

所有顶点对之间的最短路径是指：对于给定的有向网 $G = (V, E)$，要对 G 中任意一对顶点有序对 V，W（V≠W），找出 V 到 W 的最短距离和 W 到 V 的最短距离。

解决该问题的一个有效方法是：轮流以每一个顶点为源点，重复执行迪杰斯特拉算法 n 次，即可求得每一对顶点之间的最短路径，总的时间复杂度为 $O(n^3)$。

下面将介绍用弗洛伊德（Floyd）算法来实现此功能，时间复杂度仍为 $O(n^3)$，但该方法比调用 n 次迪杰斯特拉方法更直观一些。

2. 弗洛伊德算法的基本思路

弗洛伊德算法仍然使用前面定义的图的邻接矩阵 arcs[n+1][n+1] 来存储带权有向图。算法的基本思法是：设置一个 $n×n$ 的矩阵 $A^{(k)}$，其中除对角线的元素都等于 0 外，其他元素 $A^{(k)}[i][j]$ 表示顶点 i 到顶点 j 的路径长度，k 表示运算步骤。开始时，以任意两个顶点之间的有向边的权值作为路径长度，没有有向边时，路径长度为 ∞，当 $k=0$ 时，$A^{(0)}[i][j] = arcs[i][j]$，之后逐步尝试在原路径中加入其他顶点作为中间顶点，如果增加中间顶点后，得到的路径比原来的路径长度减少了，则以此新路径代替原路径，修改矩阵元素。具体为：第一步，让所有边上加入中间顶点 1，取 A[i][j] 与 A[i][1]+A[1][j] 中较小的值作 A[i][j] 的值，完成后得到 $A^{(1)}$；第二步，让所有边上加入中间顶点 2，取 A[i][j] 与 A[i][2]+A[2][j] 中较小的值，完成后得到 $A^{(2)}$……。如此进行下去，当第 n 步完成后，得到 $A^{(n)}$。$A^{(n)}$ 即为所求结果，$A^{(n)}[i][j]$ 表示顶点 i 到顶点 j 的最短距离。

因此，弗洛伊德算法描述如下：

```
A⁽⁰⁾[i][j]= arcs[i][j];                 // arcs 为图的邻接矩阵
A⁽ᵏ⁾[i][j]= min{A⁽ᵏ⁻¹⁾ [i][j],A⁽ᵏ⁻¹⁾ [i][k]+ A⁽ᵏ⁻¹⁾ [k][j]}
```

其中 $k=1, 2, \cdots\cdots, n$。

3. 弗洛伊德的算法实现

在用弗洛伊德算法求最短路径时，为方便求出中间经过的路径，增设一个辅助二维数组 path[n+1][n+1]，其中 path[i][j] 是相应路径上顶点 j 的前一顶点的顶点号。

算法描述如下（以图 7-28 作参考）：

```
# include <stdio.h>
# define n 4
```

```
# define e 8
define max 32767                              //max 代表+ ∞
struct Graph
{   int arcs1[n+ 1];                          //图的邻接矩阵
int a[n+ 1][n+ 1];
int path[n+ 1][n+ 1];
};
struct Graph t;
void floyd(int n1)
{int i,j,k,next;
for(i= 1;i<= n;i+ + )
for(j= 1;j<= n;j+ + )
{t.a[i][j]- t.arcs[i]i];
if((i! = j)&&(t.a[i]i]- max))
t.path[i][j]- i;
else t.path[i]j]= 0;
}
for(k= 1;k<= n;k+ + )
for(i= 1;i<= n;i+ + )
if(t.a[i][k]+ t.a[k]i],st.a[i][j])
{t.a[i][j]= t.a[i][k]+ t.a[k][j];
t.path[i][j]= t.path[k][j];
}
for(i= 1;i<= n;i+ + )                          //输出路径长度及路径
for(j= 1;j<= n;j+ + )
{
  if(i! = j)
  {printf("% d:",t.a[i][j]);
  next= t.path[i];
  printf("% d"j);
  while(next! = i)
  {
  printf("←% d",next);
  next= t.path[i][j];
  }
  printf("←% d\n",i);
  }
}}
void main()
```

```
{int i,j,k,w;
  for(i= 1;i<= n;i+ + )
     for(j= 1;j<= n;j+ + )
        if(i= j)t.arcs[i][i]= 0;
        else t.arcs[i][j]= max;
  for()k= 1;k<= e;k+ + )
        {scanf("d% d% d% d",&i,&j,&w);   //输入一条边
         t.arcs[i]j]= w;                 //建立邻接矩阵
        }
        floyd(n);
  }
```

对图 7-28 用弗洛伊德算法进行计算，所得结果如图 7-29 所示。

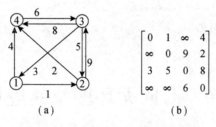

(a)   (b)

图 7-28 有向带权图及其邻接矩阵

(a) 有向带权图 G；(b) G 的邻接矩阵

	A(0)				A(1)				A(2)				A(3)				A(4)			
	1	2	3	4	1	2	3	4	1	2	3	4	1	2	3	4	1	2	3	4
1	0	1	∞	4	0	1	4	∞	0	1	10	3	0	1	10	3	0	1	9	3
2	∞	0	9	∞	∞	0	9	2	∞	0	9	2	12	0	9	2	11	0	8	2
3	3	5	0	8	3	4	0	7	3	4	0	6	3	4	0	6	3	4	0	6
4	∞	∞	6	0	∞	∞	6	0	∞	∞	6	0	9	10	6	0	9	10	6	0

	PATH(0)				PATH(1)				PATH(2)				PATH(3)				PATH(4)			
	1	2	3	4	1	2	3	4	1	2	3	4	1	2	3	4	1	2	3	4
1	0	1	0	1	0	1	0	1	0	1	2	2	0	1	2	2	0	1	4	2
2	0	0	2	2	0	0	2	2	0	0	2	2	3	0	2	2	3	0	4	2
3	3	3	0	3	3	1	0	1	3	1	0	2	3	1	0	2	3	1	0	2
4	0	0	4	0	0	0	4	0	0	0	4	0	3	1	4	0	3	1	4	0

图 7-29 弗洛伊德算法求解结果

从图 7-29 可知，$A^{(4)}$ 为所求结果，于是有如下的最短路径：

1 到 2 的最短路径距离为 1，路径为 2←1。

1 到 3 的最短路径距离为 9，路径为 3←4←2←1。

1 到 4 的最短路径距离为 3，路径为 4←2←1。

2 到 1 的最短路径距离为 11，路径为 1←3←4←2。

2 到 3 的最短路径距离为 8，路径为 3←4←2。

2 到 4 的最短路径距离为 2，路径为 4←2。

3 到 1 的最短路径距离为 3，路径为 1←3。

3 到 2 的最短路径距离为 4，路径为 2←1←3。

3 到 4 的最短路径距离为 6，路径为 4←2←1←3。

4 到 1 的最短路径距离为 9，路径为 1←3←4。

4 到 2 的最短路径距离为 10，路径为 2←1←3←4。

4 到 3 的最短路径距离为 6，路径为 3←4。

7.6　有向无环图及其应用

一个无环的有向图称为有向无环图（directed acycline graph），简称为 DAG 图。DAG 图是一类较有向树更一般的特殊有向图，图 7-30（a）、图 7-30（b）和图 7-30（c）分别列出了有向树、DAG 图和有向图。

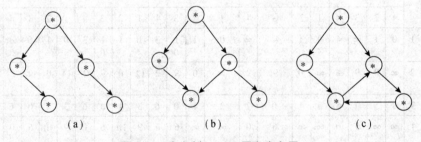

图 7-30　有向树、DAG 图和有向图

(a) 有向图；(b) DAG 图；(c) 有向图

有向无环图是描述含有公共子式的表达式的有效工具。例如，对于下面的表达式：（（a+b）* （b*（c+d））+ （c+d）* e）*（（c+d）* e），可以利用二叉树来表示，如图 7-31 所示。但是，通过仔细观察该表达式，可以发现有一些相同的子表达式，如（c+d）和（c+d）* e 等，在二叉树中，它们也重复出现。若利用 DAG 图，则可以实现对相同子式的共享，从而节省存储空间，如图 7-32 所示。

检查一个有向图是否存在环要比无向图复杂。对于无向图而言，若深度优先遍历过程中遇到回边，则一定存在环；而对于有向图而言，这条回边有可能是指向深度优先生成森林中另一棵生成树上顶点的弧。因此，要检查有向图是否有回边，可以用下面介绍的拓扑排序来实现。另外，DAG 图还可以应用于下面将要介绍的关键路径。

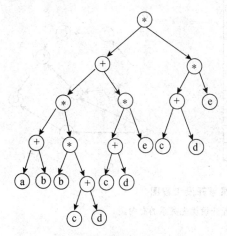

图 7-31　用二叉树描述表达式

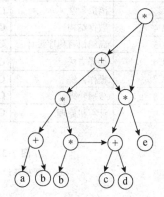

图 7-32　描述表达式的 DAG 图

7.6.1　拓扑排序

1. 基本概念

通常把计划、施工过程、生产流程、程序流程等都当成一项工程，一项大的工程常常被划分成若干较小的子工程，这些子工程称为活动。当这些活动完成时，整个工程也就完成了。例如，可将计算机专业学生的课程开设看成是一项工程，每一门课程就是工程中的活动，图 7-33 给出了若干门开设的课程，其中有些课程的开设有先后关系，有些则没有先后关系，有先后关系的课程必须先先后关系开设，如开设数据结构课程之前必须先学完程序设计基础及离散数学，而开设离散数学课程则必须先学完高等数学。

在图 7-33（b）中，用一种有向图来表示课程开设。在这种有向图中，顶点表示活动，有向边表示活动的优先关系，这种有向图叫做顶点表示活动的网络（active on vertices），简称为 AOV 网。

在 AOV 网中，$<i, j>$ 有向边表示 i 活动应先于 j 活动开始，即 i 活动必须完成后，j 活动才可以开始，并称 i 为 j 的直接前驱，j 为 i 的直接后继。这种前驱与后继的关系有传递性。此外，任何活动 i 不能以它自己作为自己的前驱或后继，这叫做反自反性。从前驱和后继的传递性和反自反性来看，AOV 网中不能出现有向回路（或称有向环）。在 AOV 网中如果出现了有向环，则意味着某项活动应以自己作为先决条件。这是不对的，工程将无法进行，对程序流程而言，将出现死循环。因此，对给定的 AOV 网，应先判断它是否存在有向环。判断 AOV 网是否有有向环的方法是对该 AOV 网进行拓扑排序，将 AOV 网中顶点排列成一个线性有序序列，若该线性序列中包含 AOV 网全部顶点，则 AOV 网无环；否则，AOV 网中存在有向环，该 AOV 网所代表的工程是不可行的。

课程代码	课程名称	先修课程
C1	高等数学	
C2	程序设计基础	
C3	离散数学	C1,C2
C4	数据结构	C2,C3
C5	高级语言程序设计	C2
C6	编译方法	C5,C4
C7	操作系统	C4,C9
C8	普通物理	C1
C9	计算机原理	C8

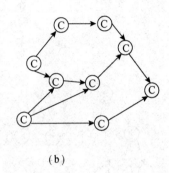

(a)   (b)

图 7-33　学生课程开设工程图

(a) 课程开设；(b) 课程开设优先关系的有向图

2. 拓扑排序

下面介绍怎样实现拓扑排序，实现步骤如下：

(1) 在 AOV 网中选一个入度为 0 的顶点且输出之。

(2) 从 AOV 网中删除此顶点及该顶点发出的所有有向边。

(3) 重复 (1)、(2) 步骤，直到 AOV 网中所有顶点都被输出或网中不存在入度为 0 的顶点。

由拓扑排序的步骤可知，若在第 (3) 步中，网中所有顶点都被输出，则表明网中无有向环，拓扑排序成功。若仅输出部分顶点，网中已不存在入度为 0 的顶点，则表明网中有有向环，拓扑排序不成功。对图 7-34 所示的 AOV 网，可以得到的拓扑序列有：1，2，3，4，5 或 2，1，3，4，5。所以，一个 AOV 网的拓扑序列是不唯一的。

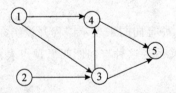

图 7-34　一个 AOV 网示意图

3. 拓扑排序的数据类型描述

假设以邻接表作 AOV 网的存储结构，表头中的 data 域存放每个顶点的入度值，为节省存储单元，就利用入度域作为栈空间来实现栈的基本操作，数据类型描述如下：

```
# define  n  maxn                    //maxn 表示图中顶点数
struct  link                         //定义链表中的结点
{
    elemtype  data;
```

```
    struct    link  * next;
};
struct    link  a[n+ 1];                    //定义表头结点
```

4. 拓扑排序的算法实现

该算法采用图 7-34 所示的 AOV 网为例作讲解。

```
# include  <stdio. h>
typedef  int elemtype;
# define  n  5                              //n 表示图中顶点数
# define  e  6                              //e 表示图中弧的数目
struct  link
{
    elemtype  data;
     struct  link  * next;
};
  struct  link  a[n+ 1];
void  creatlink3(  )                        //建立带入度的邻接表
{
  int i,j,k;
   struct  link    * s  ;
for(i= 1;i<= n;i+ + )                       //建立邻接表头结点
{
    a[i]. data= 0;                          //入度值为 0
    a[i]. next= NULL;
  }
for(k= 1;  k<= e;k+ + )
{
  printf("请输入一条弧:");
  scanf("% d% d",&i,&j) ;                   //输入一条弧<i,j>
  s= (struct  link* )malloc(sizeof(struct  link));
                                            //申请一个动态存储单元
  s- >data= j ;
  s- >next= a[i]. next ;
  a[i]. next= s  ;
  a[j]. data+ + ;                           //入度加 1
  }
}
void   topsort  (  )                        //拓扑排序
{ int i,k,top= 0,m= 0;
  struct  link  * p;
```

```
for  (  i= 1;i<= n;i+ + )              //入度为 0 的顶点进栈
   if  (a[i].data= = 0)  {a[i].data= top;  top= i;}
while  (top>0)
{i= top;  top= a[top].data,               //出栈
   printf("% d ", i);                     //输出入度为 0 的顶点
   m+ + ;                                  //输出结点个数增 1
   p= a[i].next;
   while  (p! = NULL)
   {  k= p- >data;
      a[k].data- -  ;                      //删除一条边,顶点入度值减 1
      if(a[k].data= = 0)  {  a[k].data= top;  top= k;}
                                           //入度为 0 进栈
      p= p- >next;
   }
}
   if  (m<n)  printf("网络中出现环路\n");
}
   void  main(    )
{
   creatlink3( ) ;
   topsort( );
}
```

用该算法对图 7-34 进行跟踪，它的邻接表如图 7-35 所示，则得到的拓扑序列是唯一的，得到的结果为：2，1，3，4，5。

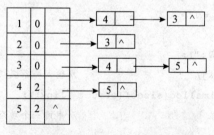

图 7-35　图 7-34 中 AOV 网的邻接表

7.6.2　关键路径

1. 基本概念

与 AOV 网相对应的是 AOE 网（active on edge）。AOE 网是一种带权的 DAG 图。在 AOE 网中，用顶点表示事件（event），有向边表示活动的优先关系，边上的权值表示活动的持续时间。一般情况下，AOE 网可以用来估算工程的完成时间。

例如，如图 7-36 所示是一个 AOE 网，在该网中，有 9 个事件 v_1，v_2，v_3，v_4，v_5，v_6，v_7，v_8，v_9，有 11 项活动 a_1，a_2，a_3，a_4，a_5，a_6，a_7，a_8，a_9，a_{10}，a_{11}，边上的权值表示活动的持续时间。

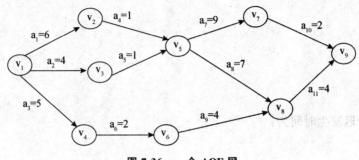

图 7-36　一个 AOE 网

由于整个工程只有一个开始点和一个完成点，因此在无环的情况下，AOE 网中只有一个入度为 0 的顶点（称为源点）和一个出度为 0 的顶点（称为汇点）。

由于 AOE 网中有些活动可以并行地进行，所以完成工程的最短时间是从开始点到完成点的最长路径的长度（权值之和最大）。路径长度最长的路径叫关键路径。

假设开始点是 v_1，从 v_1 到 v_i 的最长路径叫做事件 v_i 的最早发生时间。这个时间决定了所有以 v_i 为尾的弧所表示的活动的最早开始时间。用 e(i) 表示活动 a_i 的最早开始时间，用 l(i) 表示活动的最迟开始时间，两者之差 l(i) － e(i) 意味着完成活动 a_i 的时间余量。把 l(i) ＝ e(i) 的活动叫做关键活动。显然，关键路径上的所有活动都是关键活动，因此提前完成非关键活动并不能加快工程的进度。要求出活动的最早发生时间 e(i)、最迟发生时间 l(i)，必须先求出事件的最早发生时间 v_e(j) 和最迟发生时间 v_l(j)。事件的最早发生时间 v_e(j) 和最迟发生时间 v_l(j) 可以按下面的公式求出。

（1）求出 v_e(j)。

$$\begin{cases} v_e(0) = 0 \\ v_e(j) = \max\{ \ v_e(i) + dut(<i,j>) \} \end{cases}$$

其中 dut($<i$, $j>$) 表示顶点 i 到顶点 j 的权值，$j = 1, 2, 3, \cdots\cdots, n$。

（2）求出 v_l(j)。

$$\begin{cases} v_l(n) = ve(n) \\ v_l(i) = \min\{v_l(j) - dut(<i,j>)\} \end{cases}$$

其中 $i = n-1$，$n-2$，$\cdots\cdots$，1。

活动的最早开始时间 e(i) ＝ v_e(j)，其中活动 i 对应的边为顶点 j 到顶点 k。

活动的最迟开始时间 l(i) ＝ v_l(k) － dut($<j$, k>$)。例如对图 7-36 所示的 AOE 网，可以求得如下的结果。

事件的最早发生时间为：

$v_e(1) = 0$

$v_e(2) = 6$

$v_e(3) = 4$

$v_e(4) = 5$

$v_e(5) = 7$

$v_e(6) = 7$

$v_e(7) = 16$

$v_e(8) = 14$

$v_e(9) = 18$

事件的最迟发生时间为：

$v_l(9) = 18$

$v_l(8) = 14$

$v_l(7) = 16$

$v_l(6) = 10$

$v_l(5) = 7$

$v_l(4) = 8$

$v_l(3) = 6$

$v_l(2) = 6$

$v_l(1) = 0$

活动的最早、最迟开始时间如图 7-37 所示。

活动	活动的最早开始时间e(i)	活动的最迟开始时间l(i)
a_1	0	0
a_2	0	2
a_3	0	3
a_4	6	6
a_5	4	6
a_6	5	8
a_7	7	7
a_8	7	7
a_9	7	10
a_{10}	16	16
a_{11}	14	14

图 7-37 图 7-36 中的 AOE 网的活动的最早、最迟开始时间

从图 7-37 可以看出，$e(i) = l(i)$ 的活动为关键活动，具体有 a_1，a_4，a_7，a_8，a_{10}，a_{11} 等活动，只有加快关键活动，才能使整个工程提前完成。于是得到的关键路径如图 7-38 所示。

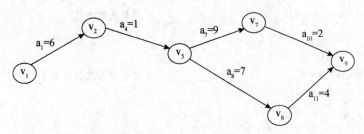

图 7-38 求得的 AOE 网的关键路径

2. 算法实现

本算法以图 7-36 为示例进行说明，AOE 网用邻接表存储，表头结点的 data 域存放顶点的入度。邻接表如图 7-39 所示。

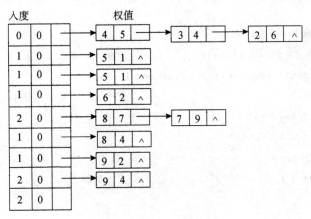

图 7-39 AOE 网的邻接表

```
# include <stdio. h>                          //n表示图 7-36 中顶点数
# include <stdio. h>
typedef int elemtype;
# define n 9                                   //n 表示图 7-36 中顶点数
# define e 11                                  //e 表示图 7-36 中弧的数目
struct link
{   elemtpye data;                            //顶点序号
    int w;                                     //权值
    struct link * next;
};
  struct node
  {
  int ve[n+1],vl[n+1];                         //顶点的最早开始时间、最迟开始时间
  int s1[100],s2[100];                         //两个栈
  int top1,top2;                               //两个栈的栈顶指针
```

```
    struct link a[n+ 1];                         //邻接表的表头
};
  struct node g;
  void creatlink4(    )                          //建立带入度的邻接表
  {
  int ij, k, w;
  struct link* s;
  for(i= 1; i<= n; i+ + )                        //建立邻接表头结点
  g. a[i]. data= 0;                              //入度值为 0
  g. a[i]. next= NULL;
  g. a[i]. w= 0;
  for(k= 1; k<= e; k+ + )
  {
  printf("请输入一条弧:");
  scanf("% d% d% d", &i, &j, &w);                //输入一条弧<i. j>及权值 w
  s= (struct link* )malloc)sizeof(struct link));
                                                 //申请一个动态存储单元
  s- >data= j; s- >w= w;
  s- >next= g. a[i]. next;
  g. a[i]. next= s;
  g. a[j]. data+ + ;                             //入度加 1
     }
}
  void topsort(    )                             //求顶点的最早开始时间
  {int x, i, j, k, m= 0; struct link* p;
  g. top1= 0, g. top2= 0;
  for(x= 1; x<= n; x+ + ) g. ve[x]= 0;
  for(i= 1; i<= n; i+ + )                        //入度为 0 的顶点进栈
  if(g. a[i]. data= = 0) {g. top1+ + ; g. s1[g. top1]- i}
  while(g. top1>0)
  {j= g. s1[g. top1- - ];
  g. s2[+ + g. top2]= j; m+ + ;
  p= g. a[j]. next;
  while(p! = NULL)
  {k= p- >data;
  g. a[k]. data- - ;
  if(g. a[k]. data= = 0) g. s1[+ + g. top1]- k;
  if(g. ve[i]+ p- >w- g. ve[k]) g. ve[k]= g. ve[i]+ p- >w;
  p= p- >next;
```

```
        }
      }
    }
    void critical_path(   )                    //求关键路径
    {int j,k,kk,ee,el,y;struct link* p;
    for(y= 1;y<= n;y+ + ) g.vl[y]= g.ve[n];
    while(g.top2>0)
    {j= g.s2[g.top2- - ];p= g.a[j].next;
      while(p! = NULL)
      {k= p->data;kk= p->w;
    if(g,vl[k]- kk<g.[vl[i]) g.[vlj]= g.vl[k]- kk;//求顶点的最迟开始时间
    p= p->next;
      }
    }
  printf("关键路径为:");
  for(j= 1;j<= n;j+ + )
  {  p= g.a[j].next;
    while(p! = NULL)
    {k= p->data;kk= p->w;ee= g.ve[i];el= g.vl[k]- kk;
                                    //求事件的最早开始时间、最迟开始时间
        if(ee= = el)
          printf("顶点% d到顶点% d",j,k);        //关键路径
        p= p->next;
      }
  }
  printf("\n");
  }
  void main(   )
  {
      creatlink4();
      topsort();
      critical_path();
  }
```

本章小结

1. 图是一种网状型的数据结构，属于多对多的非线性结构，图中每个结点可以有

多个直接前驱和多个直接后继。

2. 图的存储包括存储图中顶点信息和边的信息两个方面。这两个方面可以分开来单独存储，也可以用结构体形式一起存储。

3. 图的存储结构有邻接矩阵、邻接表、邻接多重表等，一般情形下采用前面两种。

4. 对于一个具有 n 个顶点 e 条边的图，它的邻接矩阵是一个 $n \times n$ 阶的方阵，其若为无向图，则一定为对称矩阵，若为有向图，则不一定是对称矩阵。图的邻接矩阵中元素只能是 0 和 1，而网的邻接矩阵中元素为对应边上的权值、0 及 ∞（代表两个顶点之间无边）。

5. 对于一个具有 n 个顶点 e 条边的图，它的邻接表由 n 个单链表组成，无向图的邻接表占用的存储单元数目为 $n+2e$，有向图的邻接表占用的存储单元数目为 $n+e$。

6. 图的遍历包含深度优先搜索遍历和广度优先接索遍历。对于用邻接矩阵作存储结构的图，从某个给定顶点出发的图的遍历得到的访问顶点次序是唯一的，而对于用邻接表作存储结构的图，从某个给定顶点出发的图的遍历得到的访问顶点次序随建立的邻接表的不同而可能不同。

7. 一个连通图的生成树含有该图的全部 n 个顶点和其中的 n-1 条边（不构成回路），其中权值之和最小的生成树称为最小生成树。求最小生成树有两种不同的方法：一种是普里姆算法，另一种是克鲁斯卡尔算法。采用的方法不同，得到的最小生成树中边的次序也可能不同，但最小生成树的权值之和相同。

8. AOV 网是一个有向无环图，若把图中所有顶点排成一个线性序列，使得每个顶点的前驱都被排在它的前面，或者每个顶点的后继都被排在它的后面，则称此序列为图的一种拓扑序列。求 AOV 网的拓扑序列过程，称为拓扑排序。

9. 最短路径有两种：其一是单源点的最短路径，用迪杰斯特拉算法来实现，时间复杂度为 $O(n^2)$；其二是所有顶点对的最短路径，用弗洛伊德算法来实现，时间复杂度为 $O(n^3)$。

习题 7

一、选择题

1. 设有无向图 G＝（V，E）和 G'＝（V'，E'），如 G' 为 G 的生成树，则下面不正确的说法是（　　）。

　A. G' 为 G 的子图　　　　　　　　　　B. G' 为 G 的连通分量

　C. G' 为 G 的极小连通子图，KV'＝V　　D. G' 是 G 的无环子图

2. 以下说法正确的是（　　）。

　A. 连通分量是无向图中的极小连通子图

B. 强连通分量是有向图中的极大强连通子图

C. 在一个有向图的拓扑序列中，若顶点 a 在顶点 b 之前，则图中必有一条弧<a，b>

D. 对有向图 G，如果从任意顶点出发进行一次深度优先或广度优先搜索能访问到每个顶点，则该图一定是完全图

3. 设无向图的顶点个数为 n，则该图最多有（　　）条边。

A. $n-1$ 　　　　　　　　　　　B. $\dfrac{n(n-1)}{2}$

C. $\dfrac{n(n+1)}{2}$ 　　　　　　　　D. 0

E. n^2

4. 要连通具有 n 个顶点的有向图，至少需要（　　）条边。

A. $n-1$ 　　　　　B. n 　　　　　C. $n+1$ 　　　　　D. $2n$

5. 在一个图中，所有顶点的度数之和等于所有边数的（　　）倍。

A. $\dfrac{1}{2}$ 　　　　　　B. 1 　　　　　　C. 2 　　　　　　D. 4

6. 具有 4 个顶点的无向完全图有（　　）条边。

A. 6 　　　　　　B. 12 　　　　　　C. 16 　　　　　　D. 20

7. 任何一个带权的无向连通图的最小生成树（　　）。

A. 只有一棵 　　　　　　　　　　B. 有一棵或多棵

C. 一定有多棵 　　　　　　　　　D. 可能不存在

8. 图中有关路径的定义是（　　）。

A. 由顶点和相邻顶点偶对构成的边所形成的序列

B. 由不同顶点所形成的序列

C. 由不同边所形成的序列

D. 上述定义都不是

9. （　　）的邻接矩阵是对称矩阵。

A. 有向图 　　　　　B. 无向图 　　　　　C. AOV 网 　　　　　D. AOE 网

10. 对于一个具有 n 个顶点的无向图，若采用邻接矩阵表示，则该矩阵的大小是（　　）。

A. n 　　　　　　　　　　　　B. $(n-1)^2$

C. $n-1$ 　　　　　　　　　　　D. n^2

11. 对于一个具有 n 个顶点和 e 条边的无向图，若采用邻接表表示，则表头向量的大小为（　①　）；所有邻接表中的结点总数是（　②　）。

①A. n 　　　　　B. $n+1$ 　　　　　C. $n-1$ 　　　　　D. $n+e$

②A. $\dfrac{e}{2}$ 　　　　　B. e 　　　　　C. $2e$ 　　　　　D. $n+e$

12. 下列说法不正确的是（　　）。

A. 图的遍历是从给定的源点出发每一个顶点仅被访问一次

B. 遍历的基本算法有两种：深度遍历和广度遍历

C. 图的深度遍历不适用于有向图

D. 图的深度遍历是一个递归过程

13. 已知一个图如图 7-40 所示，若从顶点 a 出发按深度搜索法进行遍历，则可能得到的一种顶点序列为（ ① ）；按广度搜索法进行遍历，则可能得到的一种顶点序列为（ ② ）。

①A. a，b，e，c，d，f   B. a，c，f，e，b，d

C. a，e，b，c，f，d   D. a，e，d，f，c，b

②A. a，b，c，e，d，f   B. a，b，c，e，f，d

C. a，e，b，c，f，d   D. a，c，f，d，e，b

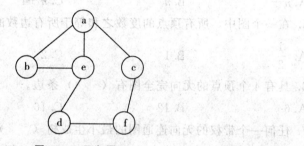

图 7-40 无向图

14. 已知一有向图的邻接表存储结构如图 7-41 所示。

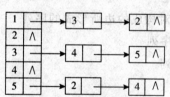

图 7-41 图的邻接链表存储

（1）根据有向图的深度优先遍历算法，从顶点 v1 出发，所得到的顶点序列是（   ）。

A. v1，v2，v3，v5，v4   B. v1，v2，v3，v4，v5

C. v1，v3，v4，v5，v2   D. v1，v4，v3，v5，v2

（2）根据有向图的广度优先遍历算法，从顶点 v1 出发，所得到的顶点序列是（   ）。

A. v1，v2，v3，v4，v5   B. v1，v3，v2，v4，v5

C. v1，v2，v3，v5，v4   D. v1，v4，v3，v5，v2

15. 采用邻接表存储的图的广度优先遍历算法类似于二叉树的（   ）。

A. 先序遍历   B. 中序遍历   C. 后序遍历   D. 按层遍历

16. 在图采用邻接表存储时，求最小生成树的 Prim 算法的时间复杂度为（   ）。

A. $O(n)$　　　　　　　　　　　　B. $O(n+e)$

C. $O(n^2)$　　　　　　　　　　　D. $O(n^3)$

17. （   ）方法可以判断出一个有向图是否有环（回路）。

A. 深度优先遍历　　　　　　　　　B. 拓扑排序

C. 求最短路径　　　　　　　　　　D. 求关键路径

18. 判定一个有向图是否存在回路除了可以利用拓扑排序方法外，还可以利用（   ）。

A. 求关键路径的方法　　　　　　　B. 求最短路径的 Dijkstra 方法

C. 广度优先遍历算法　　　　　　　D. 深度优先遍历算法

19. 已知有向图 G＝（V，E），其中 V＝{V_1，V_2，V_3，V_4，V_5，V_6；V_7}，
E＝ {<V_1，V_2>，<V_1，V_3>，<V_1，V_4>，<V_2 V_5>，<V_3，V_5>，<V_3，V_6>，<V_4，V_6>，<V_5，V_7>，<V_6，V_7>}，G 的拓扑序列是（   ）。

A. V_1，V_3，V_4，V_6，V_2，V_5，V_7　　　　B. V_1，V_3，V_2，V_6，V_4，V_5，V_7

C. V_1，V_3，V_4，V_5，V_2，V_6，V_7　　　　D. V_1，V_3，V_5，V_2，V_4，V_6，V_7

20. 图 7-42 所示的拓扑排列的结果序列为（   ）。

A. 125634　　　　　B. 516234　　　　　C. 123456　　　　　D. 521634

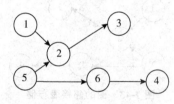

图 7-42　AOV 图

21. 在有向图 G 的拓扑序列中，若顶点 v_i 在顶点 v_j 之前，则下列情形不可能出现的是（   ）。

A. G 中有弧<v_i，v_j>　　　　　B. G 中有一条从 v_i 到 v_j 的路径

C. G 中没有弧<v_i，v_j>　　　　D. G 中有一条从 v_j 到 v_i 的路径

22. 关键路径是事件结点网络中（   ）。

A. 从源点到汇点的最长路径　　　　B. 从源点到汇点的最短路径

C. 最长回路　　　　　　　　　　　D. 最短回路

23. 下列关于 AOE 网的叙述中不正确的是（   ）。

A. 关键活动不按期完成就会影响整个工程的完成时间

B. 任何一个关键活动提前完成，那么整个工程将会提前完成

C. 所有的关键活动提前完成，那么整个工程将会提前完成

D. 某些关键活动提前完成，那么整个工程将会提前完成

24. 对于一个有向图，若一个顶点的入度为 k_1，出度为 k_2，则对应逆邻接表中该顶点单链表中的结点数为（   ）。

A. k_1 B. k_2 C. k_1-k_2 D. k_1+k_2

二、填空题

1. n 个顶点的连通图至少有_____条边。

2. 设无向图 G 有 n 个顶点和 e 条边，每个顶点 V_i 的度为 d_i（$1 \leq i \leq n$），则 $e =$_____。

3. 在有 n 个顶点的有向图中，若要使任意两点间可以互相到达，则至少需要_____条弧。

4. 在无权图 G 的邻接矩阵 A 中，若（V_i，V_j）或 $<V_i$，$V_j>$是属于图 G 的边集合，则对应元素 A [i] [j] 等于_____，否则等于_____。

5. 在无向图 G 的邻接矩阵 A 中，若 A [i][j] 等于 1，则 A [j][i] 等于_____。

6. n 个顶点的连通图用邻接矩阵表示时，该矩阵至少有_____个非零元素。

7. 在有向图的邻接矩阵表示中，计算第 i 个顶点入度的方法是_____。

8. 已知图 G 的邻接表如图 7-43 所示，其从顶点 V1 出发的深度优先搜索序列为_____，就其从顶点 v1 出发的广度优先搜索序列为_____。

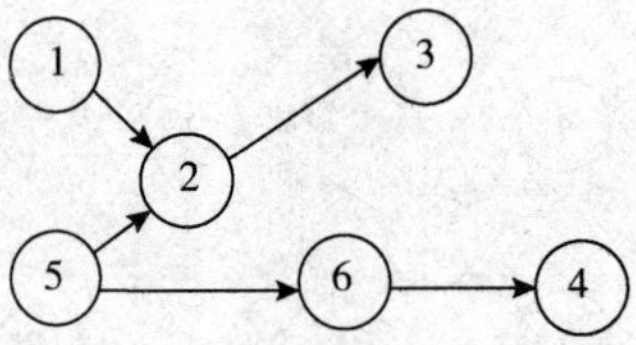

图 7-43 图的邻接表存储

9. 遍历图的过程实质上是_____。BFS 遍历图的时间复杂度为_____，DFS 遍历图的时间复杂度为_____，两者不同之处在于_____，反映在数据结构上的差别是_____。

10. 已知一无向图 G= (V, E)，其中 V= {a, b, c, d, e}，E= { (a, b), (a, d), (a, c), (d, c), (b, e) }，现用某一种图的遍历方法从顶点 a 开始遍历图，得到的序列为 abecd 则采用的是_____遍历方法。

11. 构造连通网最小生成树的两个典型算法是_____。

12. 一个图的_____表示法是唯一的，而_____表示法是不唯一的。

13. 有向图中的结点前驱后继关系的特征是_____。

14. 无向图 G 的顶点度数最小值大于等于_____时，G 至少有一条回路。

15. Dijkstra 最短路径算法从源点到其余各顶点的最短路径的路径长度按_____次序依次生成，该算法弧上的权出现_____情况时，不能正确生成最短路径。

16. 有向图 G= (V, E)，其中 V (G) = {0, 1, 2, 3, 4, 5}，用<a, b, d>三元组表示弧<a, b>及弧上的权 d，E (G) 为 {<0, 5, 100>, <0, 2, 10>, <

1, 2, 5>，<0, 4, 30>，<4, 5, 60>，<3, 5, 10>，<2, 3, 50>，<4, 3, 20>}，则从源点 0 到顶点 3 的最短路径长度是_____，经过的中间顶点是_____。

17. AOV 网中，结点表示_____，边表示_____。AOE 网中，结点表示_____，边表示_____，边上权值表示_____。

18. 在 AOE 网中，从源点到汇点路径上各活动时间总和最长的路径称为_____。

19. 在 AOV 网中，存在环意味着_____，这是_____的；对程序的数据流程来说，它表明存在_____。

三、编程题

1. 假设以邻接矩阵作为图的存储结构，编写算法判别在给定的有向图中是否存在一个简单有向回路，若存在，则以顶点序列的方式输出该回路（找到一条即可）。（注：图中不存在顶点到自己的弧）

2. 设计一个算法将一个无向图的邻接矩阵转换成邻接链表。

3. 已知无向图采用邻接表存储方式，试写出删除边（i，j）的算法。

4. 利用广度优先搜索判别，以邻接链表方式存储的有向图中是否存在由顶点 v_i 到顶点 v_j 的路径（i≠j）。

5. 设计一个算法，删除无向图的邻接矩阵中给定的顶点。

6. 以邻接矩阵作为图的存储结构，设计一个深度优先遍历图的非递归算法。

7. 设计一个算法，采用邻接表存储 AOV 网，用深度优先遍历法进行拓扑排序，检测其中是否存在环。

第8章

查　找

本章导读

　　本章主要介绍数据处理中的各种查找方法，包括顺序查找、二分查找、索引查找、分块查找、二叉排序树查找、AVL 树查找、B 树、B$^+$ 树、键树、散列查找等。

学习目标

　　● 线性表上进行顺序查找的思路及算法，相应的时间复杂度、空间复杂度，查找成功时的平均查找长度

　　● 二分查找的条件、思路及算法，二分查找的判定树及查找成功时的平均查找长度，相应的时间复杂度、空间复杂度

　　● 二叉排序树的建立，查找思路及算法实现，相应的时间复杂度、空间复杂度，查找成功时的平均查找长度

　　● B 树、B$^+$ 树、键树的定义及基本查找思路

　　● 散列查找的基本思路、散列函数的构造，采用线性探查法和链地址（也称拉链法）解决冲突建立散列表及其算法的实现，散列查找在查找成功时的平均查找长度

8.1　查找的基本概念

　　在前面几章中，我们介绍了线性表、栈和队列、串等线性结构及多维数组、广义表、树和图等非线性结构，讨论了它们的逻辑结构、存储结构及运算，并在运算中讨论过一些简单的查找运算。但由于查找运算的使用频率相当高，几乎在任何一个计算机系统中都会涉及到，所以当查找的规模相当大时，查找算法的效率就显得十分重要。本章将着重讨论各种查找方法，并通过对它们的效率分析来比较各种查找方法的优劣。

　　查找也称为检索。在我们的日常生活中，随处可见查找的实例。如查找李四的地址、电话号码；查某单位 35 岁以上职工信息等，都属于查找范畴。为了便于说明，首先介绍一些与查找相关的基本概念。

— 204 —

8.1.1 相关术语

1. 关键字

关键字是数据元素或记录中某个项或组合项的值，用它可以标识一个数据元素或记录。能唯一确定一个数据元素或记录的关键字，称为主关键字，不能唯一确定一个数据元素或记录的关键字，称为次关键字。

2. 查找表

查找表是由具有同一类型属性的数据元素组成的集合，分为静态查找表和动态查找表两类。

静态查找表：具有相同特性的数据元素集合的逻辑结构，仅能对查找表进行查找操作，而不能改变表的结构，包括下列三种基本运算（不包括插入和删除运算）：

（1）建表 create：操作结果是生成一个由用户给定的若干数据元素组成的静态表 S。

（2）查找 search：若 S 表中存在关键字等于 key 的数据元素，操作结果为该数据元素的值，否则操作结果为空。

（3）读表中元素 get：操作结果是返回 S 表中指定位置上的元素。

动态查找表也是以集合为逻辑结构，除对查找表进行查找操作外，可能还要向表中插入新的数据元素，或删除表中已存在的数据元素，即可以改变表的结构。包括五种基本运算：

（1）初始化 initiate：设置一个空的动态查找表。

（2）查找 search：同静态查找表。

（3）读表中元素 get：同静态查找表。

（4）插入 insert：若 S 表中不存在关键字值等于 key 的元素，则将一个关键字值等于 key 的新元素插入表 S。

（5）删除 delete：当 S 表中存在关键字值等于 key 的元素时，将其删除。

3. 查找

在查找表中确定一个关键字等于给定值的数据元素的过程称为查找。若查找表中找到这样的数据元素，则称查找成功，结束查找过程，并给出找到的数据元素信息，或返回该元素的位置。要是整个表查找完还没找到，则查找失败，此时，查找结果给出一个查找失败信息。

4. 平均查找长度

要衡量一种查找算法的优劣，主要是看要找的值与关键字的比较次数，我们将找到给定值与关键字的比较次数的平均值作为衡量一个查找算法好坏的标准，对于一个

含有 n 个元素的表，查找成功时的平均查找长度可表示为 $\text{ASL} = \sum_{i=1}^{n} p_i c_i$，其中 p_i 为查找第 i 个元素的概率，且 $\sum_{i=1}^{n} p_i = 1$。一般情形下我们认为查找每个元素的概率相等，c_i 为查找第 i 个元素所用到的比较次数。

8.1.2　查找表结构

查找算法的性能依赖于查找表的数据结构。因为查找是对已存入计算机中的数据进行的操作，所以采用何种查找方法，首先取决于使用哪种数据结构来表示"表"，即表中结点是按何种方式组织的。为了提高查找速度，我们经常使用某些特殊的数据结构来组织表。例如，查找某一英文单词时，因为单词是按字母的顺序编排的，可以采用折半查找。又如，查找电话号码时，需要先搜索电话簿的分类目录，找到号码所在类别的开始页数，再到该类中顺序查找，这是分块（索引顺序）查找方法，其组织方式就是索引结构。在研究各种查找算法时，我们首先必须弄清这些算法所要求的数据结构，特别是存储结构。因此，要实现一种查找技术，必须完成以下几个方面的工作：

（1）建立查找表的数据结构。

（2）设计查找算法。

（3）维护数据结构，实现插入、删除等操作。

查找有内查找和外查找之分。若整个查找过程全部在内存中进行，则称这样的查找为内查找；反之，若在查找过程中还需要访问外存，则称之为外查找。这里仅介绍内查找。

8.2　线性表的查找

8.2.1　顺序查找

1. 顺序查找的基本思路

顺序查找是一种最简单的查找方法，它的基本思路是：从表的一端开始，顺序扫描线性表，依次将扫描到的结点关键字和待找的值 k 相比较，若相等，则查找成功；若整个表扫描完毕，仍未找到关键字等于 k 的元素，则查找失败。

顺序查找既适用于顺序表，也适用于链表。若用顺序表，查找可从前往后扫描，也可从后往前扫描，但若采用单链表，则只能从前往后扫描。另外，顺序查找的表中元素可以是无序的。

下面以顺序表的形式来描述算法。

2. 顺序查找算法实现

```
# define n maxn                        //n 为表的最大长度
struct node
{…
elemtype key;                          //key 为关键字,类型设定为 elemtype
};
int seqsearch (struct node R[n+1],elemtype k)  //在表 R 中查找关键字值为 k 的元素
{
R[0]. key=k;int i=n;                   //从表尾开始向前扫描
while(R[i]. key! =k)
  i- - ;
return i;
}
```

在函数 seqsearch 中，若返回的值为 0 表示查找不成功，否则查找成功。函数中查找的范围从 R [n] 到 R [1]，R [0] 为监视哨，起两个作用：其一，是为了省去判定 while 循环中下标越界的条件 i≥1，从而节省比较时间；其二，保存要找值的副本，若查找时遇到它，表示查找不成功。若算法中不设立监视哨 R [0]，程序花费的时间将会增加，这时的算法可写为下面的形式：

```
int seqsearch(node R[n+1],elemtype k)
{int i=n;
while(R[i]. key! =k)&&(i>=1)
  i- - ;
return i;
}
```

当然上面的算法也可以改成从表头向后扫描，将监视哨设在右边，这种方法请读者自己完成。

3. 顺序查找性能分析

假设在每个位置查找的概率相等，即有 $p_i = \dfrac{1}{n}$，由于查找是从后往前扫描，则有每个位置的查找比较次数 $c_n=1$，$c_{n-1}=2$，…，$c_1=n$，于是，查找成功的平均查找次数 $ASL = \sum\limits_{i=1}^{n} p_i c_i = \sum\limits_{i=1}^{n} \left[\dfrac{1}{n}(n-i+1) \right] = \dfrac{n+1}{2}$，即它的时间复杂度为 $O(n)$。这就是说，查找成功的平均比较次数约为表长的一半。若 k 值不在表中，则必须进行 $n+1$ 次比较之后才能确定查找失败。另外，从 ASL 可知，当 n 较大时，ASL 值较大，查找的效率较低。

顺序查找的优点是算法简单，对表结构无任何要求，无论是用向量还是用链表来

存放结点，也无论结点之间是否按关键字排序，它都同样适用。顺序查找的缺点是查找效率低，当 n 较大时，不宜采用顺序查找，而应寻求更好的查找方法。

8.2.2 二分查找

1. 二分查找的基本思路

二分查找，也称折半查找，它是一种高效率的查找方法。但二分查找有条件限制：要求表必须用向量作存储结构，且表中元素必须按关键字排序（升序或降序均可）。不妨假设表中元素为升序排列。二分查找的基本思路是：每次查找用给定值与处于表中间位置的数据元素的键值进行比较，确定给定值的所在区间，然后逐步缩小查找区间，重复以上过程直到找到或确认找不到该数据元素为止。

用给定值 key 与处于中间位置数据元素 R［mid］键值进行比较，可根据比较结果区分为三种情况：

（1）key＝R［mid］.key，查找成功，R［mid］即为待查元素。

（2）key＜R［mid］.key，说明若待查元素在表中，则一定排在 R［mid］之前。

（3）key＞R［mid］.key，说明若待查元素在表中，则一定排在 R［mid］之后。

从上述查找思路可知，每进行一次关键字比较，区间数目增加一倍，故称为二分（区间一分为二），而区间长度缩小一半，故也称为折半（查找的范围缩小一半）。

2. 二分查找算法实现

```
int binsearch(struct node R[n+1],elemtype k)
{ int low=1,high=n;
  while(low<=high)
  { int mid=(low +high)/2;                    //取区间中点
    if(R[mid]. key==k)
      return mid;                             //查找成功
      else if(R[mid]. key>k)
        high=mid-1;                           //在左子区间中查找
      else low=mid+1;                         //在右子区间中查找
  }
  return 0;                                   //查找失败
}
```

例如，假设给定有序表中关键字为 8，17，25，44，68，77，98，100，115，125，将查找 $k=17$ 和 $k=120$ 的情况描述为如图 8-1 和图 8-2 所示的形式。

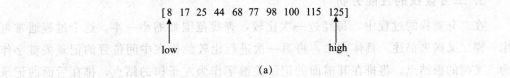

(a)

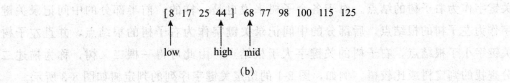

(b)

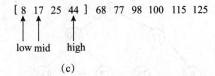

(c)

图 8-1 查找 $k=17$ 的示意图（查找成功）

（a）初始情形；（b）经过一次比较后的情形；（c）经过二次比较后的情形（R [mid] . key＝17）

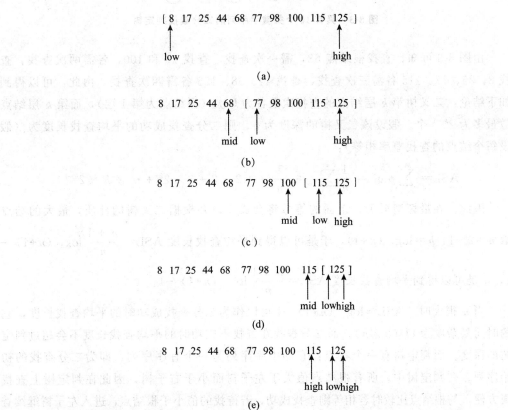

(a)

(b)

(c)

(d)

(e)

图 8-2 查找 $k=120$ 的示意图（查找不成功）

（a）初始情形；（b）经过一次比较后的情形；（c）经过二次比较后的情形；

（c）经过三次比较后的情形；（d）经过四次比较后的情形（high＜low）

3. 二分查找的性能分析

在二分查找的过程中，每经过一次比较，查找范围要缩小一半，这个过程通常可用一棵二叉树来描述，具体方法：将第一次进行比较的排在中间位置的记录关键字作为二叉树的根结点，将排在其前面的记录关键字作为左子树的结点，排在后面的记录关键字作为右子树的结点。对于各个子树来说也是一样的，前半部分的中间记录关键字作为左子树的根结点，后部分的中间记录关键字作为右子树的根结点，并且左子树关键字小于根结点，右子树的关键字大于根结点，由此可得一棵二叉树，称为描述二分查找的判定树或比较树。例如，图 8-1 的给定关键字序列的判定树如图 8-3 所示。

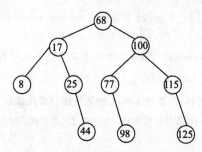

图 8-3　具有 10 个关键字序列的二分查找判定树

由图 8-3 可知，查找根结点 68，需一次查找，查找 17 和 100，各需两次查找，查找 8、25、77、115 各需三次查找，查找 44、98、125 各需四次查找。由此，可以得到如下结论：二叉树第 k 层结点的查找次数各为 k 次（根结点为第 1 层），而第 k 层结点数最多为 2^{k-1} 个。假设该二叉树的深度为 h，则二分查找成功的平均查找长度为（假设每个结点的查找概率相等）：

$$\text{ASL} = \sum_{i=1}^{n} p_i c_i = \frac{1}{n}\sum_{i=1}^{n} c_i \leqslant \frac{1}{n}(1 + 2\times 2 + 3\times 2^2 + \cdots + h\times 2^{h-1})$$

因此，在最坏情形下，上面的等号将会成立，并根据二叉树的性质，最大的结点数 $n = 2^h - 1$，$h = \log_2(n+1)$，于是可以得到平均查找长度 $\text{ASL} = \dfrac{n+1}{n}\log_2(n+1) -$

1，于是可以得到平均查找长度 $\text{ASL} = \dfrac{n+1}{n}\log_2(n+1) - 1$。

当 n 很大时，$\text{ASL} \approx \log_2(n+1) - 1$ 可以作为二分查找成功时的平均查找长度，它的时间复杂度为 $O(\log_2 n)$。而二分查找在查找不成功时的平均查找长度不会超过判定树的深度。而判定树有一个特点：它的中序序列是一个有序序列，即为二分查找的初始序列。在判定树中，所有根结点值大于左子树而小于右子树，因此在判定树上查找很方便，与根结点比较时若相等则查找成功，若待找的值小于根结点，进入左子树继续查找，否则进入右子树查找。若找到叶子结点时还没有找到所需元素，则查找失败。

由此可见，二分查找的优点是比较次数较顺序查找少，查找速度快，执行效率高。缺点是表的存储结构只能是顺序存储，不能是链式存储，且表中元素必须是有序的。

8.2.3　索引查找

1. 索引查找的思路

索引查找，又称分级查找，它既是一种查找方法，又是一种存储方法，称为索引存储。它在我们的日常生活中有着广泛的应用。例如，在汉语字典中查找某个汉字时，若知道某个汉字读音，则可以先在音节表中查找到对应正文中的页码，然后再在正文所对应的页中查出待查的汉字；若知道该汉字的字形，但不知道读音，则可以先在部首表中根据字的部首查找到对应检字表中的页码，再在检字表中根据字的笔画找到该汉字所在的页码。在这里，整个字典就是索引查找的对象，字典的正文是字典的主要部分，被称为主表，而检字表、部首表和音节表都是为了方便查找主表而建立的索引，所以被称为索引表。

在索引查找中，主表只有一个，其中包含的是待查找的内容，而索引表可以有多个，包含一级索引，二级索引……，所需的级数可根据具体问题而定。如刚才的利用读音查找汉字为一级索引，而利用字形查找汉字为二级索引（部首表→检字表→汉字）。在此，我们仅讨论一级索引。

索引查找是在线性表（主表）的索引存储结构上进行的，而索引存储的基本思路是：首先将一个线性表（主表）按照一定的规则分成若干个逻辑上的子表，并为每个子表分别建立一个索引项，由所有这些索引项得到主表的一个索引表，然后，可采用顺序或链接的方法来存储索引表和各个子表。索引表中的每个索引项通常包含三个域：一是索引值域，用来存储标识对应子表的索引值，它相当于记录的关键字，在索引表中由此索引值来唯一标识一个索引项（子表）；二是子表的开始位置，用来存储对应子表的第一个元素的存储位置；三是子表的长度，用来存储对应子表的元素个数。

于是，索引表的类型可定义如下：

```
struct indexlist
{   indextype index;            //索引值域
    int start;                  //子表中第一个元素在主表中的下标位置
    int length ;                //子表的长度

}
```

2. 索引查找的算法实现

假设索引表和主表都用顺序存储实现。

```
# define n maxn                 //定义主表中的元素个数
# define m maxm                 //定义索引表中的分类树
struct indexlist
{   indextype index;
    int start;
    int length;
```

```
};
struct node
{    elemtype key;
   …
}
struct indexlist B[m];                              //作为一个索引表,有 m 个字表
struct node A[n];                                   //作为一个主表,有 n 个元素
int indexsearch(struct indexlist B[m], struct node A[n], indextype k1, elemtype
k2)
//现在索引表 B 中查找 index＝k1 的项,然后在主表 A 中查找 key＝k2 的项的位置
{    for(int i＝0;i＜m;i+ +)
   if(k1＝＝B[i].index) break;
   //若 index 域为字符串类型,则判断条件应为 if strcmp(k1,B[i].index)＝＝0
   if(i＝＝m) return - 1;
   int j＝B[i].start;
   while(j＜B[i].start＋B[i].length)
     if(k2＝＝A[j].key) break;
     else j+ + ;
     if(j＜B[i].start+ B[i].length)
       return j;                                    //查找成功
     else returh  - 1;                              //查找不成功
   }
```

该算法的主表若采用链式存储，则只需改动在主表中的查找算法和循环 if 语句，这时，可将 while 循环改为：

```
while(j! =- 1)
    if(k2＝＝A[j].key)break;
    else j＝A[j].next;
```

而循环结束后的 if 语句可省去，直接改成 return j; 即可。

3. 索引查找的性能分析

由于索引查找中涉及两方面查找，一是索引表的查找，二是主表的查找，假设两种查找都按顺序查找方式进行，则索引表的平均查找长度为 $\frac{(m+1)}{2}$，主表中的平均查找长度为 $\frac{(s+1)}{2}$（m 为索引表的长度，s 为主表中相应子表的长度），则索引查找的平均查找长度为：$\text{ASL}=\frac{(m+1)}{2}+\frac{(s+1)}{2}$。若假定每个子表具有相同的长度，而主表的长度为 n，则有 $n=m*s$，这时当 $s=\sqrt{n}$ 时，索引查找具有最小的平均查找长度，即 $\text{ASL}=1+\sqrt{n}$。从该公式可以看出，索引查找的性能优于顺序查找，但比二分查找要

差，时间复杂度介于 $O(\log_2 n) \sim O(n)$ 之间。

8.2.4 分块查找

1. 分块查找的思路

分块查找又称为索引顺序查找，其性能介于顺序查找和二分查找之间，其原理是分块查找的索引表是一个有序表，故可以用二分查找来代替顺序查找，实现索引表的快速查找。

具体实现如下：将查找表分成若干块，每一块中的元素存储顺序是任意的，然后再对每一块建立一个索引项，并将这些索引项顺序存储，形成一个索引表，索引表中索引域的值用每个子表的最大关键字代替，则可以按索引查找思路找到表中元素。

例如，给定关键字序列如下：18，7，26，34，15，42，36，70，60，55，83，90，78，72，74，假设 $m=3$，$s=5$，即将该序列分成 3 个子表，每个子表有 5 个元素，则得到的主表和索引表如图 8-4 所示。

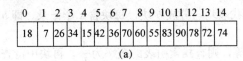

	0	1	2	3	4	5	6	7	8	9	10	11	12	13	14
	18	7	26	34	15	42	36	70	60	55	83	90	78	72	74

(a)

index	start	length
34	0	5
70	5	5
90	10	5

(b)

图 8-4 分块查找的主表和索引表

(a) 15 个关键字序列得到的主表；(b) 按关键字序列递增得到的索引表

假设在上述表中查找 60，则可以先在索引表中查找 60 所在的子表，由于 $34 \leqslant 60 \leqslant 70$，故 60 应在第二块中，这时 start=5，length=5，故 60 应在主表的第 5 个位置到第 9 个位置中查找。

2. 分块查找的算法实现

```
{ int low=0,high=m-1,i;
    while(low<=high)
    {   int mid=(low+high)/2;
        if(k==B[mid].index){i=mid;break;}
        else if(k<B[mid].index) high=mid-1;
        else low=high+1;
    }
    if(low>high) i-low;
    if(i==m)return -1;              //查找不成功
```

```
    int j＝B[i].start;
    while(j＜B[i].start＋B[i].lengh)
        if(k＝＝A[j].key) break;
        else j＋＋;
    if(j＜B[i],start＋B[i].length)
        return j;                        //查找成功
    else return  - 1;                    //查找不成功
}
```

当然，在上面的算法中，第一个循环用的是二分查找，也可以改成顺序查找的形式，与索引查找的算法完全相同。

3. 分块查找的性能分析

分块查找实际上就是索引查找，由于分块查找的过程是分两步进行的，所以在查找表中查找一个待查记录的 ASL 为：$ASL_{bs}=ASL_b+ASL_w$，其中 ASL_b 是在索引表中查找记录所在的块的平均查找长度，ASL_w 是在块中查找待查记录的平均查找长度。

假设将长度为 n 的查找表均匀分成 b 块，每块含 s 个记录，即 $b=\dfrac{n}{s}$，再假设查找表中查找每一个记录的概率相等，则查找索引表的概率为 $\dfrac{1}{b}$，再块中待查记录的概率为 $\dfrac{1}{s}$。

（1）若采用顺序查找待查记录所在的块，那么，分块查找的平均查找长度为：

$$ASL_{bs}=ASL_b+ASL_w=\sum_{i=1}^{b}\frac{1}{b}\times i+\sum_{j=1}^{s}\frac{1}{s}\times j=\frac{b+1}{2}+\frac{s+1}{2}=\frac{1}{2}\left(\frac{n}{s}+s\right)+1$$

所以，分块查找的平均查找长度不仅与查找表 n 有关，还与每一块中的记录个数 s 有关。所以在给定长度为 n 的查找表前提下，每块中的记录个数 s 是可变的。易证，当 $s=\sqrt{n}$ 时，$ASL_{bs}=1+\sqrt{n}$，值最小。

（2）若采用二分查找待查记录所在的块，那么，分块查找的平均查找长度为：

$$ASL_{bs}=ASL_b+ASL_w=\log_2(b+1)+\frac{s+1}{2}=\log_2\left(\frac{n}{s}+1\right)+\frac{s}{2}$$

由此可见，分块查找的效率介于顺序查找和二分查找之间。

总之，静态查找的上述三种不同实现各有优点。其中，顺序查找效率最低但限制最少，二分查找效率最高，但限制最高，而分块查找则介于二者之间。在实际应用中可根据具体需要加以选择。

8.3　树表查找

8.3.1　二叉排序树查找

静态查找表一旦生成之后，所含数据元素（在检索阶段内）是固定不变的。本节将介绍一种实现动态查找的树表——二叉排序树，这种树表的结构本身是在查找过程中动态生成的，即对给定 key，若表中存在与 key 相等的元素，则查找成功，否则，插入关键字等于 key 的元素。本节主要介绍二叉排序树的概念，并讨论在这种树表上如何实现动态查找表的查找和插入运算。

1. 什么是二叉排序树

二叉排序树（binary sorting tree），它或者是一棵空树，或者是一棵具有如下特征的非空二叉树：

（1）若它的左子树非空，则左子树上所有结点的关键字均小于根结点的关键字。

（2）若它的右子树非空，则右子树上所有结点的关键字均大于等于根结点的关键字。

（3）左、右子树本身又都是一棵二叉排序树。

从上述定义可知，二叉排序树实际上是增加了限制条件的特殊二叉树。此限制条件的实质就是一棵二叉排序树中任一个结点的值都大于其左子树上所有结点的值，而小于其右子树上的所有结点的值，如图 8-5 所示。

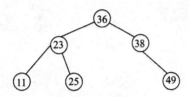

图 8-5　二叉排序树

根据二叉排序树的定义，我们可以推导出它的一个重要性质：按照中序遍历一棵二叉排序树所得到的结点序列是一个递增序列，如图 8-5 所示的二叉排序树的中序序列为 {11，23，25，36，38，49}，它是一个递增有序序列（与二分查找的判定树类似）。

2. 二叉排序树的数据类型描述

和第 6 章类似，可以用一个二叉链表来描述一棵二叉排序树，具体为：

```
struct btreenode
{
    elemtype data;                      //代表关键字
    struct btreenode * left,* right;    //代表左、右孩子
};
```

3. 二叉排序树的基本运算

（1）二叉排序树的插入

若二叉排序树为空，则作为根结点插入。若待插入的值小于根结点值，则作为左子树插入，否则作为右子树插入，算法描述为：

```
void Insert (struct btreenode * BST ,elemtype X )
{    //在二叉排序树 BST 中,插入值为 X 的结点
```

```
if(BST==NULL)
    { struct btreenode * p;
      p=( struct btreenode* )malloc(sizeof(struct btreenode));
    p->data =X;
    p->left=p->right=NULL;
    BST=p;
    }
else if (BST->data >=X )
        Insert ( BST-> left,X);          //在左子树中插入
        else Insert (BST->right,X);      //在右子树中插入
}
```

（2）二叉排序树的建立

只要反复调用二叉排序树的插入算法即可，算法描述为：

```
struct btreenode * Creat (int n)          //建立含有 n 个结点的二叉排序树
{
  struct btree node * BST=NULL;
  for ( int i=1;i<=n;i++)
  {   scanf("% d",&x);                    //输入关键字序列
    Insert( BST,x);
  }
  return BST ;
}
```

例如，结定关键字序列 79，62，68，90，88，89，17，5，100，120，生成二叉排序树的过程如图 8-6 所示。（注：二叉排序树与关键字排列顺序有关，排列顺序不一样，得到的二叉排序树也不一样）

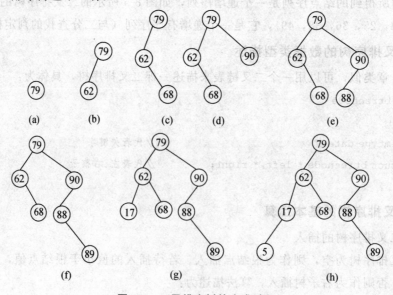

图 8-6　二叉排序树的生成过程

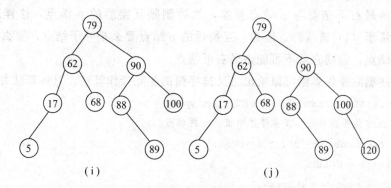

图 8-6　二叉排序树的生成过程（续）

（a）关键字 79；（b）关键字 62；（c）关键字 68；（d）关键字 90；（e）关键字 88；
（f）关键字 89；（g）关键字 17；（h）关键字 5；（i）关键字 100；（j）关键字 120

（3）二叉排序树的删除

从二叉排序树中删除一个结点，不能把以该结点为根的子树都删除，只能删除该结点，并且还要保证删除后所得的二叉树仍然是二叉排序树。若要删除的结点是叶子结点，则删除它后不会影响其余结点之间的关系，也不会破坏二叉排序树的结构。但若要删除的结点还有子孙结点，则必须在删除该结点后将其子孙结点连接到剩余的二叉排序树中，并保持二叉排序树的性质。

假设被删除结点为 p，其双亲结点为 f，则删除操作过程可按 p 结点的孩子结点的数目分为以下三种情况。

（1）p 结点为叶子结点。

若要删除的是叶子结点，则直接将其删除即可，只需将被删除结点的双亲结点的相应指针域改为空指针。

（2）p 结点只有左子树或右子树。

此时再分两种情况：

①p 结点为双亲结点的左孩子。删除 p 结点后，直接将它的左子树或右子树变为其双亲 f 结点的左子树。

②p 结点为双亲结点的右孩子。删除 p 结点后，直接将它的左子树或右子树变为其双亲 f 结点的右子树。

（3）p 结点既有左子树又有右子树。

若能找到某个结点来替代要删除的结点，将其转换为（1）或（2），问题可得到解决。删除二叉排序树中的一个结点相当于删除该二叉排序树的中序遍历序列中的一个元素，所以，可以用该二叉排序树的中序遍历序列中的 p 结点的直接前驱或直接后继结点来替代 p 结点。而中序遍历序列中的 p 结点的直接前驱是 p 结点的左子树中最右下结点；中序遍历序列中 p 结点的直接后继结点是 p 结点的右子树最左下结点。

假定用 p 结点的左子树最右下结点来替代 p 结点，则删除 p 结点的方法是：用 p

结点的左子树最右下结点与 p 结点互换，然后删除互换后的 p 结点，这样就将情形
（3）转换为情形（1）或（2）。因为，互换后的 p 结点要么是叶子结点，要么是只有一
棵左子树的结点，否则它就不可能是最右下结点。

基于上述删除操作思路可以给出二叉排序树的删除操作算法，具体算法如下：

```c
int Delete(struct treenode * BST,elemtype x)
//删除以 BST 为根指针的二叉排序树中值为 x 的结点
{struct treenode * t=BST,* S=NULL;
    while(t! =NULL)
    {if(t->data==x)break;
      else if(t->data>x)
        {s=t;t=t->left;}
        else
          {s=t;t=t->right;}
    }
    if(t==NULL) return 0;
    if(t->left==NULL)&&(t->right==NULL)      //待删结点为叶子结点
    {if(t==BST)BST=NULL;
      else if(t==s->left)s->left=NULL;
          else s->right=NULL;
      free(t);
    }
    else if(t->left==NULL)||(t->right==NULL)//待删除结点仅有左孩子或仅有
                                              //右孩子

    {if(t==BST)
      {if(t- > left==NULL) BST=t- > right;
      else BST=t- > left;
      }
    else                                     //删除非根结点
    {if(t==s- > left)&&(t- > left! =NULL)
        s- > left=t- > left;
        else if(t==s- > left)&&(t- > right! =NULL)
        s- > left=t- > right;
        else if(t==s- > right)&&(t- > left! =NULL)
        s- > right=t- > left;
        else if(t==s- > right)&&(t- > right! =NULL)
        s- > right=t- > right;
    }
    free(t);
    }
```

```
else if(t- > left! =NULL)&&(t- > right! =NULL)  //待删除结点同时具有左右孩子
{struct treenode * p=t, * q=t- > left;
  while(q- > right! =NULL)
  {p=q;q=q- > right;}
  t- > data=q- > data;
  if(p==t)t- > left=q- > left;
  else p- > right=q- > left;
  free(q)                                       //删除前驱结点 q 来代替 t
}
return 1;//表示已找到要删除的结点并成功删除
}
```

4. 二叉排序树上的查找

二叉排序树的查找思路：在二叉排序树上进行查找的过程与二分查找的查找过程类似，也是一个逐步缩小查找范围的过程。二叉排序树上的查找过程为：

（1）若二叉排序树为空，查找失败。

（2）若二叉排序树非空，则将给定值 K 与二叉排序树的根结点的关键字值相比较。

①若相等，则查找成功，结束查找过程。

②若 K 小于根结点的关键字，则继续在根的左子树中查找，转向（1）。

③若 K 大于根结点的关键字，则继续在根的右子树中查找，转向（1）。

基于上述思路可以给出二叉排序树的查找操作算法，算法如下：

```
struct treenode    *  find(struct btreenode * BST,elemtype x)
    //在以 BST 为根指针的二叉排序树中查找值为 x 的结点
{
  if ( BST==NULL)
     return NULL;                              //查找失败
  else
  {
     if (BST- > data==x)                       //查找成功
       return BST;
     else if (BST- > data> x)                  //进入左子树查找
        return find ( BST- > left,x);
     else                                      //进入右子树查找
        return find (BST- > right,x);
  }
}
```

当然，上述算法也可以改成如下的非递归算法：

```
struct btreenode *  find1 (struct btreenode * BST, elemtype x )
```

```
{
  if(BST==NULL)
    return NULL;                              //查找失败
  else
{   struct btreenode * p=BST;
    while (p! =NULL)
  {   if (p- > data==x) break;
      else if (p- > data> x) p=p- > left;
          else p=p- > right;
  }
  if(p! =NULL) return P;                       //查找成功
  else return NULL;                            //查找不成功
  }
}
```

5. 二叉排序树查找的性能分析

二叉排序树上的平均查找长度是介于 $O(n)$ 和 $O(\log_2 n)$ 之间的，其查找效率与树的形态有关。在二叉排序树查找中，成功的查找次数不会超过二叉树的深度，而具有 n 个结点的二叉排序树的深度，最好为 $\log_2 n$，最坏为 n。因此，二叉排序树查找的最好时间复杂度为 $O(\log_2 n)$，最坏时间复杂度为 $O(n)$。一般情形下，其时间复杂度大致可看成 $O(\log_2 n)$，比顺序查找效率要高，但比二分查找要低。

【例 8-1】 给定关键字序列 1，2，3，试写出它的所有二叉排序树。

分析：由于关键字序列 1，2，3，有 6 种排列，故最多有 6 棵二叉排序树。

第一棵的关键字序列为 1，2，3，生成的二叉排序树见图 8-7（a）。

第二棵的关键字序列为 1，3，2，生成的二叉排序树见图 8-7（b）。

第三棵的关键字序列为 2，1，3，生成的二叉排序树见图 8-7（c）。

第四棵的关键字序列为 2，3，1，生成的二叉排序树见图 8-7（d）。

第五棵的关键字序列为 3，2，1，生成的二叉排序树见图 8-7（e）。

第六棵的关键字序列为 3，1，2，生成的二叉排序树见图 8-7（f）。

如图 8-7 可知，（c）和（d）的结果一样，故关键字序列 1，2，3 实际上只能组成 5 种形式的二叉排序树，而（c）是最好的二叉排序树，平均查找长度 $ASL = \dfrac{(1+2+2)}{3} \approx 1.67$，与复杂度 $O(\log_2 n)$ 接近，（a）、（b）、（e）、（f）是最坏的二叉排序树，平均查找长度 $ASL = \dfrac{(1+2+3)}{3} = 2$，与复杂度 $O(n)$ 相同，即相当于顺序查找的平均查找长度。

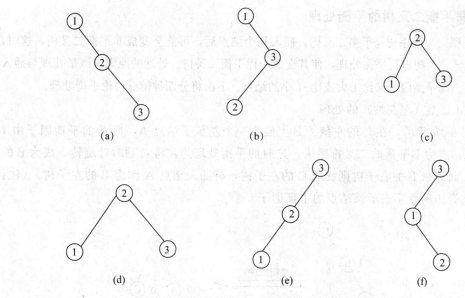

图 8-7 相同关键字序列得到的不同二叉排序树

8.3.2 平衡二叉树查找

1. 平衡二叉树的概念

平衡二叉树（balanced binary tree）是由阿德尔森-维尔斯（Adelson-Velsky）和兰迪斯（EvgeniiuLandis）于 1962 年首先提出的，所以又称为 AVL 树。

若一棵二叉树中每个结点的左、右子树的深度之差的绝对值不超过 1，则称这样的二叉树为平衡二叉树。将该结点的左子树深度减去右子树深度的值，称为该结点的平衡因子（balance factor）。也就是说，一棵二叉排序树中，所有结点的平衡因子只能为 0、1、-1 时，则该二叉排序树就是平衡二叉树，否则就不是一棵平衡二叉树。

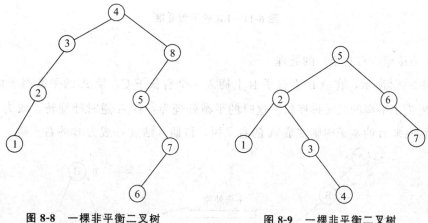

图 8-8 一棵非平衡二叉树   图 8-9 一棵非平衡二叉树

2. 非平衡二叉树的平衡处理

若一棵二叉排序树是平衡二叉树，插入某个结点后，可能会变成非平衡二叉树，这时，就可以对该二叉树进行平衡处理，使其变成一棵平衡二叉树。处理的原则应该是处理与插入点最近的、而平衡因子又比 1 大或比-1 小的结点。下面将分四种情况讨论平衡处理。

（1）LL 型（左左型）的处理

如图 8-10 所示，在 C 的左孩子 B 上插入一个左孩子结点 A，使 C 的平衡因子由 1 变成了 2，成为不平衡的二叉排序树。这时的平衡处理为：将 C 顺时针旋转，成为 B 的右子树，而原来 B 的右子树则变成 C 的左子树，待插入结点 A 作为 B 的左子树。（注：图中结点旁边的数字表示该结点的平衡因子）

图 8-10　LL 型平衡处理

（2）LR 型（左右型）的处理

如图 8-11 所示，在 C 的左孩子 A 上插入一个右孩子 B，使得 C 的平衡因子由 1 变成了 2，成为不平衡的二叉排序树。这时的平衡处理为：将 B 变到 A 与 C 之间，使之成为 LL 型，然后按第（1）种情形 LL 型处理。

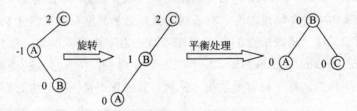

图 8-11　LR 的平衡处理

（3）RR 型（右右型）的处理

如图 8-12 所示，在 A 的右孩子 B 上插入一个右孩子 C，使 A 的平衡因子由-1 变成-2，成为不平衡的二叉排序树。这时的平衡处理为：将 A 逆时针旋转，成为 B 的左子树，而原来 B 的左子树则变成 A 的右子树，待插入结点 C 成为 B 的右子树。

图 8-12　RR 型的平衡处理

（4）RL 型（右左型）的处理

如图 8-13 所示，在 A 的右孩子 C 上插入一个左孩子 B，使 A 的平衡因子由−1 变成−2，成为不平衡的二叉排序树。这时的平衡处理为：将 B 变到 A 与 C 之间，使之成为 RR 型，然后按第（3）种情形 RR 型处理。

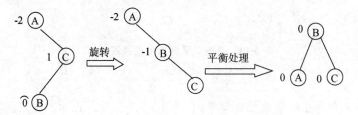

图 8-13　RL 型的平衡处理

【例 8-2】给定一个关键字序列 4，5，7，2，1，3，6，试生成一棵平衡二叉树。

分析：平衡二叉树实际上也是一棵二叉排序树，故可以按建立二叉排序树的思路建立，在建立的过程中，若遇到不平衡，则进行相应平衡处理，最后就可以建成一棵平衡二叉树。具体生成过程见图 8-14 各步骤。

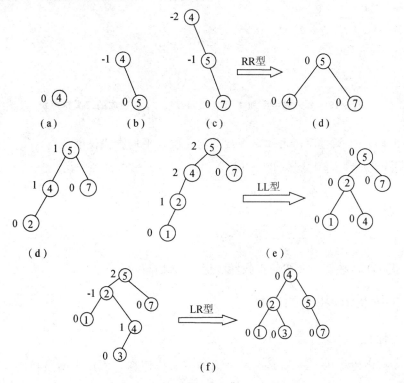

图 8-14　平衡二叉树的生成过程

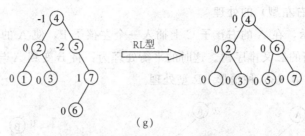

（g）

图 8-14　平衡二叉树的生成过程（续）

（a）插入 4　（b）插入 5　（c）插入 7　（d）插入 2　（e）插入 1　（f）插入 3　（g）插入 6

【例 8-3】对例 8-2 给定的关键字序列 4，5，7，2，1，3，6，试用二叉排序树和平衡二叉树两种方法查找，给出查找 6 的次数及成功的平均查找长度。

分析：由于关键字序列的顺序已经确定，故得到的二叉排序树和平衡二叉树都是唯一的。得到的平衡二叉树如图 8-14 所示，得到的二叉排序树如图 8-15 所示。

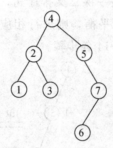

图 8-15　由关键字序列 4，5，7，2，1，3，6 生成的二叉排序树

由图 8-15 的二叉排序树可知，查找 6 需 4 次，平均查找长度：

$$ASL = \frac{1+2+2+3+3+3+4}{7} = \frac{18}{7} \approx 2.57$$

由图 8-14 的平衡二叉树可知，查找 6 需 2 次，平均查找长度：

$$ASL = \frac{1+2+2+3+3+3+3}{7} = \frac{17}{7} \approx 2.43$$

由结果可知，平衡二叉树的查找性能优于二叉排序树。

8.3.3　B-树及 B+树上的查找

1. B-树的定义

与二叉排序树相比，B-树是一种平衡的多叉排序树，所谓平衡是指所有叶子结点都在同一层上，从而避免出现像二叉排序树那样的分支退化现象，多叉则指多于二叉。B-树中所有结点的孩子结点的最大值称为 B-树的阶，B-树的阶通常用 m 表示，从查找效率考虑，要求 $m \geqslant 3$。一棵 m 阶 B-树定义如下：

一棵 m 阶 B-树，或者为空树，或者为满足下列特性的多叉树：

(1) 树中每个结点至多有 m 棵子树。

(2) 若根结点不是叶子结点，则至少有两个孩子结点。

(3) 除根结点以外的，其他结点至少有 $\left[\dfrac{m}{2}\right]$ 个孩子结点。

(4) 所有的叶子结点都在树的同一层次上。

(5) 每个结点结构包含下列信息数据：

$(n，A_0，k_1，A_1，k_2，A_2，k_3，\cdots，A_{n-1}，k_n，A_n)$

其中：k_i（$i=1，2，\cdots，n$）为关键字，且 $k_i < k_{i+1}$（$i=1，2，\cdots\cdots，n-1$）；A_i（$i=0，1，\cdots\cdots，n$）为指向子树根结点的指针，且指针 A_{i-1} 所指子树中所有结点的关键字均小于 k_i（$i=1，2，\cdots\cdots，n$），A_n 所指子树中所有结点的关键字均大于 k_n，n 为关键字的个数（$\dfrac{m}{2}-1 \leqslant n \leqslant m-1$）。

例如，图 8-16 所示为一棵包含 20 个关键字的 5 阶 B—树。

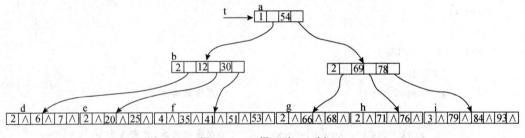

图 8-16　一棵 5 阶 B—树

由于 B-树左右子树的深度相同，所以可避免出现像二叉排序树那样的分支退化现象。另外，由于 B-树的深度一般情况下较二叉排序树的深度低，因此 B-树是一种较二叉排序树动态查找效率更高的树型结构。

2. B-树的查找

B-树的查找类似于二叉排序树的查找，所不同的是 B-树每个结点上是多关键字的有序表。在 B-树上查找数据元素 x 的方法是：从根结点开始，将 x.key 与各结点的 k_i 逐个进行比较，若找到 x.key＝k_i，则查找成功，返回该结点及关键字在结点中的位置，否则分三种情况进行处理：

(1) 若 x.key＜k_1 则沿着指针 A_0 所指的子树继续查找。

(2) 若 k_i＜x.key＜k_{i+1}，则沿着指针 A_i 所指的子树继续查找。

(3) 如 x.key＞k_n，则沿着指针 A_n 所指的子树继续查找。

如果直到叶子结点也未找到相等的关键字，则说明树中没有对应的关键字，查找失败。如图 8-16 中查找关键字为 93 的元素。首先，从 t 指向的根节点 a 开始，结点 a 中只有一个关键字 54，且 93＞54，因此，按 a 结点指针域 A_1 到结点 c 去查找，结点 c 有两个关键字，而 93 都大于它们，则按 c 结点指针域 A_2 到结点 i 中查找，在结点 i 中顺序比较关键字，找到关键码 k_3 等于 93，查找成功。

B-树的结点类型定义如下：

```
struct BTnode{
        int keynum;                     // 结点中关键字的个数，即结点的大小
        struct BTnode * parent;         // 指向双亲结点
        elemtype key[m+1];              // 关键字向量，0号单元未用
        struct BTnode * nptr[m+1];      // 子树指针向量
        elemtype * rptr[m+1];           // 记录指针向量
    }BTnode,* BTree;
```

这样，B-树的查找算法如下：

```
int BTreesearch(BTree T,elemtype x,BTree * p)
// 在 m 阶 B-树 T 上查找关键字 x,若查找成功,则返回 x 在结点中的位置及结点指针 * p;否则返回 0
{
    BTree q;
    int i;
    * q=p;
    while(q! =NULL){
        * p=q;
        q->key[0]=x;                    // 设置哨兵
        for(i=q->keynum;x<q->key[i];i- - )
            if(i>0&&q->key[i]==x)       // 查找成功,返回 i 和 p
                Return i;
            q=q->nptr[i];               // 沿 q 的第 i 个子树继续向下搜索
        }
        return 0;
}
```

B-树的查找是由两个基本操作交叉进行的过程，即：

（1）在 B-树上查找结点。

（2）在结点中查找关键字。

通常 B-树是存储在外存上的，操作（1）就是通过磁盘上相对定位，将结点信息读入内存，然后再对结点中关键字有序表进行顺序查找或二分查找。由于在磁盘上读取结点信息比在内存中进行关键字查找耗时多，所以，在磁盘上读取结点信息的次数，即 B-树的层次数是决定 B-树查找效率的首要因素。

在最坏的情况下，待查找关键字是包含在 B-树的最大层的结点中。那么，含有 n 个关键字的 m 阶 B-树的最大深度是多少呢？可按二叉平衡树进行类似分析。首先，讨论 m 阶 B-树应具有的最少结点数。根据 B-树的定义：第一层至少有 1 个结点，第二层至少有 2 个结点，由于除根结点外的每个非终端结点至少有 $\frac{m}{2}$ 棵子树，则第三层至

少有 2 $(\frac{m}{2})$ 个结点……，依次类推，第 $k+1$ 个非终端结点至少有 2 $(\frac{m}{2})^{k-1}$ 个结点，而 $k+1$ 层的结点为叶子结点。若 m 阶 B-树有 n 个关键字，则叶子结点即查找不成功的结点为 $n+1$，因此有：

$$n + 1 \geqslant 2(\frac{m}{2})^{k-1}$$

即：

$$k \leqslant \log_{\frac{m}{2}} \frac{n+1}{2}$$

这就是说，在有 n 个关键字的 B-树上进行查找时，从根结点到关键字所在结点的路径上涉及的结点数不超过 $\log_{\frac{m}{2}} \frac{n+1}{2}$。

3. B-树的插入

在 m 阶的 B-树上插入关键字的方法是：首先在 B-树种查找关键字 k，若找到，则说明该关键字已经存在，不能插入（假定不插入相同的关键字），直接返回。否则将关键字 k 插入到查找失败时的某个结点时分为两种情况：

（1）若该结点的关键字个数小于 $m-1$，则说明该结点还有空位置，直接将关键字 k 插入到该结点的合适位置上。

（2）若该结点的关键字个数等于 $m-1$，则说明该结点已没有空位置，要插入就要"分裂"该结点。

结点分裂的方法：以中间关键字为界把结点分裂成两个结点，并把中间关键字向上插入到双亲结点上，若双亲结点未满则把它插入到双亲结点的合适位置上，若双亲结点已满则按同样方法继续向上分裂。这个向上分裂的过程可一直进行到根结点的分裂，此时 B-树的高度将增 1。由于 B-树的插入过程或是直接在叶子结点上插入，或者是从叶子结点的向上分裂过程，所以新结点插入后仍将保持所有叶子结点都在同一层上的特点。

【例 8-4】已知关键字序列 {51，25，70，82}，要求依次插入关键字 39、55、60、69，建立一棵 3 阶 B-树。

具体建立过程如图 8-17 所示，建立一棵 3 阶 B-树的步骤如下：

（1）在初始序列中插入 39，如图 8-17（b）所示，这时结点的关键字个数小于 3，不分裂。

（2）再插入 55，这时结点的关键字个数等于 3，要进行分裂。结点分裂前的状态如图 8-17（c）所示，结点分裂后的状态如图 8-17（d）所示。

（3）再插入 60，这时结点的关键字个数小于 3，不分裂。再插入 69，这时结点的关键字个数等于 3，要进行分裂。结点分裂前的状态如图 8-17（e）所示，而具体的结点分裂过程如图 8-17（f）所示，这时，结点要进行 2 次分裂。

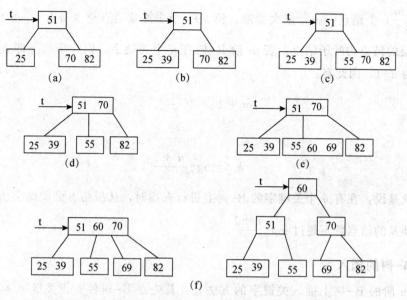

图 8-17　在 3 阶 B-树上插入结点及结点分裂过程示意图

（a）初始状态；（b）插入 39 后的状态；（c）插入 55 后结点分裂前的状态

（d）插入 55 后结点分裂后的状态；（e）依次插入 60、69 后结点分裂前的状态；（f）插入 60、69 后结点分裂过程

m 阶 B-树的插入操作，可以从空树开始，将一组关键字依次插入到 m 阶 B-树中，从而生成一棵 m 阶的 B-树。

4. B-树的删除

在 B-树上的删除一个关键字 k 的过程分为两步：一是利用前述的 B-树的查找算法找出关键字 k 所在的结点；二是在该结点中进行删除关键字 k 的操作，这时分为两种情况：

（1）删除最底层结点中的关键字。

①若结点中关键字个数大于 $\frac{m}{2}-1$，直接删除。

假设有关键字序列 {86，73，91，25，39，49，72，103，115，155}，构造的 3 阶 B-树如图 8-18（a）所示，则在图 8-18（c）所示的 B-树中，删除关键字 39 后的 3 阶 B-树状态如图 8-18（d）所示。

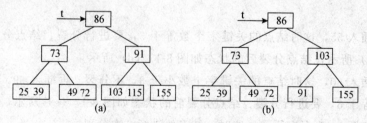

图 8-18　B-树的删除过程示意图

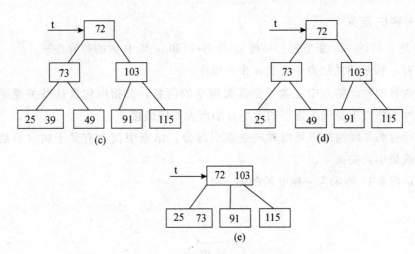

图 8-18 B-树的删除过程示意图（续）

（a）初始状态；（b）删除 155 后的状态；（c）删除 86 后的状态

（d）删除 39 后的状态；（e）删除 49 后的状态

②若结点中关键字个数等于 $\frac{m}{2}-1$，删除后结点中关键字个数小于 $\frac{m}{2}-1$，不满足 B-树的定义，需调整。这也有如下所示两种情况：

· 若该结点的左（或右）兄弟结点中关键字个数大于 $\frac{m}{2}-1$，则将该结点的左（或右）兄弟结点中最大（或最小）关键字上移到双亲结点中，同时将双亲结点中大于（或小于）且紧靠上移关键字的关键字下移到被删除关键字的结点中，这样删除关键字后该结点以及它的左（或右）兄弟结点都仍然满足 B-树的定义。如在图 8-18（a）所示的 3 阶 B-树中，删除关键字 155，这时，需要将左邻兄弟结点中，调整后其最终状态如图 8-18（b）所示。

· 若该结点和其相邻兄弟的关键字个数均等于 $\frac{m}{2}-1$，这时需要把被删除关键字 k 所在结点与其左（或右）兄弟结点及双亲结点中分割二者的关键字合并成一个结点。如果因此使双亲结点中的关键字个数小于 $\frac{m}{2}-1$，则依次类推。例如在图 8-18（d）所示的 B-树中，删除关键字 49，这时，需要将该结点与其左兄弟结点中的关键字合并，但合并后它的父结点不满足 3 阶 B-树的定义，因此要对父结点进行合并，得到的最终状态如图 8-18（e）所示。

（2）删除非底层结点中的关键字。

若所删除关键字非底层结点中的关键字 k_i（$1 \leqslant i \leqslant n$），则可以指针 a_i 所指子树中的最小关键字 $k_{\min}$ 来代替被删除关键字 k_i 所在的位置（这时，a_i 所指子树中的最小关键字 $k_{\min}$ 一定是在叶子结点上），然后再删除关键字 $k_{\min}$，即转化成（1）的情形。

5. B+树的定义

B+树是B树的一种变型树。一棵 m 阶 B+树和 m 阶 B 树的差异在于：

（1）有 n 棵子树的结点中含有 n 个关键字。

（2）所有的叶子结点中包含了全部关键字的信息，及指向包含这些关键字记录的指针，且叶子结点本身依关键字的大小自小而大顺序链接。

（3）所有的非终端结点可以看成是索引部分，结点中仅含有其子树（根结点）中的最大（或最小）关键字。

例如，图 8-19 所示为一棵 3 阶的 B+树。

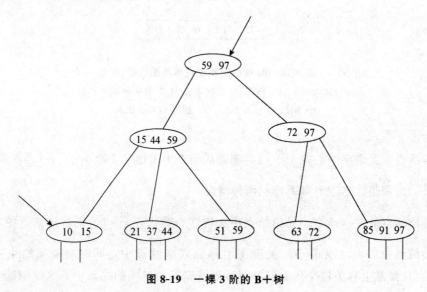

图 8-19 一棵 3 阶的 B＋树

6. B+树的查找

B+树的查找与 B 树类似，但除了从根结点出发进行查找外，还可以从最小关键字的结点开始查找。

与 B 树、B+树类似的还有一种树，称为 2—3 树。一棵 2—3 树符合下面的定义：

（1）一个结点包含一个或两个关键字。

（2）每个内部结点有两个子结点（包含一个关键字）或三个子结点（包含两个关键字）。

（3）所有叶子结点都在树的同一层。

例如，图 8-20 所示的是一棵 2—3 树。

8.3.4 键树

键树又称数字查找树，它是一棵度≥2 的树，树中的每个结点中不是包含一个或几个关键字，而是只含有组成关键字的符号。若关键字是数值，则结点中只包含一个数位；若关键字是单词，则结点中只包含一个字母字符。

例如，给定关键字的集合｛CAI、CAO、LI、LIU、YUE、YANG、WANG、WU、WEN｝，可以对关键字按第一个字母分成四个子集合：｛CAI、CAO｝、｛LI、LIU｝、｛YUE、YANG｝、｛WANG、WU、WEN｝，对每一个子集合，又可以按第二、第三、第四个字母继续划分成多个子集合，直到每个子集合的关键字只包含一个字母为止，按此规则可以得到一棵键树。例如图 8-21 所示为上面给定关键字的一棵键树，图中的 $ 结点表示字符串的结束。

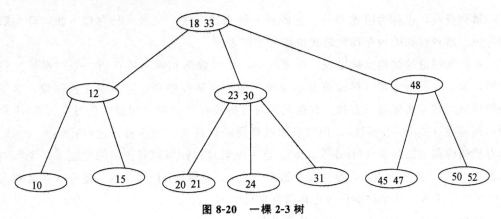

图 8-20　一棵 2-3 树

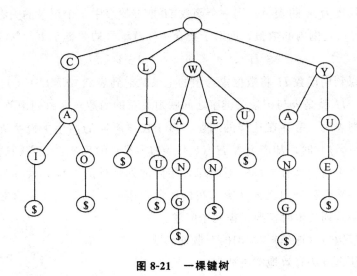

图 8-21　一棵键树

为了查找和插入方便，我们规定键树是有序树，即同一层中兄弟结点之间依所含符号自左至右有序，并约定结束符 $ 小于任何字符。

8.4 散列查找

8.4.1 基本概念

散列查找，也称为哈希查找。它既是一种查找方法，又是一种存储方法，称为散列存储。散列存储的内存存放形式也称为散列表。

在前面讨论的结构（顺序表、树等）中，查找数据元素时要进行一系列键值比较过程，为了使数据元素的存储位置和键值之间建立某种联系，以减少比较次数，本节介绍用散列技术实现动态查找。数据元素的键值和存储位置之间建立的对应关系 H 称为散列函数（或 Hash 函数），用键值通过散列函数获取存储位置的这种存储方式构造的存储结构称为散列表（Hash Table），这一映射过程称为散列。如果选定了某个散列函数 H 及相应的散列表 L，则对每个数据元素 x，函数值 H（x. key）就是 x 在散列表 L 中的存储位置，这个存储位置也称散列地址。

散列查找（哈希表查找）的基本思路是：

设置一个长度为 m 的表 A，用一个函数 H 把查找表中 n 个记录的关键字唯一地转换成 $[0, m-1]$ 范围内的数值，即对于集合中任意记录的关键字 K_i，有：

$$0 \leqslant H(k_i) \leqslant m-1, (1 \leqslant i \leqslant n)$$

这样就可以利用函数 H 将数据集合中的记录映射到表 A 中，$H(k_i)$ 即是 k_i 在表中的存储位置。H 就是表与记录关键字之间映射关系的函数，即散列函数。

在构造散列表时，常存在这样的问题：对于任意不同的两个关键字 k_i 和 k_j（$i \neq j$），在 $k_i \neq k_j$（$i \neq j$）时，却产生了 $H(k_i) = H(k_j)$ 的现象，我们把这种现象称为哈希冲突。通常把这种具有关键字不同却有相同散列地址的数据元素称为"同义词"，由同义词引起的冲突称为同义词冲突。在构造散列表时，同义词冲突通常是很难避免的。因此，采用散列技术时需要考虑两个问题：

第一，如何构造（选择）"均匀的"散列函数。

第二，用什么方法有效地解决冲突。

8.4.2 散列函数的构造

散列函数的构造目标是使散列地址尽可能均匀地分布在散列空间上，同时使计算尽可能简单。常用的构造方法有如下几种：

1. 除余数

除余法是一种最为简单，也是最常用的构造散列函数的方法，它是用数据元素关键字 k 除以一个合适的不大于散列表长度 m 的正整数 p 所得的余数作为哈希地址。除留余数法的散列函数 $H(k)$ 为：

$$H(k) = k \bmod p \quad (p \leqslant m)$$

用该方法生成的哈希函数的好坏取决于 p 值的选取。例如，若表长度为 $m = 52$，可选 $p = 51$，当 $k = 128$ 时，则有 $H(k) = 128 \bmod 51 = 26$。

又如，p 取奇数比取偶数好，因为当 p 取偶数时得到的散列地址总是将奇数关键字映射到散列表的奇数地址区间，将偶数关键字映射到散列表的偶数地址区间，增加了冲突的机会。

实践证明，当 p 取小于散列表长度 m 的一个质数或者是不包含小于 20 的质数因子的合数时，可以大大减少冲突出现的可能性。

2. 直接定址法

散列函数可表示为 $H(k) = k$ 或 $H(k) = a * k + b$，其中 a、b 均为常数。

这种方法计算特别简单，并且散列地址数与散列表中的关键字数相同，因而所映射的散列地址不会发生冲突，但当关键字分布不连续时，会出现很多空闲单元，造成大量存储单元的浪费。

3. 数字分析法

对关键字序列进行分析，取那些位上数字变化多的、频率大的作为散列函数地址。

例如，对如下的关键字序列：

430104681015355

430101701128352

430103720818350

430102690605351

430105801226356

……

通过对上述关键字序列分析，发现前 5 位相同，第 6、8、10 位上的数字变化多些，若规定地址取 3 位，则散列函数可取它的第 6、8、10 位。于是有：

$H(430104681015355) = 480$

$H(430101701128352) = 101$

$H(430103620805351) = 328$

$H(430102690605351) = 296$

$H(430105801226356) = 502$

4. 平方取中法

取关键字平方后的中间几位为散列函数地址。这是一种比较常用的散列函数构造方法，但在选定散列函数时不一定知道关键字的全部信息，取其中哪几位也不一定合适，而一个数平方后的中间几位数和数的每一位都相关，因此，可以使用随机分布的关键字得到函数地址。

图 8-22 中，随机给出一些关键字，取平方后的第 2 到 4 位为函数地址。

关键字	(关键字)²	函数地址
0100	0010000	010
1100	1210000	210
1200	1440000	440
1160	1370400	370
2061	4310541	310

图 8-22　利用平方取中法得到散列函数地址

5. 折叠法

将关键字分割成位数相同的几部分（最后一部分的位数可以不同），然后取这几部分的叠加和（舍去进位）作为散列函数地址，称为折叠法。

具体来说有两种叠加方法：

（1）移位法是将分割后的每一部分的最低位对齐，然后相加。

（2）间接叠加法是从一端向另一端沿分割界来回折叠，然后对齐相加。

设关键字 key=234312465298，设散列表长为三位数，则可将关键字分成 234、312、465、298 四个部分。那么采用上述两种方法计算散列地址如下：

<table>
<tr><td>移位法：</td><td>间接叠加法：</td></tr>
<tr><td>234</td><td>234</td></tr>
<tr><td>312</td><td>312</td></tr>
<tr><td>465</td><td>465</td></tr>
<tr><td>+　298</td><td>+　892</td></tr>
<tr><td>1309</td><td>1903</td></tr>
<tr><td>Hash(k)=309</td><td>Hash(k)=903</td></tr>
</table>

在关键字位数较多，且每一位上数字的分布基本均匀时，利用折叠法可以得到比较均匀的散列地址。

8.4.3　解决冲突的方法

解决散列冲突的方法有许多，其基本思路是当散列冲突出现时，通过散列函数 [设 $H_p(k)$（$p=1,2,\cdots,m-1$）]，产生一个新的散列地址使 $H_p(k_i) \neq H_p(k_j)$，从而为冲突元素找到另一个存储位置。

设散列表的地址范围是 0～（$m-1$），在处理冲突的过程中可能得到一系列散列地址 H_i（$i=1,2,\cdots\cdots,k$；$H_i \in [0, m-1]$），即在第一次冲突时，经过冲突处理得到一个新的 H_1，如果仍有冲突，再经过冲突处理求得另一个新的散列地址 H_2，……，依次类推，直至求得某个 H_i 不再冲突为止。

虽然散列冲突很难避免，但发生散列冲突的可能性却有大小。散列冲突主要与以下几个因素有关：

（1）与装填因子有关。所谓装填因子是指散列表中已存入的数据元素个数 n 与散列地址空间大小 m 的比值，即 n/m。装填因子越小，散列表中空闲单元的比例就越大，存储空间的利用率就越低；装填因子越大，散列表中空闲单元的比例就越小，存储空间的利用率就越高。为了兼顾减既少散列冲突的发生，又提高存储空间的利用率，通常将装填因子控制在 0.6～0.9 的范围内。

（2）与所采用的散列函数有关。若散列函数选择得当，就可使散列地址尽可能均匀地分布在散列地址空间上，从而减少冲突的发生。

下面介绍目前解决散列冲突的方法，主要分为开放定址法和链表法两大类。

1. 开放定址法

开放定址法就是从发生冲突的那个单元开始，按照一定的次序，从散列表中找出一个空闲的存储单元，把发生冲突的待插入关键字存储到该单元中，从而解决冲突的发生。

在开放定址法中，散列表中的空闲单元（假设地址为 K）不仅向散列地址为 K 的同义词关键字开放，即允许它们使用，而且还向发生冲突的其他关键字开放（它们的散列地址不为 K），这些关键字称为非同义词关键字。例如，设有关键字序列 14，27，40，15，16，散列函数为 $H(k)=k\%13$，则 14，27，40 的散列地址都为 1，因此发生冲突，即 14，27，40 互为同义词，这时，假设处理冲突的方法是从冲突处顺序往后找空闲位置，找到后放入冲突数据即可。则 14 放入第 1 个位置，27 只能放入第 2 个位置，40 就只能放入第 3 个位置，接着往后有关键字 15，16 要放入散列表中，而 15，16 的散列地址分别为 2 和 3，即 15 应放入第 2 个位置，16 应放入第 3 个位置，而第 2 个位置已放入了 27，第 3 个位置已放入了 40，故也发生冲突，但这时是非同义词冲突，即 15 和 27、16 和 40 相互之间是非同义词。这时，解决冲突后，15 应放入第 4 个位置，16 应放入第 5 个位置。因此，在使用开放定址法处理冲突的散列表中，地址为 K 的单元到底存储的是同义词中的一个关键字，还是非同义词关键字，就要看谁先占用它。

在开放定址法中，解决冲突时具体使用下面一些方法。

（1）线性探查法

线性探查法是从发生冲突的散列地址（设为 d）开始，依次探查 d 的下一个地址（当到达地址为 $m-1$ 的散列表尾时，下一个探查的地址是表首地址 0），直到找到一个空闲存储单元为止。线性探查法的数学递推公式描述为：

$$\begin{cases} d_0 = H(K) \\ d_i = (d_{i-1} + 1) \bmod m (1 \leqslant i \leqslant m-1) \end{cases}$$

其中：$H(K)$ 为散列函数，m 为散列表的长度。

线性探查法容易产生堆积问题，这是由于当连续出现若干同义词后，设第一个同义词占用单元d，这些连续的若干个同义词将占用散列表的d，d+1，d+2，……内存单元，随后任何d+1，d+2，……单元上的散列映射都会由于前边的堆积问题而产生冲突。

【例 8-4】 给定关键字序列为 19，14，23，1，68，20，84，27，55，11，10，79，散列函数 $H(k)=k\%13$，散列表空间地址为 0～12，试用线性探查法建立散列存储（散列表）结构。

得到的散列表如图 8-23 所示，对于关键字序列有：$H(19)=6$，故 19 放入第 6 个位置，$H(14)=1$，故 14 应放入第 1 个位置，$H(23)=10$，故 23 放入第 10 个位置，$H(1)=1$，应放入第 1 个位置，但与 $H(14)$ 发生同义词冲突，于是只能从第 2 个位置开始顺序找空闲位置，由于第 2 个位置为空闲，故可以将 1 放入第 2 个位置，接着有 $H(68)=3$，故 68 应放入第 3 个位置，$H(20)=7$，故 20 放入第 7 个位置，$H(84)=6$，与 $H(19)=6$ 发生同义词冲突，故 84 应放入第 7 个位置，而第 7 个位置有关键字 20，故再往后找到一个空闲位置 8，即 84 应放入第 8 个位置，接着有 $H(27)=1$，与 $H(14)=1$ 发生同义词冲突，故顺序往后找到空闲位置 4，即 27 应放入第 4 个位置，接着有 $H(55)=3$，与 $H(68)=3$ 发生同义词冲突，故顺序往后找到空闲位置 5，即 55 应放入第 5 个位置，接着有 $H(11)=11$，放入第 11 个位置，$H(10)=10$ 与 $H(23)=10$ 发生同义词冲突，故顺序往后找到一个空闲位置 12，即 10 放入第 12 个位置，接着有 $H(79)=1$，与 $H(14)=1$ 发生同义词冲突，故顺序往后找到空闲位置 9，即 79 放入第 9 个位置。这样就建立了如图 8-23 所示的散列存储结构（散列表）。

0	1	2	3	4	5	6	7	8	9	10	11	12
	14	1	68	27	55	19	20	84	79	23	11	10

图 8-23 散列存储结构

算法描述如下：

```
void creatl (elemtype HT[m], int n)
//建立散列表 HT,表长为 m,表中元素个数为 n
{int i , j ;elemtype k ;
for (i<0;i<m;i+ + ) HT[i]=NULL;
for (i=1;i<=n;i+ + )
{    scanf("% d",&k);                    //输入一个关键字
     j=H(k) ;                            //j=H(k)为散列函数
     while (HT[j]! =NULL)
       j= (j+ 1)% m;                     //发生冲突时,查找空闲位置
     HT[j]=k;
}
```

}

利用线性探查法处理冲突容易造成关键字的"堆积"，这是因为当连续 n 个单元被占用后，再散列到这些单元上的关键字和直接散列到后面一个空闲单元上的关键字都要占用这个空闲单元，致使该空闲单元很容易被占用，从而发生非同义冲突，造成平均查找长度的增加。

例如，在图 8-23 中，插入关键字 15，由于 H（15）＝2，故 15 应放入第 2 个位置，但第 2 个位置已放入数据 1，发生冲突（1 与 15 不是同义词，故为非同义词冲突），这时，只能从第 3 个位置开始顺序查找到一个空闲位置 9，才能放入关键字 15。从图 8-23 可以看出，第 9 个位置是空闲位置，可以为在第 1 到第 8 个位置发生冲突的关键字所占用（看哪一个位置关键字先占用），这样将造成第 1 到第 9 个位置的存储关键字在第 9 个位置的大量堆积现象，造成某些关键字的查找次数增加，使平均查找长度加大。为了避免堆积现象的发生，可以用下面的方法替代线性探查法。

（2）平方探查法

平方检查法规定，若在 d 地址发生冲突，下一次探查位置为 $d+2^0$，$d+2^1$，$d+2^2$，……，直到找到一个空闲位置为止。平方探查法的数学递推公式描述为：

$$\begin{cases} d_0 = H(K) \\ d_i = (d_{i-1} + 2^{i-1}) \bmod m \, (1 \leqslant i \leqslant m-1) \end{cases}$$

算法描述如下：

```
void creat2 ( elemtype HT[m],int n)
{   int i ,j,d ;elemtype k;
for (i=0;i<m;i++)      HT[i]=NULL;
    for(i=1;i=n;i+ +)
{ scanf("% d",&k);
    j=H(k);
    d=0;
while   (HT[j]! =NULL)
{   j= (j+ 2* 2∧d)% m;
    d+ + ;
}
HT[j]=k;
}
}
```

平方探查法是一种比较理想的处理冲突方法，它能够较好地避免堆积现象。它的缺点是不能探查到散列表上的所有单元，但至少能探查到一半单元。例如，若表长 $m=13$，假设在第 3 个位置发生冲突，则后面探查的位置依次为 4、7、12、6、2、0，即可以探查到一半单元。若解决冲突时，探查到一半单元仍找不到一个空闲单元，则表明此散列表太满，需重新建立散列表。

（3）双散列函数探查法

该方法使用两个散列函数 H 和 T，用 H 作散列函数建立散列存储（散列表），用 T 来解决冲突。若 H（k）在 d_0 位置发生冲突，即 $d_0 = H$（k），则下一个探查位置序列应该是 $d_i =$（$d_{i-1} + T$（k））%m（$1 \leqslant i \leqslant m-1$）。双散列函数探查法的数学递推公式描述为：

$$\begin{cases} d_0 = H(K) \\ d_i = (d_{i-1} + T(K)) \bmod m (1 \leqslant i \leqslant m-1) \end{cases}$$

算法描述如下：

```
void creat3 (elemtype HT[m],int n)
{  int i,j,d ;elemtype k;
   for(i=0;i<m;i++) HT[i]=NULL;
   for(i=1;i<=n;i++)
   {  scanf("% d",&k);
      j=H(k) ;d=T(k);
      while (HT[j]! =NULL)
         j=(j+d)% m;
      HT[j]=k;
   }
}
```

2. 拉链法

链表法解决冲突的基本思路是：如果没有发生散列冲突，则直接存放该数据元素；如果发生了散列冲突，则把发生散列冲突的数据元素另外存放在单链表中。

【例 8-5】对给定的关键字序列 19，14，23，1，68，20，84，27，55，11，10，79，散列函数为 H（k）＝k%13，试用拉链法解决冲突建立散列表。

由于 H（14）＝H（1）＝H（27）＝H（79）＝1，故 14、1、27、79 互为同义词，组成一个单链表；H（68）＝H（55）＝3，故 68、55 互为同义词，组成一个单链表；H（19）＝H（84）＝6，故 19、84 互为同义词，组成一个单链表；H（23）＝H（10）＝10，故 23、10 互为同义词，组成一个单链表；H（26）＝7 单独组成一个单链表，H（11）＝11 单独组成一个单链表。H（k）为 0，2，4，5，6，8，9，12 时，无对应关键字，故这些单链表为空。图 8-24 为用尾插法建立的关于例 8-5 的拉链法解决冲突的散列表。

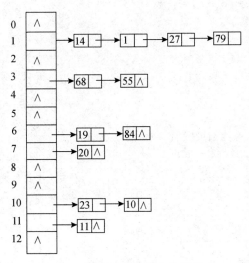

图 8-24　拉链法解决冲突的散列表

拉链法建立散列表的算法描述如下（类似于图的邻接表）：

```
struct Lnode
{  elemtype data;
   struct Lnode * next;
};
# define m maxm                      // maxm 代表散列表长度
# define n maxn                      // maxn 代表关键字个数
void creat4 (struct Lnode * HT[m] , int n)
{  int i, j;elemtype k;
      for (i=0;i<m;i++) HT[i]=NULL;
      for(i=1;i<=n;i++)
      {scanf("% d",&k);                // 输入一个关键字
        j=H(k);                        // H(k) 为散列函数
        s=(struct Lnode* )malloc(sizeof(struct Lnode));  // 申请一个结点
        s->data=k;
        s->next=HT[j]->next;          // 头插法建链表
        HT[j]->next=s;                // 头插法建链表
      }
}
```

8.4.4　散列查找算法实现

1. 线性探查法的查找

```
int find1 (elemtype HT[m],elemtype k)
    // 在散列表 HT 中查找关键字 k
```

```
    {
      int j＝H(k);
    if (HT[j]＝＝NULL) return -1;                    //查找失败
    else if(HT[j]＝＝k) return j;                    //一次查找成功
    else
    {
      while (HT[j]!＝k)&&(HT[j]!＝NULL)
        j＝(j+1)% m;
    if(HT[j]＝＝NULL) return - 1;                    //多次查找失败
      else return j;                                //多次查找成功
    }
}
```

2. 平方探查法的查找

```
    int find2 (elemtype HT[m],elemtype k)
    //在散列表 HT 中查找关键字 k
    {
    int j,d;
    j＝H(k);
    if (HT[j]＝＝NULL)   return - 1;
    else if(HT[j]＝＝k) return j;
    else
    {
    d＝1;
    while (HT[j]!＝k)&&(HT[j]!＝NULL)
    { j＝(j＋d* d)% m;d+ + ;}
    if (HT[j]＝＝NULL) return - 1;
    else return j;
    }
}
```

3. 双散列函数探查法的查找

```
    int find3(elemtype HT[m],elemtype k)
    //在散列表 HT 中查找关键字 k
    {
    int j, d;
        j＝H(k);                                    //建立散列表的散列函数
    if (HT[j]＝＝NULL) return - 1;
    else if (HT[j]＝＝k) return j;
    else
```

```
{
  d=T(k);                          //解决冲突的散列函数
  while(HT[j]! =k)&&(HT[j]! =NULL)
    j=(j+d)% m;
  if (HT[j]==NULL) return -1;
  else return j;
  }
}
```

4. 拉链法的查找

```
struct Lnode * find4 (struct Lnode * HT[m],elemtype k)
//在散列表 HT 中查找关键字 k
{
  int j=H(k);
  struct Lnode * p=HT[j];
  while (p! =NULL)&&( p->data! =k)
    p=p->next;
  if (p! =NULL)
    return p;                     //查找成功
  else return NULL;               //查找失败
}
```

8.4.5　散列查找的性能分析

散列查找按理论分析，它的时间复杂度应为 $O(1)$，它的平均查找长度应为 ASL＝1，但实际上由于冲突的存在，它的平均查找长度将会比 1 大。下面将分析几种方法的平均查找长度。

1. 线性探查法的性能分析

由于线性探查法解决冲突是线性地查找空闲位置的，平均查找长度与表的大小 m 无关，只与所选取的散列函数 H 及装填因子 α 的值和该处理方法有关，这时的成功平均查找长度为 $ASL=\dfrac{1}{2}\ (1+\dfrac{1}{1-\alpha})$。

例如，对图 8-24 所示的散列表，查找关键字 14，1，68，27，55，19，20，84，79，23，11，10 的查找次数分别为 1，2，1，4，3，1，1，3，9，1，1，3，则成功的平均查找长度 $ASL=\dfrac{1+2+1+4+3+1+1+3+9+1+1+3}{12}=\dfrac{30}{12}=2.5$。该方法优于二叉排序树查找（二叉排序树的平均查找长度为 $\log_2 n=\log_2 12$）。

2. 拉链法查找的性能分析

由于拉链法查找就是在单链表上查找，查找单链表中第一个结点的次数为 1，第二个结点次数为 2，其余依此类推。它的平均查找长度 $ASL=1+\dfrac{\alpha}{2}$。

例如，对前面图 8-24 所示的散列表，查找 14，68，19，20，23，11 的次数都为 1，查找 1，55，84，10 的次数都为 2，查找 27，79 的次数分别为 3 和 4 次，则平均查找长度 $ASL=\dfrac{1*6+2*4+3+4}{12}=\dfrac{21}{12}=1.75$。

关于平方探查法、双散列函数探查法就不再讨论了，其平均查找长度为 $-\dfrac{1}{a}\ln(1-a)$。

【例 8-6】 给定关键字序列 11，78，10，1，3，2，4，21，试分别用顺序查找、二分查找、二叉排序树查找、平衡二叉树查找、散列查找（用线性探查法和拉链法）实现查找，试画出它们的对应存储形式（顺序查找的顺序表，二分查找的判定树，二叉排序树查找的二叉排序树及平衡二叉树查找的平衡二叉树，两种散列查找的散列表），并求出每一种查找的成功平均查找长度。散列函数 $H(k)=k\%11$。

顺序查找的顺序表（一维数组）如图 8-25 所示，二分查找的判定树（中序序列为从小到大排列的有序序列）如图 8-26 所示，二叉排序树（关键字顺序已确定，该二叉排序树应唯一）如图 8-27（a）所示，平衡二叉树（关键字顺序已确定，该平衡二叉树也应该是唯一的）如图 8-27（b）所示，用线性探查法解决冲突的散列表如图 8-28 所示，用拉链法解决冲突的散列表如图 8-29 所示。

图 8-25　顺序查找的顺序表

由图 8-25 可以得到顺序查找的成功平均查找长度为：

$$ASL=\frac{1+2+3+4+5+6+7+8}{8}=4.5$$

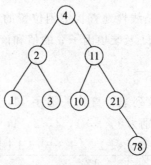

图 8-26　二分查找的判定树

由图 8-26 可以得到二分查找的成功平均查找长度为：

$$ASL = \frac{1+2*2+3*4+4}{8} = 2.625$$

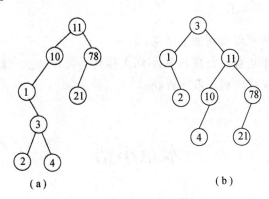

图 8-27 二叉排序树及平衡二叉树

（a）二叉排序树；（b）平衡二叉树

由图 8-27（a）可以得到二叉排序树查找的成功平均查找长度为：

$$ASL = (1+2*2+3*2+4+5*2) = 3.125$$

从图 8-27（b）可以得到平衡二叉树的成功平均查找长度为：

$$ASL = \frac{1+2*2+3*3+4*2}{8} = 2.75$$

0	1	2	3	4	5	6	7	8	9	10
11	78	1	3	2	4	21				10

图 8-28 线性探查法解决冲突的散列表

从图 8-28 可以得到线性探查法的成功平均查找长度为：

$$ASL = \frac{1+1+2+1+3+2+1+8}{8} = 2.375$$

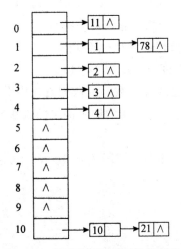

图 8-29 拉链法解决冲突的散列表

由图 8-28 可以得到拉链法的成功平均查找长度为：

$$ASL = \frac{(1*6+2*2)}{8} = 1.25$$

从上面求出的结果可以得到如下结论：

各种查找的成功平均查找长度按从小到大排列为：拉链法＜线性探查法＜二分查找＜平衡二叉树＜二叉排序树＜顺序查找。

本章小结

1. 顺序查找对表无任何要求，既适用于顺序表，也适用于链表；既适用于无序表，也适用于有序表。顺序查找成功时的平均查找长度为 $\frac{n+1}{2}$，故时间复杂度为 $O(n)$。

2. 二分查找仅适用于有序的顺序表，它的平均查找长度为 $\frac{n+1}{2}\log_2(n+1)-1$，故时间复杂度为 $O(\log_2 n)$。二分查找可以划分成一棵判定树形式，查找过程从根结点开始，相等则已找到，算法结束。若待查找值小于根结点，进入左子树重复，否则进入右子树重复。若遇到树叶还没有找到，则算法结束，查找不成功。

3. 索引查找也称索引存储，包含查找索引表和查找主表两个阶段，查找性能介于二分查找和顺序查找之间。

4. 分块查找是一种特殊的索引查找，其索引表中的索引值与主表中每个元素的关键字具有相同的数据类型。

5. 二叉排序树是一种特殊的二叉树，它的中序是一个有序序列，在其上的查找类似于二分查找的判定树上的查找。它的查找性能介于二分查找和顺序查找之间。

6. 平衡二叉树查找和二叉树查找类似，但它的性能优于二叉排序树查找。2-3 树、B 树、B+树是几种特殊的树形结构，它们的查找与平衡二叉树类似。

7. 散列查找是通过构造散列函数来计算关键字的存储地址的一种查找方法，按理论分析，不需要用到比较，时间复杂度为 O (1)。

8. 由于散列函数不一定是线性函数，故散列查找中会出现不同的关键字得到的函数值相同的情形，即会出现冲突。常用的解决冲突的方法有线性探查法、平方探查法、拉链法等。

9. 散列查找中，冲突的发生与装填因子 α 有关，α 越大，发生冲突的可能性越大，反之越小。

习题 8

一、选择题

1. 顺序查找法适合于存储结构为 （　　） 的线性表。

A. 散列存储 　　　　　　　　　　　　B. 顺序存储或链式存储

C. 压缩存储 　　　　　　　　　　　　D. 索引存储

2. 若查找每个记录的概率均等，则在有 n 个记录的连续顺序文件中采用顺序查找法查找一个记录，其平均查找长度 ASL 为（　　）。

A. $\dfrac{n-1}{2}$ 　　　　　　　　　　　B. $\dfrac{n}{2}$

C. $\dfrac{n+1}{2}$ 　　　　　　　　　　　D. n

3. 对线性表进行二分查找时，要求线性表必须（　　）。

A. 以顺序方式存储

B. 以链式方式存储

C. 以顺序方式存储，且结点按关键字有序排序

D. 以链式方式存储，且结点按关键字有序排序

4. 当在一个有序的顺序存储表上查找一个数据时，即可用折半查找，也可用顺序查找，但前者比后者的查找速度（　　）。

A. 必定快 　　　　　　　　　　　　　B. 不一定

C. 在大部分情况下要快 　　　　　　　D. 取决于表递增还是递减

5. 采用二分查找方法查找长度为 n 的线性表时，每个元素的平均查找长度为（　　）。

A. $O(n^2)$ 　　　　　　　　　　　　B. $O(n\log_2 n)$

C. $O(n)$ 　　　　　　　　　　　　　D. $O(\log_2 n)$

6. 当采用分块查找时，数据的组织方式为（　　）。

A. 数据分成若干块，每块内数据有序

B. 数据分成若干块，每块内数据不必有序，但块间必须有序，每块内最大（或最小）的数据组成索引块

C. 数据分成若干块，每块内数据有序，每块内最大（或最小）的数据组成索引块

D. 数据分成若干块，每块（除最后一块外）中数据个数需相同

7. 有一个有序表为 {1，3，9，12，32，41，45，62，75，77，82，95，100}，当用二分法查找值为 82 的结点时，（　　）次比较后查找成功

A. 1 　　　　　　B. 2 　　　　　　C. 4 　　　　　　D. 8

8. 二叉树为叉又排序树的充分必要条件是其任一结点的值均大于其左孩子的值、

小于其右孩子的值。这种说法（　　）。

　　A. 正确　　　　　　　　　　　　B. 错误

9. 如果要求一个线性表既能较快的查找，又能适应动态变化的要求，则可采用（　　）查找法。

　　A. 分块查找　　　　B. 顺序查找　　　　C. 折半查找　　　　D. 基于属性

10. 分别以下列序列构造二叉排序树，与用其他三个序列所构造的结果不同的是（　　）。

　　A. （100，80.90，60，120，110，130）　B. （100，120，110，130，80，60，90）

　　C. （100，60，80，90，120，110，130）　D. （100，80，60，90，120，130，110）

11. 散列表的平均查找长度（　　）。

　　A. 与处理冲突方法有关而与表的长度无关

　　B. 与处理冲突方法无关而与表的长度有关

　　C. 与处理冲突方法有关且与表的长度有关

　　D. 与处理冲突方法无关且与表的长度无关

12. 设哈希表长 $m = 14$，哈希函数 H（key）$=$ key％11。表中已有 4 个结点：addr（15）$=$4；addr（38）$=$5；addr（61）$-$6；addr（84）$=$7，如用二次探测再散列法处理冲突，关键字为 49 的结点的地址是（　　）。

　　A. 8　　　　　　B. 3　　　　　　C. 5　　　　　　D. 9

14. 设有一组记录的关键字为 ｛19，14，23，1，68，20，84，27，55，11，10，79｝，用链地址法构造散列表，散列函数为 H（key）$=$ key mod 13，散列地址为 1 的链中有（　　）个记录。

　　A. 1　　　　　　B. 2　　　　　　C. 3　　　　　　D. 4

15. 下列关于哈希查找说法不正确的有（　　）个。

　　（1）采用链地址法解决冲突时，查找一个元素的时间是相同的

　　（2）采用链地址法解决冲突时，若插入规定总是在链首，则插入任一个元素的时间是相同的

　　（3）用链地址法解决冲突易引起聚集现象

　　（4）用哈希法不易产生聚集

　　A. 1　　　　　　B. 2　　　　　　C. 3　　　　　　D. 4

16. 设哈希表长为 14，哈希函数是 H（key）$=$ key％11，表中已有数据的关键字为 15，38，61，84，现要将关键字为 49 的结点加到表中，用二次探测再散列法解决冲突，则放入的位置是（　　）。

　　A. 8　　　　　　B. 3　　　　　　C. 5　　　　　　D. 9

17. 将 10 个元素散列到 10000 个单元的哈希表中，则（　　）产生冲突。

　　A. 一定会　　　　B. 一定不会　　　　C. 仍可能会

18. 解决散列法中出现的冲突问题常采用的方法是（　　）。

A. 数字分析法、除余法、平方取中法

B. 数字分析法、除余法、线性探测法

C. 数字分析法、线性探测法、多重散列

D. 线性探测法、多重散列法、链地址法

19. 采用线性探测法解决冲突问题，所产生的一系列后继散列地址（　　　）。

A. 必须大于等于原散列地址

B. 必须小于等于原散列地址

C. 可以大于或小于但不能等于原散列地址

D. 大小没有具体限制

20. 对查找表的查找过程中，若被查找的数据元素不存在，则把该数据元素插入到集合中。这种方式主要适合于（　　　）。

A. 静态查找表　　　　　　　　　　B. 动态查找表

C. 静态查找表与动态查找表　　　　D. 两种表都不适合

二、填空题

1. 顺序查找法的平均查找长度为 _____；折半查找法的平均查找长度为 _____；哈希表查找法采用链接法处理冲突时的平均查找长度为 _____。

2. 在各种查找方法中，平均查找长度与结点个数 n 无关的查找方法是 _____。

3. 顺序查找 n 个元素的顺序表，若查找成功，则比较关键字的次数最多为 _____ 次；当使用监视哨时，若查找失败，则比较关键字的次数为 _____。

4. 折半查找的存储结构仅限于 _____，且是 _____。

5. 在顺序表（8，11，15，19，25，26，30，33，42，48，50）中，用二分（折半）法查找关键码值 20，需做的关键码比较次数为 _____。

6. 假设在有序线性表 A（1～20）上进行折半查找，则比较一次查找成功的结点数为 _____，比较两次查找成功的结点数为 _____，比较三次查找成功的结点数为 _____，比较四次查找成功的结点数为 _____，比较五次查找成功的结点数为 _____，平均查找长度为 _____。

7. 一个无序序列可以通过构造一棵 _____ 树而变成一个有序序列，构造树的过程即为 _____ 对无序序列进行排序的过程。

8. 二叉排序树的查找长度不仅与 _____ 有关，也与二叉排序树的 _____ 有关。

9. 平衡二叉树又称 _____，其定义是 _____。

10. 哈希表是通过将查找码按选定的 _____ 和 _____，把结点按关键字转换为地址进行存储的线性表。哈希方法的关键是 _____ 和 _____。一个好的哈希函数其转换地址应尽可能 _____，而且函数运算应尽可能 _____。

11. 在哈希函数 $H(\text{key}) = \text{key} \% p$ 中，p 值最好取 _____。

12. 假定有 k 个关键字互为同义词，若用线性探测再散列法把这 k 个关键字存入散列表中，至少要进行 _____ 次探测。

13. _____法构造的哈希函数肯定不会发生冲突。

14. 动态查找表和静态查找表的重要区别在于，前者包含有_____和_____运算，而后者不包含这两种运算。

15. 在散列存储中，装填因子 α 的值越大，则_____；α 的值越小，则_____。

三、编程题

1. 已知顺序表 A 长度为 n，试写出将监视哨设在高端的顺序查找算法。

2. 若线性表中各结点的查找概率不等，则可用如下策略提高顺序查找的效率：若找到指定的结点，则将该结点和其前驱结点交换，使得经常被查找的结点尽量位于表的前端。试对线性表的链式存储结构写出实现上述策略的顺序查找算法（查找时必须从表头开始向后扫描）。

3. 有递增排序的顺序线性表 A [n]，写出利用二分查找算法查找元素 K 的递归算法。若找到则给出其位置序号，若找不到则其位置号为 0。

4. 已知关键字序列为 {PAL，LAP，PAM，MAP，PAT，PET，SET，SAT，TAT，BAT}，试为它们设计一个散列函数，将其映射到区间 [$0 \sim n-1$] 上，要求碰撞尽可能少。这里 $n=11$，13，17，19。

5. 设计一个算法，求出指定结点在给定的二叉排序树中所在的层数。

6. 设计一个算法，求出给定二叉排序树中值为最大的结点。

7. 假设散列函数为 $H(k) = k \% 11$，采用链地址法处理冲突，设计算法：

（1）输入一组关键字（09，31，26，19，01，13，02，11，27，16，05，21）构造散列表。

（2）查找值为 x 的元素。若查找成功，返回其所在结点的指针，否则返回 NULL。

第9章

内排序

本章导读

本章主要介绍数据处理中各种内排序方法的思路及算法实现、稳定性分析、时间复杂度等。

学习目标

- 内排序方法的分类、稳定性分析
- 每一种内排序方法在最好、最坏和平均情形下的时间复杂度、空间复杂度
- 每一种内排序方法的思路及每一趟排序结果
- 每一种内排序方法的实现算法

9.1 基本概念

9.1.1 排序介绍

排序（sorting）是计算机数据处理中一种很重要的运算，同时也是很常用的运算，一般计算机中的数据处理工作中 20%～30% 的时间都在进行排序。于是，人们对排序进行了深入细致的研究，并且设计出一些巧妙的算法。排序可以分为内排序和外排序。内排序，就是所有数据全部调入计算机内存进行排序。而外排序，是指数据量特别大，不能一次性调入内存进行，而必须分批调入内存进行，即排序过程中还需要借助外存。本章仅讨论一些常用的内排序方法及算法实现。

所谓排序，简单地说，就是把一组无序的记录（元素）按照关键字值的递增或递减的次序重新排列的过程。

9.1.2 基本概念

1. 排序码

作为排序依据的记录中的一个属性，它可以是任何一种有序数据类型，可以是记录的关键字，也可以是任何非关键字。

2. 有序表与无序表

一组记录按排序码的递增或递减次序排列得到的结果被称为有序表，若非如此，则称为无序表。

3. 正序表与逆序表

若有序表是按排序码升序排列的，则称为升序表或正序表，否则称为降序表或逆序表。一般通常情况下只讨论正序表。

4. 内排序与外排序

排序分为两类：内排序和外排序。内排序是指当待排序记录的数量不是太大时，将待排序的记录全部调入内存中进行排序的过程。若待排序记录的数量庞大时，无法依次调入内存，只能分批导入内存排好序后再分批导出到外部存储器如磁盘，这种涉及内外存储器数据交换的排序过程称为外排序。内排序大致可分为五类：插入排序、交换排序、选择排序、归并排序和分配排序。

5. 排序过程

由于排序过程是将无序的记录序列通过记录关键字的比较和记录的位置移动，使序列有序，所以内部排序过程有两个基本操作：

（1）比较两个关键字的大小。

（2）将记录从一个位置移动到另一个位置。

第一个操作对大多数排序方法都是必须的，第二个操作则看记录序列的存储方式。

6. 稳定与不稳定

排序码可以不是记录的关键字，同一排序码值可能对应多个记录。对于具有同一排序码的多个记录来说，若采用的排序方法使排序后记录的相对次序不变，则称此排序方法是稳定的，否则称为不稳定的。排序算法的稳定性取决于算法本身，而不取决于待排序的记录序列。

7. 排序记录的三种存储方式

（1）若待排序记录存放在一组连续的存储地址上，类似于线性表的顺序存储结构，那么排序过程中记录的移动是必须的。

（2）若待排序记录采用链表形式存储，则记录之间的次序关系是由链表指针指示的，那么排序过程中仅需要修改指针，不需要移动记录。

（3）若待排序记录存放在一组连续的存储地址上，同时另外增加一组存储记录地址的向量，使用向量来指示各个记录的序列中的位置，那么排序过程中只需要调整的地址向量值，不需要移动记录。

一般来说，第一种方式比较适合用于记录量较小的情况，当记录量较大时，则后两种方式是非常有效的。

8. 排序的算法性能标准

一个排序算法的好坏，一般从以下三个方面衡量：

（1）时间复杂度：它主要用于分析记录关键字的比较次数和记录的移动次数。

（2）空间复杂度：用于分析算法中使用的内存辅助空间的多少。

（3）稳定性：用于分析算法是否稳定。在有些特定应用中，要求排序算法必须是稳定的。

内部排序方法很多，很难找出一种最好的排序方法，所以要分析每种方法各自的优缺点，针对具体应用，选择最合适的方法。

为了方便讨论，若无特别说明，均假定待排序的记录序列采用一个顺序表结构来存储，并且假定按关键字的递增序列排序。在后面的各种排序算法中，均将排序记录的数据结构定义为：

```
typedef struct
{
    elemtype key;              //关键字
    itemtype otheritem;        //其他数据项
}RecordType;
typedef   RecordType R[n+1];   //定义 R 为 RecordType 型数组
```

其中，key 是记录排序时的关键字，实际应用中其类型可以为整型、实型或者字符串等。为了简单起见，设 key 为整型，n 为序列中待排序记录的总数，R[0]记录闲置或用来暂存某个记录值，可以用作"哨岗"。

9.2　插入排序

插入排序的基本思路：从初始有序的数据子序列开始，不断把新的数据元素插入到已排列有序的子序列的合适位置上，使子序列中数据元素的个数不断增多，当子序列等于整个序列时，插入排序算法结束。常用的插入排序有直接插入排序和希尔排序两种。

9.2.1　直接插入排序

1. 直接插入排序的基本思路

直接插入排序（straight insertion sorting）的基本思路：依次将排序的每一个记录

按其关键字大小，插入到已排序的子序列中，使之仍然是有序的，直至所有记录都插入完为止。

设待排序的 n 个记录存放在数组 R 中，开始排序时，我们认为序列中的第一个记录 R [1] 已排好序，它组成了排序的初始序列，然后将未排序的第一个记录 R [2] 与 R [1] 进行比较，若 R [2] ＜ R [1]，则交换这两个记录的位置，从而将 R [2] 插入已排序的子序列中，形成新的有序子序列。这样每插入一个记录，有序部分将增加一个记录。依次类推，当所有排序的记录全部插入后，整个序列就变成一个有序序列。

按照上述思路，我们用一个例子来说明直接插入排序的过程。

【例 9-1】设待排序记录的关键字序列为 {17，3，25，14，20，9}，直接插入排序过程如图 9-1 所示。

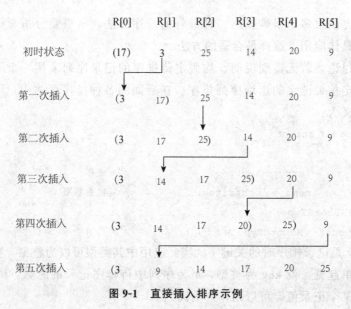

图 9-1　直接插入排序示例

一般来说，在对第 i 个记录 R [i] 进行插入时，记录 R [1]，R [2]，……R，[$i-1$] 已排序好，因此可以用记录 R [i] 的关键字分别与记录 R [1]，R [2]，……，R [$i-1$] 的关键字进行比较，找出相应的位置 j，然后插入 R [i] 到位置 j，第 j 个位置之后的记录顺序向后移动一个位置。具体实现方法：先将待插入记录 R [i] 保存在一个临时变量中，然后将记录 R [i] 分别与记录 R [$i-1$]，R [$i-2$]，……，R [1] 的关键字进行比较，若有序部分记录 R [j] 的关键字大于 R [i] 的关键字，则 R [j] 后移一个位置。

2. 直接插入排序的算法实现

```
void insertsort(RecordType R[ ],int n)
//待排序元素用一个数组 R 表示,数组有 n 个元素
{
    for(int i=1;i<n;i++)                //i 表示插入次数,共进行 n-1 次插入
```

```
    {
        RercordType temp=R[i];                  //把待排序元素赋给 temp
        int j=i- 1;
        while((j>=0)&&(temp.key<R[j].key))
        {
            R[j+ 1]=R[j];j- - ;                 //顺序进行比较和移动
        }
        R[j+1]=temp;
    }
}
```

3. 直接插入排序的效率分析

（1）从空间复杂度来看，直接插入排序仅需要一个记录的附加空间，所以其空间复杂度为 O （1）。

（2）从时间复杂度来看，该算法中基本操作是关键字大小比较和移动记录。最好的情况是原始数据元素已全部排好序，关键字间比较次数最小值为 $n-1$，移动记录的次数为 0。最坏的情况是原始数据元素反序排序，那么关键字间比较次数达到最大 $\sum_{i=0}^{n-2}(i+2)=\dfrac{(n+2)(n-1)}{2}$，记录间移动次数也为最大值 $\sum_{i=0}^{n-2}i=\dfrac{n(n-1)}{2}$。假设初始关键字序列出现各种排序的概率相同，可取上述两种情况的平均值，即所需进行关键字间比较次数和移动次数约为 $\dfrac{n^2}{2}$，故直接插入排序的时间复杂度为 O （n^2）。

（3）从稳定性来看，直接插入排序算法是一种稳定的排序算法。

9.2.2　二分插入排序

1. 二分插入排序的基本思路

二分插入排序（binary insert sorting）的基本思路是：在有序表中采用二分查找的方法查找排序元素的插入位置。

其处理过程为：先将第一元素作为有序序列，进行 $n-1$ 次插入，用二分查找的方法查找待排元素的插入位置，将待排元素插入。

2. 二分插入排序的算法实现

算法如下：

```
    void binaryinsertsort(RecordType R[ ],int n)
    {
        for( int i=1;i<n;i+ + )                  //i表示插入次数,共进行 n-1 次插入
        {
            int left=0,right=i- 1;RecordType  temp=R[i];
            while(left<=right)
```

```
    {
        int middle＝(left＋right)/2;        //取中点
        if(temp. key＜R[middle]. key)
            right＝middle- 1;              //取左区间
        else
            left＝middle+ 1;              //取右区间
    }
    for(int j＝i- 1;j＞＝left;j- - )
        R[j+ 1]＝R[j];                   //元素后移空出插入位
    R[left]＝temp;
    }
}
```

3. 二分插入排序的效率分析

二分插入排序算法与直接插入排序算法相比，需要辅助空间，与直接插入排序基本一致；时间上，前者的比较次数比直接插入排序的最坏情况好，比最好情况坏，两种方法元素的移动次数相同，因此二分插入排序的时间复杂度仍为 $O(n^2)$。

二分插入排序算法与直接插入排序算法的元素移动一样，是顺序的，因此该方法也是稳定的。

9.2.3 希尔排序

1. 希尔排序的基本思想

希尔排序（Shell sorting）又称为"缩小增量排序"，是 1959 年由 D. L. Shell 提出来的。该方法的基本思路是：先将整个待排元素序列分割成若干个子序列（由相隔某个"增量"的元素组成的），分别进行直接插入排序，待整个序列中的元素基本有序（增量足够小）时，再对全体元素进行一次直接插入排序。因为直接插入排序是在元素基本有序的情况下进行，效率很高，因此希尔排序在时间效率上比直接插入排序有较大提高。

具体实现方法：先取一个合适的整数 d_1（$1 \leqslant d_1 \leqslant n$，$n$ 为序列长度），如 $\frac{n}{2}$ 作为第一个增量，把序列中的全部记录分成 d_1 个小组，每组中的各个记录在序列中的位置增量为 d_1，即将位置增量 d_2（$1 \leqslant d_1 \leqslant d_2$），如 $\frac{d_1}{2}$，重复上述的分组和排序，直至所取的增量 $d_t=1$（$1=d_t \leqslant d_{t-1} \leqslant \cdots \leqslant d_2 \leqslant d_1$），即所有的记录放在同一组进行直接插入排序为止。

【例 9-2】设有 8 个待排序的记录，关键字为 $\{17, 3, 30, 25, 14, \underline{17}, 20, 9\}$。

增量序列的取值选取为 $d_1 = \dfrac{n}{2}$，$d_i = \dfrac{d_{i-1}}{2}$，对其进行希尔排序过程如图 9-2 所示。

第一趟排序时，$d_1 = 4$，序列被划分为四组（17，14），（3，17），（30，20），（25，9），依次对各组记录进行直接插入排序，得到第一趟排序结果。

第二趟排序时，$d_2 = 2$，序列被划分为两组（14，20，17，30），（3，9，17，25），对各组记录仍进行直接插入排序，得到第二趟排序结果。

第三趟排序时，$d_3 = 1$，整个序列为一组，进行直接插入排序后，其结果为一个有序的记录序列。

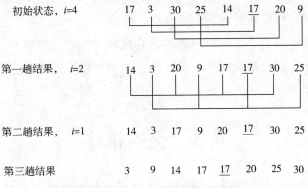

图 9-2　希尔排序算法的执行过程

2. 希尔排序的算法实现

```
void shellsort(RecordType R[],int n)
{
  for( int d＝n/2;d≥1;d/＝2)        //d表示增量大小,增量每次整除2,第一次为 n/2
  {   for( int i＝d;i<n;i++ )
    {                             //将每个元素直接插入对应子序列的有序表中
      RecordType temp＝R[i];      //将待插入对象暂存到 temp
      for(int j＝i- d;j≥0;j- ＝d)
      {                           //在组内向前顺序进行比较和移动
        if(temp. key<R[j]. key)
          R[j+ d]＝R[j];
        else break;              //查找到合适位置就退出 j 循环
      }
      R[j+ d]＝temp;
    }
  }
}
```

3. 希尔排序的效率分析

虽然我们给出的算法是三层循环，最外层循环为 $\log_2 n$ 数量级的，中间的 for 循环是 n 数量级的，内循环远远低于 n 数量级。因为当分组较多时，组内元素较少，此循环次数少，但当分组较少时，组内元素增多，但已接近有序，循环次数并不增加。因此，希尔排序的时间复杂度在 $O(n\log_2 n)$ 和 $O(n^2)$ 之间，大致为 $O(n^{1.3})$。一般来说，如果增量序列中的值没有除 1 之外的公因子，或者至少相邻两个增量序列中的值没有除 1 之外的公因子，则这样的增量序列是最好的。增量序列不管怎么选取，必须保证最后一个增量的值为 1。从所需的附加空间来看，除了交换用的暂存变量外，不需要任何附加空间，所以其空间复杂度为 $O(1)$。

由于希尔排序对每个子序列单独比较，在比较时进行元素移动，有可能改变相同排序码的原始顺序，因此希尔排序是不稳定的。

9.3　交换排序

交换排序的基本思路是两两相比较待排序元素的排序码，如发现逆序则交换之，直到所有元素形成有序表。交换排序主要包括冒泡排序和快速排序。

9.3.1　冒泡排序

1. 冒泡排序的基本思路

冒泡排序（bubble sorting）是一种简单的交换排序。假设 n 个待排记录放在数组 R[1]～R[n] 中，其基本思路是：

（1）首先将 R[1] 的关键字与 R[2] 的关键字进行比较，若逆序（即 $R[1].key > R[2].key$）则交换这两个记录，然后，再比较 R[2] 与 R[3] 的关键字，以此类推，直到完成第 $n-1$ 个记录和第 n 个记录的关键字比较为止。这样的过程称为一趟冒泡排序，其结果将关键字最大的记录调整到第 n 个位置上。

（2）然后进行第 2 趟冒泡排序，即对前 $n-1$ 个记录进行同样的操作，使关键字次大的记录调整到 $n-1$ 个记录位置上。

（3）依次进行 3，4，……，$n-1$ 趟冒泡排序。整个冒泡排序过程共需要 $n-1$ 趟冒泡排序，其结果是关键字小的记录像水中气泡逐趟向上起泡，而关键字较大的记录像石块往下沉，每趟总有一块"最大"的石头沉入水底（或每趟总有一个"最小"的气泡浮到水面），故形象称之为"冒泡"排序。

【例 9-3】假设记录的关键字序列为 {17，3，25，14，20，9}，冒泡排序过程如图 9-3 所示。

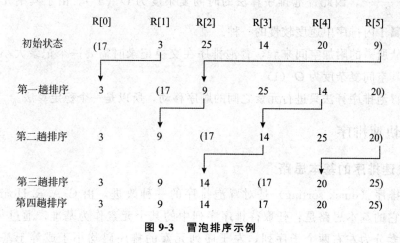

图 9-3 冒泡排序示例

在排序的过程中，各元素不断接近自己的位置，如果一趟比较下来没有进行过交换，就说明序列有序，因此要在排序过程中设置一个标志 flag 判断元素是否进行过交换，从而减少不必要的比较。

2. 冒泡排序的算法实现

```
void bubblesort(RecordType R[ ], int n)
{
  int flag=1;                        //若 flag 为 0 则停止排序
  for(int i=1; i<n; i++)
  {                                  //i 表示趟数,最多 n-1 趟
    flag=0;                          //开始时元素未交换
    for(int j=n-1; j>=i; j--)
      if(R[j]. key<R[j-1]. key)
      {                              //发生逆序
        RecordType t=R[j];
        R[j]=R[j-1];
        R[j-1]=t; flag=1;            //交换,并标记发生了交换
      }
    if(flag==0) return;
  }
}
```

3. 冒泡排序的效率分析

（1）从冒泡排序算法可以看出，若待排序的元素有序，则只需要进行一趟排序，比较次数为 $n-1$ 次，移动元素次数为 0。这时冒泡排序算法的时间复杂度为 $O(n)$。

（2）若待排序的元素逆序，则需要进行 $n-1$ 趟排序，比较次数为 $\dfrac{n^2-n}{2}$，移动元素

次数为 $\dfrac{3(n^2-n)}{2}$，因此冒泡排序算法的时间复杂度为 $O(n^2)$。由于其中元素移动较多，所以属于内排序中速度较慢的一种。

（3）从所需的附加空间来看，冒泡排序在交换记录时需要一个记录大小的附加空间，所以其空间复杂度为 $O(1)$。

因为冒泡排序算法只进行元素之间的顺序移动，所以是一个稳定算法。

9.3.2 快速排序

1. 快速排序的基本思路

快速排序（quick sorting）是对冒泡排序的一种改进，由 C. A. R. Hoare 在 1962 年提出。它的基本思路是：任取待排序序列中的某个元素作为基准，通过一趟排序，将待排元素分为左右两个子序列，左子序列元素的排序码均小于或等于基准元素的排序码，右子序列的排序码则大于基准元素的排序码，然后分别对两个子序列继续进行排序，直至整个序列有序。算法中元素的比较和交换是从两端向中间进行的，排序码较大的元素一次就能交换到后面单元，排序码较小的元素一次就能够交换到前面单元，元素每次移动的距离较远，因而总的比较和移动次数较少。整个过程可以递归进行。

快速排序的过程：把待排序区间按照第一个元素（基准元素）的关键字将序列分为左右两个子序列，此过程叫做一次划分，设待排序序列为 R［left］～R［right］，其中 left 为下限，right 为上限，left<right，R［left］为该序列的基准元素，为了实现一次划分，令 i，j 的初值分别为 left 和 right。在划分过程中，首先让 j 从它的初值开始，依次向前取值，并将每一元素 R［j］的排序码同 R［left］的关键字进行比较，直到 R［j］<R［left］时，交换 R［j］与 R［left］的值，使关键字相对较小的元素交换到左子序列，然后让 i 从 i+1 开始，依次向后取值，并使每一元素 R［i］的关键字同 R［j］的关键字进行比较，直到 R［i］>R［j］时，交换 R［i］与 R［j］的值，使关键字大的元素交换到后面子区；接着再让 j 从 $j-1$ 开始，依次向前取值，重复上述过程，直到 i 等于 j，即指向同一位置为止，此位置就是基准元素最终被存放的位置。此次划分得到前后两个待排序的子序列分别为 R［left］～R［$i-1$］和 R［$i+1$］～R［right］。

【例 9-4】假设关键字序列为 ｛46，55，13，42，94，05，17，70｝，一次划分过程如图 9-4 所示。

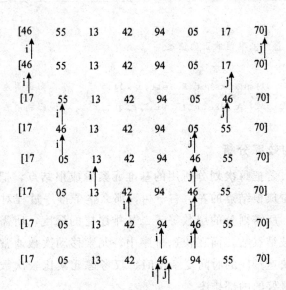

图 9-4 快速排序的一次划分

由图 9-4 可知，通过一次划分，将一个区间以基准值分为两个子区间，左子区间的值小于或等于基准值，右子区间的值大于基准值。对剩下的子区间重复此划分步骤，则可以得到快速排序的结果。

2. 快速排序的算法实现

```
void quickshort(RecordType R[],int left,int right)
  {
    int i＝left,j＝right;
    RecordType temp＝R[i];
    while(i＜j)
    {  while((R[j].key＞temp.key)&&(j＞i))
        j＝j-1;
      if(j＞i)
      {
        R[i]＝R[j];
        i＝i+1;
      }
      while((R[i].key＜＝temp.key)&&(j＞i))
        i＝i+1;
      if(i＜j)
      {
        R[j]＝R[i];
        j＝j-1;
      }
```

```
    }
    //一次划分得到基准值的正确位置
    R[i]=temp;
    if(left<i- 1)quickshot(R,left,i- 1);      //递归调用左子区间
    if(i+1<right)quicksort(R,i+ 1,right);     //递归调用右子区间
}
```

3. 快速排序的效率分析

在快速排序中，若把每次划分所用的基准元素看成根结点，把划分得到的左子区间和右子区间分别看成根结点的左、右子树，那么整个排序过程对应着一棵具有 n 个结点的二叉排序树，所需划分的层数等于二叉排序树的深度，所需划分的所有区间数等于二叉排序树分枝结点数，而在快速排序中，元素移动次数通常小于元素的比较次数。因此，在讨论快速排序的时间复杂度时，仅考虑元素比较次数即可。快速排序就平均性能而言，是最好的内部排序。

若基准记录选择得当，每次划分若能使左右两个区长度相等，则这是最好的情况，结点数 n 与二叉树深度 h 应满足 $\log_2 n < h < \log_2 n + 1$，所以总的比较次数不会超过 $(n+1)\log_2 n$。因此，快速排序的最好时间复杂度为 $O(n\log_2 n)$。

若快速排序最坏的情形（每次能划分成两个子区间，但其中一个是空），则这时得到的二叉树是一棵单分枝树，得到的非空子区间包含 $n-i$ 个元素（i 代表二叉树的层数，$1 \leqslant i \leqslant n$），每层划分需要比较 $n-i+2$ 次，所以总的比较次数为 $\dfrac{(n^2+3n-4)}{2}$。因此，快速排序的最坏时间复杂度为 $O(n^2)$。

快速排序所占用的辅助空间为栈的深度，故最好的空间复杂度为 $O(\log_2 n)$，最坏的空间复杂度为 $O(n)$。

快速排序是一种不稳定的排序方法。

9.4　选择排序

9.4.1　直接选择排序

1. 直接选择排序的基本思路

直接选择排序（straight select sorting）也是一种简单的排序方法。它的基本思路是：第一次从 R[1]～R[n] 中选取最小值，与 R[1] 交换，第二次从 R[2]～R[n] 中选取最小值，与 R[2] 交换，第三次从 R[3]～R[n] 中选取最小值，与 R[3] 交换……，第 i 次从 R[i]～R[n] 中选取最小值，与 R[i] 交换……，第 n-1 次从 R[n-1]～R[n] 中选取最小值，与 R[n-1] 交换，总共通过 n-1 次，得到一个按关键字从小到大排

列的有序序列。

【例 9-5】假设待排序记录的关键字序列为 {8，3，2，1，7，4，6，5}，则直接选择排序过程如图 9-5 所示。

图 9-5　直接选择排序过程示例

2. 直接选择排序的算法实现

```
void selectsort(RecordType R[ ],int n)
{
  int i,j,min;RecordType t;
  for(i＝1;i＜n;i+ + )
  {
    min＝i;
    for(j＝i+ 1;j＜＝n;j+ + )
      if(R[j.key]＜R[min].key) min＝j;
    if(min! ＝i)
    { t＝R[i];
        R[i]＝R[min];
        R[min]＝t;
    }
  }
}
```

3. 直接选择排序的效率分析

在直接选择排序中，共需要进行 $n-1$ 次选择和交换，每次选择需要进行 $n-i$ 次比较（$1 \leqslant i \leqslant n-1$），而每次交换最多需要 3 次移动，因此，总的比较次数 $C = \sum\limits_{i=1}^{n-1}(n -$

①$)=\dfrac{1}{2}(n^2-n)$，总的移动次数 $M = \sum\limits_{i=1}^{n-1} 3 = 3(n-1)$。由此可知，直接选择排序的时间复杂度为 O（n^2），所以当记录占用的字节数较多时，通常比直接插入排序的执行速度要快一些。

由于在直接选择排序中存在着不相邻元素之间的互换，因此，直接选择排序是一种不稳定的排序方法。

9.4.2 树形选择排序

我们知道，在直接选择排序过程中，开始为找出关键字最小的记录，需要比较 $n-1$ 次，然后再找出次小关键字的记录，需要对剩下的 $n-1$ 个记录比较 $n-2$ 次。而在这 $n-2$ 次的比较中，有许多比较可能前面已经比较过了，但前一趟没有保存各次排序中有用的比较结果，所以后一趟必须重复执行这些比较操作，这就大大增加了时间开销。

1. 堆的定义

堆排序（heap sort）是 J. Willions 针对直接选择排序所存在的上述问题而提出的一种改进方法，可以在寻找当前待排序记录中最小关键字记录的同时，保存本趟排序过程中产生的其他比较信息供后面比较使用。下面介绍堆的基本概念。

堆（heap）具有 n 个元素序列，其关键字序列为 k_1，k_2，k_3，……k_n，满足如下条件：

①$\begin{cases} k_i \leqslant k_{2i} \\ k_i \leqslant k_{2i+1} \end{cases}$ 或 ②$\begin{cases} k_i \geqslant k_{2i} \\ k_i \geqslant k_{2i+1} \end{cases}$ ，其中：$i=1$，2，$\cdots \lfloor \dfrac{n}{2} \rfloor$

若将此堆关键字按顺序组成一棵完全二叉树，则①称为小根堆，即二叉树的所有根结点值小于或等于左右孩子的值；②称为大根堆，即二叉树的所有根结点值大于或等于左右孩子的值。

若 n 个元素的关键字 k_1，k_2，k_3，……k_n 满足堆，且让结点按 1，2，3，……，n 顺序编号，根据完全二叉树的性质（若 i 为根结点，则左孩子为 $2i$，右孩子为 $2i+1$）可知，堆排序实际与一棵完全二叉树有关。如图 9-6（a）所示为元素序列 $\{7$，6，4，5，2，3，$1\}$ 组成大根堆的完全二叉树的表示形式和它们存储结构，图 9-6（b）所示为元素序列 $\{1$，4，3，5，6，7，$9\}$ 组成小根堆的完全二叉树的表示形式和它们的存储结构。

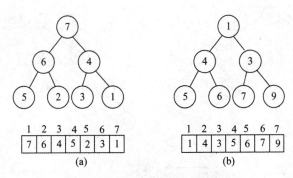

图 9-6　堆的示例及存储结构

(a) 一个大根堆和它的存储结构；(b) 一个小根堆和它的存储结构

由堆定义可以推知，堆具有如下性质：

（1）大根堆的根结点是堆中值最大的元素，小根堆的根结点是堆中值最小的元素，堆的根结点元素称堆顶元素。

（2）对于大根堆，从根结点到每个叶子结点路径上的元素组成序列都是递减有序的；对于小根堆，从根结点到每个叶子结点路径上的元素组成的序列都是递增有序的。

（3）堆中任一子树也是堆。

堆排序可以包含建立初始堆（使排序码变成能符合堆定义的完全二叉树）和利用堆进行排序两个阶段。

2. 堆排序的基本思路

将 n 个待排序记录的关键字 k_1，k_2，k_3，……k_n 表示成一棵完全二叉树，然后从第 $\frac{n}{2}$ 个排序码开始筛选，使由该结点组成的子二叉树符合堆的定义，然后从第 $\frac{n}{2}-1$ 个关键字重复刚才的操作，直到第一个关键字为止。这时，该二叉树符合堆的定义，初始堆建成。接着，可以按如下方法进行堆排序：将堆中第一结点（二叉树的根结点）和最后一个结点的数据进行（k_1 与 k_n）交换，再将 $k_1 \sim k_{n-1}$ 重新建堆，然后 k_1 和 k_{n-1} 交换，再将 $k_1 \sim k_{n-2}$ 重新建堆，然后 k_1 和 k_{n-2} 交换，如此重复下去，每次重新建堆的元素个数不断减少，直到重新建堆的元素个数仅剩一个为止。这时堆排序已经完成，则排序码为 k_1，k_2，k_3，……k_n 已经排成一个有序序列。

例如，初始关键字序列为 {46，55，13，42，94，05，17，70} 建立初始堆的过程如图 9-7 所示。

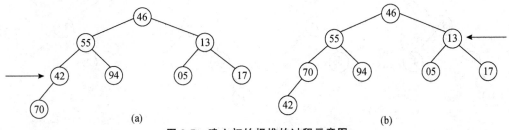

图 9-7　建立初始根堆的过程示意图

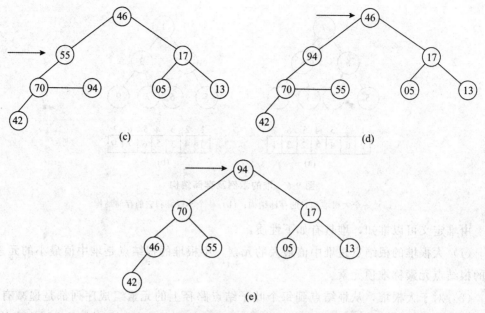

(c)   (d)

(e)

图9-7   建立初始根堆的过程示意图（续）

（a）初始无序的结点，从42开始调整；（b）将以13为根的子树调整成堆；

（c）将以55为根的子树调整成堆；（d）将以46为根的子树调整成堆；（e）成堆

对于排序码46，55，13，42，94，05，17，70，建成如图9-7（e）所示的大根堆后，为了使排序结果按关键字递增有序排列，则在堆排序算法中，先建立一个"大根堆"，将堆顶元素与序列中最后一个记录交换，然后对序列中前 $n-1$ 个记录进行"筛选"，重新调整为一个"大根堆"，如此反复直至排序结束。堆排序过程如图9-8所示。

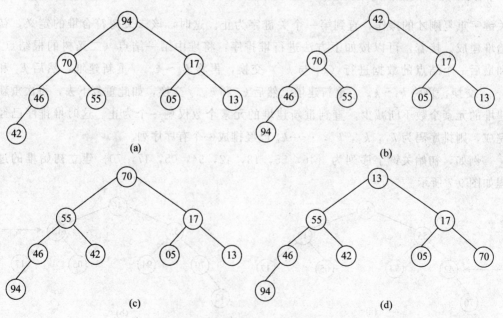

(a)   (b)

(c)   (d)

图9-8   堆排序过程示意图

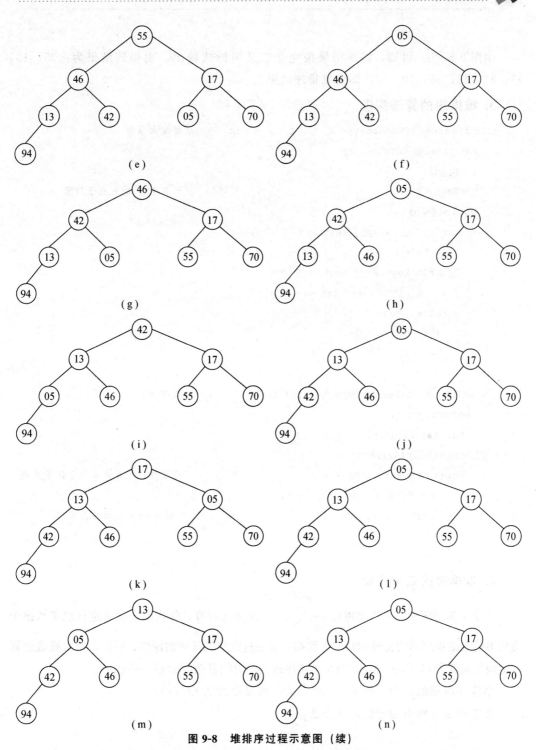

图 9-8　堆排序过程示意图（续）

　　（a）初始堆；（b）94 与 42 交换；（c）前 7 个排序码重新建成堆；（d）70 和 13 交换

　　（e）前 6 个排序码重新建成堆；（f）55 与 05 交换；（g）前 5 个排序码重新建成堆；（h）46 与 05 交换

　　（i）前 4 个排序码重新建成堆；（j）42 与 05 交换；（k）前 3 个排序码重新建成堆；（l）17 和 05 交换

　　（m）前 2 个排序码重新建成堆；（n）13 与 05 交换

由图 9-8 （n）可知，将其结果按完全二叉树形式输出，则得到结果为：05，13，17，42，46，55，70，94，即为堆排序结果。

3. 堆排序的算法实现

```
void createheap(RecordType R[ ],int i , int n)        //建立大根堆
{   int j;ReccordType   t;
    t=R[i];
    j=2* i;                                           //计算 R[i]的左孩子位置
    while(j<n)
      { if((j<n)&&(R[j]. key<R[j+ 1]. key))
          j+ + ;
        if(t. key<R[j]. key)
          {R[i]=R[j];i=j;j=2* i;}
        else j=n;
        R[i]=t;
      }
    }
  void heapsort(RecordType R[ ],int n)                //堆排序
    {RecordType t;
      for(int i=n/2;i>=0;i- - )
      createheap(R,i,n);
      for(i=n- 1;i>=0;i- - )                          //将堆顶记录与最后一个记录交换
        { t=R[0];R[0]=R[i];R[i]=t;
          createheap(R,0,i- 1);                       /将 R[0…i- 1]调整为堆
        }
      }
```

4. 堆排序的效率分析

在整个堆排序中，共需要进行 $n+\left\lfloor\dfrac{n}{2}\right\rfloor-1$ 次筛选运算，每次筛选运算进行双亲和孩子或兄弟结点的排序码的比较和移动次数都不会超过完全二叉树的深度，所以，每次筛选运算的时间复杂度为 O（$\log_2 n$），故整个堆排序过程的时间复杂度为 O（$n\log_2 n$）。

堆排序占用的辅助空间为 1，故它的空间复杂度为 O（1）。

堆排序是一种不稳定的排序方法。

9.5 归并排序

9.5.1 二路归并排序

1. 二路归并排序的基本思路

二路归并排序的基本思路：设待排序序列长度为 n，初始时把它们看作是 n 个长度为 1 的有序子序列，然后从第一个子序列开始对这些相邻的子序列进行两两合并，得到 $\left[\frac{n}{2}\right]$ 个长度为 2 或 1 的有序子序列，我们将这过程称为一趟归并排序。然后继续对这些长度为 2 或 1 的有序子序列进行两两合并，如此重复，直到合并成一个长度为 n 的有序序列为止。

【例 9-6】设待排序记录的关键字序列为 {46，55，13，42，94，05，17，70}，二路归并排序过程如图 9-9 所示。

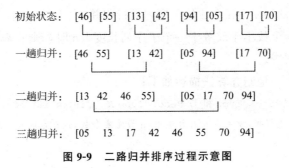

图 9-9　二路归并排序过程示意图

2. 二路归并排序的算法实现

二路归并排序包含两两归并排序、一趟归并排序这二路归并排序部分。两两归并是将两个有序子区间合并成一个有序子区间，一趟归并是对相同长度的有序子区间进行两两归并，使子区间数目减少，区间长度增加。

（1）相邻两个有序表合并为一个有序表。

二路归并最核心的操作是将一维数组中前后相邻的两个有序序列合并成一个有序序列，算法如下：

```
void merge(RecordType R[],RecordType A[],int s,int m,int t)
//将两个子区间 R[s]~R[m]和 R[m+1]~R[t]合并,结果存入 A 中
{int i,j,k;
i=s;j=m+1;k=s;//将 i、j、k 分别指向 R[1]~R[m]、R[m+1]~R[t]、A[1]~A[t]的首记录
    while((i<=m)&&(j<=t))                    //将 R 中的记录有小到大放入 A 中
```

```
if(R[i].key<=R[j].key)
    {A[k++]=R[i++];}
    else
    {A[k++]=R[j++];}
while(i<=m) //复制第一个区间剩下的元素
    {A[k++]=R[i++];}
while(i<=m) //复制第二个区间剩下的元素
    {A[k++]=R[j++];}
}
```

（2）一趟归并排序

每一趟排序都是从前往后，依次将相邻的两个有序子序列进行合并，并且除最后一个子序列外，其余每个子序列长度都相同。设这些子序列长度为 len，则一趟归并排序的过程为：从 R [1] 开始，依次将子序列 R [i] ~ R [i+1len-1] 和 R [i+len] ~ R [i+2len-1] 进行归并，每次归并两个子序列后，i 向后移动 2len 个位置，即 $i = i +$ 2len。若归并扫描到最后，剩下的元素不足两个子序列长度时，分两种情况处理：

①若剩下的元素个数大于一个子序列长度 len 时，调用 merge 算法，将一个长度为 len 的子序列和剩下的不足 len 个数的子序列进行归并。

②若剩下的元素个数小于或等于一个子序列长度 len 时，则只需将剩下的元素依次复制到归并后的序列中。

根据上述思路，一趟归并算法描述如下：

```
void mergeone(RecordType R[], RecordType A[ ],int n,int len)
//对 R 数组做一趟归并,结果存入 A 数组中,n 为元素个数,len 为区间长度
{  int i,j;
    i=0;
    while(i+2* len- 1<=n- 1)              //长度均为 len 的两个区间合并成
                                          一个区间
    {
        merge(R,A,i,i+ len- 1,i+ 2* len- 1);
        i+ =2* len;
    }
    if(i+ len- 1<n)                       //长度不等的两个区间合并成一个区间
        merge(R,A,i,i+ len- 1,n- 1);
    else
        for(j=i;j<=n- 1;j+ + ) //仅剩一个区间时,直接复制到 A 中
        A[j]=R[j];
}
```

（3）归并排序的迭代算法。

268

在开始归并排序时，每个记录可以看成是一个长度为 1 的有序子序列，利用一趟归并算法对这些子序列逐趟进行归并，每一趟归并后有序子序列的长度均扩大一倍（最后一个子序列可以例外），当有序子序列的长度与整个记录序列长度相等时，整个记录排序结束。二路归并排序迭代算法描述如下：

```
void mergesort(RecordType R[],int n)
//二路归并排序
{int len=1;RecordType  A[100];
  while(len<n)
    { mergeone(R,A,len,n);        //一次合并,结果存入 A 中
      len* =2;                    //区间长度扩大一倍
      mergeone(A,R,len,n);        //再次合并,结果存入 R 中
      len* =2;
    }
}
```

（4）归并排序的递归算法。

采用递归实现归并排序的基本思路：先将整个待排序序列划分成两个长度基本相等的子序列，然后分别对两个子序列进行二路归并排序，使两个子序列分别有序，最后再将这两个有序子序列合并成为一个完整的序列。二路归并递归算法描述如下：

```
void   mergesort2(RecordType R[],RecordType A[] int s,int r)
{  int m;
   if(s==r)
     A[s]=R[s];
   else
     {
       m=(s+r)/2;                    //将 R[r]平分为 R[s]~ R[m]和 R[m+1]~ R[r]
       mergesort2(R,A,s,m);          //递归地将 R[s]~ R[m]归并到 A[s]~ A[m]
       mergesort2(R,A,m+1,r);        //递归地将 R[m+1]~ R[r]归并到 A[m+1]~ A[r]
       merge(A,R,s,m,r);             //将 A[s]~ A[m]和 A[m+1]~ A[r]归并到 R[s]~ R[r]
     }
   for(m=s;m<=r;m++)                 //复制 R[s]~ R[r]到 A[s]~ A[r]
     A[m]=R[m];
}
```

3. 二路归并效率分析

二路归并排序的时间复杂度等于归并趟数与每一趟时间复杂度的乘积。而归并趟数是 $\lceil \log_2 n \rceil$（当 $\lceil \log_2 n \rceil$ 为奇数时，则归并趟数是 $\lceil \log_2 n \rceil$ +1）。因为每趟归并将两两有序子区间合并成一个有序子区间，而每对有序子区间归并时，记录的比较次数

均小于或等于记录的移动次数，而记录的移动次数等于这一对有序表的长度之和，所以，每一趟归并的移动次数均等于数组中记录的个数 n，即每一趟归并的时间复杂度为 $O(n)$。因此，二路归并排序的时间复杂度为 $O(n\log_2 n)$。

利用二路归并排序时，需要利用与待排序数组相同的辅助数组作临时单元，故该排序方法的空间复杂度为 $O(n)$。

由于二路归并排序中，每两个有序表合并成一个有序表时，若分别在两个有序表中出现相同关键字，则会使前一个有序表中相同的关键字先复制，后一个有序表中相同关键字后复制，从而保持相对次序不会改变。所以，二路归并排序是一种稳定的排序方法。

9.5.2　多路归并排序

将三个或三个以上的有序子区间合并成一个有序子区间的排序，称为多路归并排序。常见的有三路归并排序（三个有序子区间合并成一个有序子区间）、四路归并排序（四个有序子区间合并成一个有序子区间）等，具体实现方法与二路归并排序类似，在此不再赘述。

9.6　基数排序

9.6.1　基数排序的基本思路

基数排序（radix sorting）是和前面所述各类排序方法完全不同的一种排序方法。基数不需要进行排序码的比较，它是一种借助多关键字（多个排序码）排序的思路来实现单关键字排序的排序方法。

具体实现时，任何关键字的值可以看成是由若干个"位"组成，例如：5 位十进制数字可以看成由个位数、十位数、百位数、千位数、万位数五个位组成。假设待排序记录的关键字是 d 位 r 进制整数（不足 d 位的关键字高位补 0），设置 r 个桶，令其编号为 1，2，……，$r-1$，然后执行如下步骤：

（1）将每一个关键字按最低位对齐。

（2）按关键字最低位的数值从小到大依次将各记录分配到 r 个（缓存）桶中，再按桶号从小到大和进入桶中元素的先后次序收集分配在各桶中的数据元素，从而形成数据元素的一个新的排列，此过程称为一趟基数排序。

（3）对上一趟基数排序的数据序列按关键字次地位的数值，从小到大依次把各记录分配到 r 个桶中，然后按照桶号从小到大和进入桶中元素的先后次序收集分配在各桶中的数据元素。

（4）如此不断重复上述过程，当完成了第 d 趟基数排序后，就得到了排序结果。

这种方法由于是从低位开始比较，然后再不断进行分配和收集操作实现从最低位到最高位的排序，故也称为最低位优先法。相反，如果排序顺序是从最高位到最低位，则称为最高位优先法。

分析基数排序算法思路可知，由于要求进出桶中的数据元素序列满足先进先出的原则，因此桶实际上是队列，可以采用顺序队列和链式队列两种不同的实现方法。

【例 9-7】设待排序记录的关键字序列为 {123，78，65，9，108，7，8，3，68，309}，基数排序的步骤如图 9-10 所示。

初时状态：	123	78	65	9	108	7	8	3	68	309
一趟（按个位）：	123	3	65	7	78	108	8	68	9	309
二趟（按十位）：	3	7	8	9	108	309	123	65	68	78
三趟（按百位）：	3	7	8	9	65	68	78	108	123	309

图 9-10　基数排序的步骤

具体实现时，基数排序包含分配和收集，分配是将第 k（$l \leqslant k \leqslant d$）个排序码相同的元素放到一个队列中，收集是得到这一趟的排序结果。例如，对于图 9-10 所示的初始排序码，分配和收集过程如图 9-11 所示。

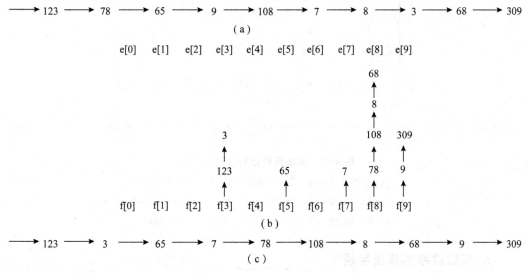

图 9-11　基数排序过程示意图

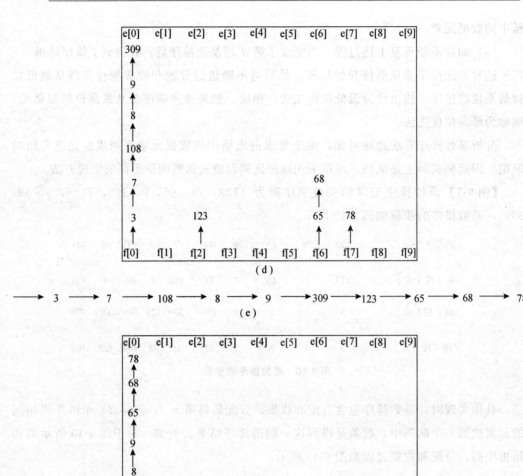

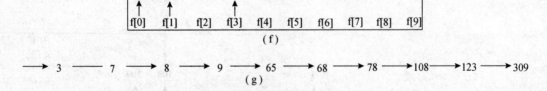

图 9-11 基数排序过程示意图（续）

（a）初始状态；（b）第一趟分配（按个位，有十个队列）

（c）第一趟收集；（d）第二趟分配（按十位，有十个队列）；（e）第二趟收集

（f）第三趟分配（按百位，有十个队列）；（g）第三趟收集

2. 基数排序的算法实现

假设每个元素有 d 个排序码，图 9-11 中，$d=3$，各排序码分别代表个位、十位、百位上的数字，而每个排序码的取值范围为 c1 到 crd 图 9-11 中，c1＝0，crd＝9，基数排序算法描述如下：

```
# define  c1  0
# define  crd  9
# define  d  3
typedef  int  elemtype
typedef  struct  RecordType
{  elemtype  key[d+1];              //有d个关键字,存放在 key[1]~ key[d]中
   int  next;
   };
   int  f[crd- c1+ 1],e[crd- c1+ 1];    //定义队列的头、尾指针
   int  radixsort( )
   { int i,j,p,t;
     p=1;
     for(i=d;i>=1;i- - )
     {  for(j=c1;j<=crd;j+ + )
         f[j]=0;
        while(p! =0)                  //分配算法
          {j=r[p]. key[i];
           if(f[i]==0)  f[i]=p;
           else  r[e[j]]. next=p;
           e[j]=p;
           p=r[p]. next;
           }
        j=c1;
        while(f[j]==0) j++;
        p=f[j];t=e[j];
        while(j<crd)                  //收集算法
        {j++;
          while((j<crd)&&(f[j]==0))
            j++;
          if(f[j]! =0)
          { r[t]. next=f[j];t=e[j];}
          }
        R[t]. next=0;
      return p;
```

3. 基数排序的效率分析

对于含有 n 个元素的关键字，每个关键字位数为 d，每一位可以有 r 种取值，故需进行 d 趟分配和收集，因此，基数排序的时间复杂度为 $O(d(n+r))$。

在基数排序中，由于每一位有 r 种取值，所以需要 r 个队头和队尾指针，它的空间复杂度为 $O(n+r)$。

由于基数排序中值相同的元素的相对位置在分配和收集中不会发生变化，所以基数排序是一种稳定的排序方法。

9.7 各种排序方法的比较和选择

9.7.1 各种排序方法的比较

1. 从时间复杂度比较

从平均时间复杂度来考虑，直接插入排序、冒泡排序、直接选择排序是三种简单的排序方法，时间复杂度都为 $O(n^2)$，而快速排序、堆排序、二路归并排序的时间复杂度都为 $O(n\log_2 n)$，希尔排序的时间复杂度介于这两者之间。若从最好的时间复杂度考虑，则直接插入排序和冒泡排序的时间复杂度为 $O(n)$，其他排序的最好情形同平均情形相同。若从最坏的时间复杂度考虑，则快速排序的时间复杂度最坏为 $O(n^2)$，直接插入排序、冒泡排序、希尔排序同平均情形相同，但系数大约增加一倍，所以运行速度将降低一半，最坏情形对直接选择排序、堆排序和归并排序影响不大。

2. 从空间复杂度比较

归并排序的空间复杂度最大，为 $O(n)$，快速排序的空间复杂度为 $O(n\log_2 n)$，其他排序的空间复杂度为 $O(1)$。

3. 从稳定性比较

直接插入排序、冒泡排序、归并排序是稳定的排序方法，而直接选择排序、希尔排序、快速排序、堆排序是不稳定的排序方法。

9.7.2 各种排序方法的选择

1. 从时间复杂度选择

对于元素个数较多的排序，可以选择快速排序、堆排序、归并排序，元素个数较少时，可以选择简单的排序方法。

2. 从空间复杂度选择

尽量选择空间复杂度为 $O(1)$ 的排序方法，其次选择空间复杂度为 $O(\log_2 n)$ 的快速排序方法，最后才选择空间复杂度 $O(n)$ 的二路归并排序方法。

3. 一般选择规则

(1) 当待排序元素的个数 n 较大，排序码分布随机，而对稳定性不做要求时，则采用快速排序为宜。

(2) 当待排序元素个数 n 较大，内存空间允许，且要求排序稳定时，则采用二路归并排序为宜。

（3）当待排序元素的个数 n 较大，排序码分布可能会出现正序或逆序的情形，且对稳定性不做要求时，则采用堆排序或二路归并排序为宜。

（4）当待排序元素的个数 n 较小，元素基本有序或分布较随机，且要求稳定时，则采用直接插入排序为宜。

（5）当待排序元素的个数 n 较小，对稳定性不做要求时，则采用直接选择排序为宜，若排序码基本有序，则采用直接插入排序，冒泡排序一般很少采用。

本章小结

1. 由于排序是数据处理中经常运用的一种重要运算，因此，这一章是本书的重点之一。

2. 本章主要介绍了排序及与排序相关的一些概念，详细讨论了各种常见的排序算法的设计与实现，并对这些排序算法的稳定性和复杂性进行了较为详尽的分析。

3. 从本章讨论各种排序算法可以看到，没有十全十美的排序算法，每一种方法都有其缺点，有其本身适用的场合。

4. 由于排序运算在计算机应用中经常碰到，读者应重点理解各种排序算法的基本思路，熟练掌握各种排序算法的设计与实现，充分掌握各种排序方法的特点及对算法的分析方法，从而在面对实际问题时能选用合适的排序方法。

习题 9

一、选择题

1. 下列内部排序算法中：

A. 快速排序   B. 直接插入排序

C. 二路归并排序   D. 简单选择排序

E. 冒泡排序   F. 堆排

（1）其比较次数与序列初态无关的算法是（   ）。

（2）不稳定的排序算法是（   ）。

（3）在初始序列已基本有序（除去 n 个元素中的某 k 个元素后即呈有序，$k < n$）的情况下，排序效率最高的算法是（   ）。

（4）排序的平均时间复杂度为 $O(n\log_2 n)$ 的算法是（   ），为 $O(n^2)$ 的算法是（   ）。

2. 设有 1 000 个无序的元素，希望用最快的速度挑选出其中前 10 个最大的元素，最好选用（　　）排序法。

A. 起泡排序　　　　　　　　　　B. 快速排序

C. 堆排序　　　　　　　　　　　D. 基数排序

3. 对一组数据（84，47，25，15，21）排序，数据的排列次序在排序的过程中的变化为

（1）84　47　25　15　21　　（2）15　47　25　84　21

（3）15　21　25　84　47　　（4）15　21　25　47　84

则采用的排序是（　　）。

A. 选择　　　　　B. 冒泡　　　　　C. 快速　　　　　D. 插入

4. 一组记录的关键字为（46，79，56，38，40，84），则利用堆排序的方法建立的初始堆为（　　）。

A. 79，46，56，38，40，84　　　　　B. 38，40，56，79，46，84

C. 84，79，56，46，40，38　　　　　D. 84，56，79，40，46，38

5. 下列排序算法中（　　）排序在一趟结束后不一定能选出一个元素放在其最终位置上。

A. 选择　　　　　B. 冒泡　　　　　C. 归并　　　　　D. 堆

6. 一组记录的关键字为（46，79，56，38，40，84），则利用快速排序的方法，以第一个记录关键字为基准得到的一次划分结果为（　　）。

A. 38，40，46，56，79，84　　　　　B. 40，38.，46，79，56，84

C. 40，38，46，56，79，84　　　　　D. 40，38，46，84，56，79

7. 下列排序算法中，在待排序数据已有序时，花费时间最多的是（　　）排序。

A. 冒泡　　　　　B. 希尔　　　　　C. 快速　　　　　D. 堆

8. 一组记录的关键字为（25，48，16，35，79，82，23，40，36，72），其中含有 5 个长度为 2 的有序表，按归并排序的方法对该序列进行一趟归并后的结果为（　　）。

A. 16，25，35，48，23，40，79，82，36，72

B. 16，25，35，48，79，82，23，36，40，72

C. 16，25，48，35，79，82，23，36，40，72

D. 16，25，35，48，79，23，36，40，72，82

9. 就平均性能而言，目前最好的内排序方法是（　　）排序法。

A. 冒泡　　　　　B. 希尔　　　　　C. 交换　　　　　D. 快速

10. 排序方法中，从未排序序列中依次取出元素与已排序序列（初始时为空）中的元素进行比较，将其放入已排序序列的正确位置上的方法，称为（　　）。

A. 希尔排序　　　　　　　　　　B. 起泡排序

C. 插入排序　　　　　　　　　　D. 选择排序

11. 排序方法中，从未排序序列中挑选元素，并将其依次放入已排序序列（初始时

为空）的一端的方法，称为（　　　）。

A. 希尔排序　　　　　　　　　　　B. 归并排序

C. 插入排序　　　　　　　　　　　D. 选择排序

12. 下列排序算法中，占用辅助空间最多的是（　　　）。

A. 归并排序　　　B. 快速排序　　　C. 希尔排序　　　D. 堆排序

13. 若用冒泡排序方法对序列｛10，14，26，29，41，52｝从大到小排序，需进行（　　　）次比较。

A. 3　　　　　　　B. 10　　　　　　C. 15　　　　　　D. 25

14. 快速排序方法在（　　　）情况下最不利于发挥其长处。

A. 要排序的数据量太大　　　　　　B. 要排序的数据中含有多个相同值

C. 要排序的数据个数为奇数　　　　D. 要排序的数据已基本有序

15. 下列四个序列中，（　　　）是堆。

A. 75，65，30，15，25，45，20，10

B. 75，65，45，10，30，25，20，15

C. 75，45，65，30，15，25，20，10

D. 75，45，65，10，25，30，20，15

16. 有一组数据（15，9，7，8，20，-1，7，4），用堆排序的筛选方法建立的初始堆为（　　　）。

A. -1，4，8，9，20，7，15，7　　　　B. -1，7，15，7，4，8，20，9

C. -1，4，7，8，20，15，7，9　　　　D. A、B、C 均不对

二、填空题

1. 若待排序的序列中存在多个记录具有相同的键值，经过排序，这些记录的相对次序仍然保持不变，则称这种排序方法是＿＿＿＿的，否则称其为＿＿＿＿的。

2. 按照排序过程涉及的存储设备的不同，排序可分为＿＿＿＿排序和＿＿＿＿排序。

3. 直接插入排序用监视哨的作用是＿＿＿＿。

4. 在对一组记录（54，38，96，23，15，72，60，45，83）进行直接插入排序时，当把第 7 个记录 60 插入到有序表时，为寻找插入位置需比较＿＿＿＿。

5. 对 n 个记录的表 r［1…n］进行简单选择排序，所需进行的关键字间的比较次数为＿＿＿＿。

6. 在利用快速排序方法对一组记录（54，38，96，23，15，72，60，45，83）进行快速排序时，递归调用使用的栈所能达到的最大深度为＿＿＿＿，共需递归调用的次数为＿＿＿＿，其中第二次递归调用是对＿＿＿＿一组记录进行快速排序。

7. 在堆排序、快速排序和归并排序中，若只从存储空间考虑，则应首先选取＿＿＿＿方法，其次选取＿＿＿＿方法，最后选取＿＿＿＿方法；若只从排序结果的稳定

性考虑，则应选_____方法；若只从最坏情况下排序最快并且要节省内存考虑，则应选取_____方法。

8. 在插入排序、希尔排序、选择排序、快速排序、堆排序、归并排序和基数排序中，排序不稳定的有_____。

9. 在插入排序、希尔排序、选择排序、快速排序、堆排序、归并排序和基数排序中，平均比较次数最少的排序是_____，需要内存容量最多的是_____。

10. 在堆排序和快速排序中，若原始记录接近正序或反序，则选用_____，若原始记录录无序，则最好选用_____。

11. 在插入和选择排序中，若初始数据基本正序，则选用_____；若初始数据基本反序，则选用_____。

三、编程题

1. 设计一个用链表表示的直接选择排序算法。

2. 冒泡排序算法是把大的元素向上移（气泡的上浮），也可以把小的元素向下移（气泡的下沉），请给出上浮和下沉过程交替进行的冒泡排序算法（即双向冒泡排序法）。

3. 奇偶交换排序是另一种交换排序。它的第一趟对序列中的所有奇数项 i 扫描，第二趟对序列中的所有偶数项 i 扫描，若 $A[i] > A[i+1]$，则交换它们。第三趟对所有的奇数项，第四趟对所有的偶数项……如此反复，直到整个序列全部排好序为止。

4. 设计分别使用队列和栈实现快速排序的非递归算法。

5. 有一种简单的排序算法，称为计数排序。这种排序算法对一个待排序的表进行排序，并将排序结果存放到另一个新的表中。必须注意的是，表中所有待排序的关键字各不相同，计数排序算法针对表中的每个记录，扫描待排序的表一趟，统计该表中有多少个记录的关键字比该记录的关键字小。假设针对某一个记录，统计出的计数值为 c，那么，这个记录在新的有序表中的合适的存放位置即为 c。

①给出适合于计数排序的顺序表定义。

②编写实现计数排序的算法。

③对于 n 个记录的表，关键字比较次数是多少？

④与简单选择排序相比较，这种方法是否更好？为什么？

第 10 章

文 件

本章导读

本章主要介绍文件的基本概念以及顺序文件、索引文件、ISAM 文件、VSAM 文件、散列文件、多关键字文件等。

学习目标

- 顺序文件的基本概念及存储和访问
- 索引文件的基本概念及存储和访问
- ISAM 文件的基本概念及存储和访问
- VSAM 文件的基本概念及存储和访问
- 散列文件的基本概念及存储和访问
- 多关键字文件的基本概念及存储和访问

10.1 文件的基本概念

文件是由大量性质相同的记录所构成的集合。文件主要有以下几种不同的分类方式：

（1）按记录类型分：操作系统文件和数据库文件。

（2）按记录是否定长分：定长记录文件和不定长记录文件。

（3）按查找关键字的多少分：单关键文件和多关键文件。

记录有逻辑结构和存储结构。记录的逻辑结构是指记录在用户面前呈现的方式，即用户对数据的表示和存取方式。记录的存储结构是指数据在物理存储器中的存储形式，是数据的物理表示和组织形式。

文件和数据元素一样，也有逻辑结构和存储结构。文件的逻辑结构可以表现为记录的逻辑结构。文件的存储结构是指文件在物理存储器（磁盘或磁带）中的组织方式。文件可以有各种各样的组织方式，但基本方式有三种：顺序组织、随机组织和链组织。

对文件施加的运算（操作）有两类：查找（检索）和更新（修改）。

文件的查找（检索）有三种方式：顺序查找、按记录号直接查找、按关键字直接查找。

文件的更新有插入、删除、更新三种方式。

10.2　顺序文件

顺序文件是指记录按其在文件中的逻辑顺序依次存放到外部介质上的文件。顺序文件的物理记录顺序和逻辑记录顺序一致。若次序连续的两个物理记录在存储器中位置是相邻的，则称为连续文件；若物理记录之间的次序由指针相链表示，则称为串链文件。

顺序文件是根据记录的序号或记录的相对位置进行存取的文件组织方式。它的特点主要有以下几个：

（1）存取第 K 个记录必须先搜索在它之前的第 K-1 个记录。

（2）插入新的记录时只能在文件末尾插入。

（3）若要更新文件中的某个记录，必须将该文件复制。

由于顺序文件的优点是连续存取速度快，因此主要用于顺序存取、批量修改的情况。磁带是一种典型的顺序存取设备，存储在磁带上的文件就是顺序文件。但磁带目前很少使用，使用的顺序文件多为磁盘顺序文件。对顺序文件可以像顺序表一样，进行顺序查找、分块查找或折半查找（文件有序）。

10.3　索引文件

除了文件（主文件）本身外，另外建立一个指示逻辑记录与物理记录之间一一对应关系的表（索引表），这种包含主文件数据和索引表两大部分的文件称为索引文件。

索引表中的每一项称为索引项，索引项由记录的关键字与记录的存放地址构成。索引文件是按关键字有序排列的，若主文件也按关键字有序排列，这样的索引文件称为索引顺序文件；若主文件是无序的，这样的索引文件为索引非顺序文件。

索引表是由系统程序自动生成的。在输入记录的同时建立一个索引表，表中的索引项按记录输入的先后次序排列，待全部记录输入完毕再对索引表进行排序。

索引文件的查找方式为直接查找或按关键字查找，和前面介绍的分块查找类似，但必须分两步走：首先在索引表中查找，若找到再到主文件中查找。如果主文件中不存在该记录，也就不用访问外存了。

索引表是有序表，可以用快速的折半查找来实现检索。当主文件为索引顺序文件时，也可以用折半查找实现，主文件为索引非顺序文件时，只能用顺序查找来实现。

当一个文件很大时，索引表也很大，这时可以对索引表再建立一个索引，称为二级索引。更大的索引表可以建立多级索引。

索引表文件示例如图 10-1 所示。

物理记录号	学号	姓名	其他
10	01	张三	…
20	02	李四	…
30	03	王五	…
40	04	赵六	…
50	05	刘七	…
60	06	朱八	…
70	07	陈二	…
80	08	欧阳十	…
90	09	何九	…

（a）

	关键字	物理记录号
1	01	10
	02	20
	03	30
2	04	40
	05	50
	06	60
3	07	70
	08	80
	09	90

（b）

最大关键字	物理块号
03	1
06	2
09	3

（c）

图 10-1　索引表文件示例

（a）主表；（b）一级索引表；（c）二级索引表

图 10-1 中的多级索引是一种静态索引，为顺序表结构。虽然结构简单，但修改很不方便，所以当主文件在使用过程中变化比较大时，应采用树表结构的动态索引，如二叉排序树、键树等，以便于插入、删除。

10.4　ISAM 文件和 VSAM 文件

10.4.1　ISAM 文件

ISAM（indexed sequential access method，索引顺序存取法），是一种专为磁盘存取设计的文件组织方式。由于磁盘是以盘组、柱面和磁道三级地址存取的设备，所以可对磁盘上的数据文件建立盘组、柱面、磁道三级索引。

文件的记录在同一盘组上存放时，应先集中存放在一个柱面上，然后再顺序存放在相邻的柱面上，对同一柱面，则应按盘面的次序顺序存放。图 10-2 为存放在一个磁盘组上的 ISAM 文件，每个柱面建立一个磁道索引，每个磁道索引项由两部分组成：基本索引项和溢出索引项。每一部分都包含关键字和指针两项，前者表示该磁道中最末一个记录的关键字（最大关键字），后者指示该磁道中第一个记录的位置。柱面索引的每一个索引项也由关键字和指针两项组成，前者表示该柱面中最末一个记录的关键字（最大关键字），后者指示该柱面上的磁道索引位置。

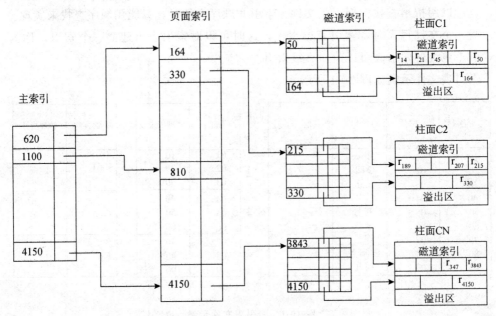

图 10-2　ISAM 文件结构

在 ISAM 文件中检索记录时，先从主索引出发找到相应的柱面索引，再从柱面索引找到记录所在柱面的磁道索引，最后从磁道索引找到记录所在磁道的第一个记录的位置，由此出发在该磁道上进行顺序查找直到找到为止。反之，若找遍该磁道没找到此记录，则表明该文件中无此记录。

例如，在图 10-2 中，查找关键字 21 时，先找到主索引 620，再找到柱面索引 164，最后找到磁道索引 50，最后顺序查找到 r_{21}，查找成功。若查找关键字 48，先找到主索引 620，再找到柱面索引 164，最后找到磁道索引 50，最后顺序查找到 r_{50}，无 r_{48}，查找不成功。

从图 10-2 可以看到，每个柱面上还辟有一个溢出区，这是为插入记录所设置的。由于 ISAM 文件中记录是按关键字顺序存放的，则在插入记录时需移动记录并将同一磁道上最末一个记录移到溢出区，同时修改磁道索引项。通常在文件中可集中设置一个溢出区，或在每个柱面分别设置一个溢出区，或在柱面溢出区满后再使用公共溢出区。

ISAM 文件中删除记录比插入记录简单，只要找到待删除的记录，在存储位置上作删除标记而无需移动记录或改变指针。在经过多次的增删后，文件的结构可能变得很不合理，这时应将记录读入内存重排，进行 ISAM 文件的整理。

10.4.2　VSAM 文件

VSAM（virtual storage access method，虚拟存储存取法），这种存取方法利用了

操作系统的虚拟存储器的功能，无需知道文件的具体位置，给使用文件提供了方便。

VSAM 文件由三部分组成：数据集、顺序集和索引集。数据集存放文件的所有记录，顺序集和索引集一起构成一棵 B+树，为文件的索引部分。数据集中的一个结点称为控制区间，它由一组连续的存储单元组成，是一个 I/O 操作的基本单位。一个文件上的每个控制区的大小相同，含有一个或多个按关键字递增有序排列的记录并带有一定的控制信息（如记录长度、区间中的记录数等）。顺序集中的一个结点用于存放若干相邻控制区间的索引项（含有控制区间中的最大关键字和指向控制区间的指针组成），该结点连同其对应的下层所控制区间形成一个整体，称为控制区域。顺序集中的结点相互之间用指针相链，在它们上一层的结点又以它们为基础形成索引，并逐级向上建立索引，形成 B+树的非终端结点。

对 VSAM 文件中记录的检索，既可以从最高层的索引逐层往下按关键字进行查找，也可以在顺序集中沿着指针链顺序查找。

VSAM 文件没有专门的溢出区，但可以利用控制区间中的空隙或控制区域中的空控制区域来插入记录（B+树上插入）。在控制区间中插入记录时，为保证区间内记录关键字的有序，需移动记录。而当区间中记录已满、再要插入记录时，区间将分裂。而且在 VSAM 文件中删除记录时，也需要移动记录。

VSAM 文件占用较多的存储空间，存储空间的利用率也只有 75% 左右。但它的优点是：动态分配和释放存储空间，无需像 ISAM 文件那样定期重组文件，并能较快地对插入的记录进行查找和插入。

10.5 散列文件

散列文件是指利用哈希（Hash）函数进行组织的文件。它实际上是一个根据某个哈希函数和一定的处理冲突方法而得到的、存放在外存上的散列表。

与哈希表不同的是，对于文件而言，磁盘上的文件记录通常是成组存放的。若干个记录组成一个存储单位，在散列文件中这个存储单位叫作桶。一个桶能存放的逻辑记录的总数称为桶的容量。假设一个桶能存放 m 个记录，即 m 个同义词的记录可以保存到同一地址的桶中，第 $m+1$ 个同义词出现时则发生"溢出"。处理溢出也采用哈希表中处理冲突的各种方法，但对散列文件，主要采用链地址法。

当发生"溢出"时，需要将第 $m+1$ 个同义词存放到另一个桶中，通常称此桶为"溢出桶"，相应地称前 m 个同义词存放的桶为"基桶"。溢出桶可以有多个，它们和基桶大小相同，相互之间用指针链接。

若要在散列文件中进行查找，先根据散列函数的地址找到对应的基桶，在基桶中查找，若找到，则查找成功。若找不到，则进入溢出桶中进行查找，若找到，查找成功，否则查找失败。

若要在散列文件中插入记录，应先根据散列函数的地址找到对应的基桶，有空间则直接插入，否则在它所对应的溢出桶中插入。

例如，给定记录关键字为 19，13，23，1，68，20，84，28，55，14，10，89，93，69，16，11，33，35，用除余法给定哈希函数 H（key）＝key%7。桶的容量 m＝3，基本桶数＝7，由此得到的散列文件如图 10-3 所示。

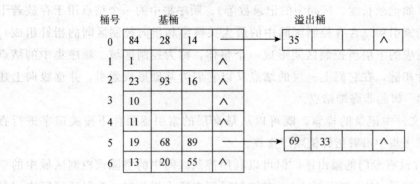

图 10-3　散列文件示例

散列文件的优点：插入、删除记录方便，存取速度比索引文件快，不需要索引区，节省存储空间。

散列文件的缺点：不能进行顺序存取，只能按关键字随机存取，且询问方式只有简单询问，并且在经过多次插入、删除之后，有可能造成文件结构不合理，即溢出桶满而基桶内多数为被删除的记录。此时也需重组文件。

10.6　多关键字文件

多关键字文件的特点是：在对文件进行检索操作时，不仅要对主关键字进行简单查询，还要对次关键字进行其他类型的查询检索。对多关键字文件，还需要建立一系列的次关键字索引。次关键字索引和主关键字索引所不同的是，每个索引项应包含次关键字、具有同一个次关键字的多个记录的主关键字或物理记录号。下面将讨论多关键字文件的两种组织方法。

10.6.1　多重表文件

多重表文件的特点是：记录按主关键字的顺序构成一个串联文件，并建立主关键字的索引（主索引）；对每一个次关键字建立次关键字索引（次索引），所有具有同一个关键字的记录构成一个链表。主索引为非稠密索引（一组记录建立一个索引项），次索引为稠密索引（一个记录建立一个索引项）。每个索引项包含次关键字、头指针和链表长度。

例如，图 10-4 所示就是一个多重表文件。其中，编号为主关键字，记录按编号顺序链接。编号为稠密索引，分成 3 个链表，其索引如图 10-4（b）所示，索引项中的主关键字为各组中的最大值。部门、职称为两个次关键字，它们的索引如图 10-4（c）和 10-4（d）所示。具有相同次关键字的记录链接在同一链表中。

记录号	编号		姓名	部门		职称	
1	101	2	罗一	计算机系	3	讲师	4
2	102	3	陈二	数学系	5	教授	6
3	103	∧	张三	计算机系	6	助教	7
4	104	5	李四	物理系	7	讲师	5
5	105	6	王五	数学系	9	讲师	9
6	106	∧	赵六	计算机系	8	教授	∧
7	107	8	刘七	物理系	∧	助教	8
8	108	9	朱八	计算机系	∧	助教	∧
9	109	∧	何九	数学系	∧	讲师	∧

（a）

主关键字	头指针
103	1
106	4
109	7

（b）

次关键字	头指针	长度
计算机系	1	4
数学系	2	3
物理系	4	2

（c）

次关键字	头指针	长度
讲师	1	4
教授	2	2
助教	3	3

（d）

图 10-4　多重表文件示例

（a）数据文件；（b）主关键字索引；（c）部门索引；（d）职称索引

在多重表中进行查找很方便，根据关键字值找到链表的头指针，然后从头指针出发可以找出链表中所有记录。例如，要查找计算机系的教授，可以从部门索引表找到计算机系的头指针和链表长度，分别为 1 和 4，从第 1 个记录开始，按链表找到第 3 个记录，再找到第 6 个即可。若找遍整个链表都没有符合要求的记录，则查找失败。

在多重表文件中插入一条记录很容易，只要修改指针，将记录插在链表的头指针之后。但是，要删除一条记录却很麻烦，需要在每个次关键字的链表中删去该记录。

10.6.2　倒排文件

倒排文件和多重表文件的区别在于次关键字索引的结构不同。通常称倒排文件中的次关键字索引为倒排表，具有相同次关键字的记录之间不设指针相链，而在倒排表中该次关键字的一项中存放这些记录的物理记录号。例如，图 10-4（a）数据文件的倒排表如图 10-5 所示。

计算机系	1,3,6,8
数学系	2,5,9
物理系	4,7

（a）

讲师	1,4,5,9
教授	2,6
助教	3,7,8

（b）

图 10-5　数据文件的倒排表

(a) 部门倒排表；(b) 职称倒排表

在倒排表文件中，检索记录速度快，特别是处理多个次关键字检索。在处理各种次关键字的检索时，只要在次关键字索引中找出有关指针的集合，再对这些指针进行交、并、差等集合运算，就可以求出符合查询条件的记录指针，然后按指针到主文件去存取记录。例如，要查找数学系的教授，在部门倒排表找到数学系，指针集合 $A = \{2, 5, 9\}$，再在职称倒排表找到教授，指针集合 $B = \{2, 6\}$，求出 A 与 B 的交集为 $\{2\}$，则在主文件中找记录号为 2 的记录即可。

若主文件非串联文件，而是索引顺序文件，则倒排表中应存放记录的主关键字而不是物理记录号。在插入和删除记录时，倒排表也要作相应修改，同时需移动索引项中的记录号以保持其有序排列。

倒排文件的缺点是：各倒排表的长度不同，同一倒排表的各项长度也不同，维护比较困难，并且需要额外的存储空间。

本章小结

1. 文件是存储在外部介质上的大量性质相同的记录组成的集合。

2. 文件可以按记录类型分为操作系统文件和数据库文件，操作系统文件是一维连续的字符序列，无结构、无解释。数据库文件是带有结构的记录集合。

3. 文件可以按记录长度分为定长记录文件和不定长记录文件。

4. 文件可以进行检索、修改等运算。

5. 物理记录顺序和逻辑记录顺序一致的文件是顺序文件。若顺序文件中次序连续的两个物理记录在存储介质上的存储位置是相邻的，则称该文件为连续文件；若物理记录之间的次序由指针相链表示，则称该文件为串联文件。

6. 除了文件本身外，可另外建立一张指示逻辑记录和物理记录之间一一对应关系的索引表，包含这两种信息的文件称为索引文件，数据区中的记录按关键字顺序排列，则该文件称为索引顺序文件；反之，称为索引非顺序文件。

7. ISAM 称为索引顺序存取方法，是一种专为磁盘存取设计的文件组织方式。

8. VSAM 称为虚拟存储存取方法，是利用操作系统的虚拟存储器功能，给用户提供方便的文件组织方式。

9. 利用哈希函数可以建立散列文件，方便文件的插入和删除。

10. 若检索的文件包含多个关键字信息，可以建立多关键字文件，具体有多重表文件和倒排表文件两种组织形式。

习题 10

1. 文件的检索方式有哪几种？试说明。

2. 试叙述各种文件的组织特点。

3. 假设有一个职工文件，如表 10-1 所示，其中职工号为关键字。

（1）若该文件为顺序文件，试写出文件的存储结构。

（2）若该文件为索引文件，试写出索引表。

（3）若该文件为倒排文件，试写出关于性别的倒排表和关于职务的倒排表。

表 10-1

地址	职工号	姓名	性别	职务	年龄	工资
A	40	李树生	男	讲师	35	4 000
B	51	沈丽萍	女	副教授	40	5 000
C	12	韩康康	男	教授	50	7 000
D	78	吴乔生	男	助教	25	3 000
E	26	何乃云	女	讲师	29	4 000

参考文献

[1] 严魏敏，吴伟民．数据结构（C语言版）[M]．北京：清华大学出版社，2018.

[2] 徐凤生．数据结构与算法（C语言版）[M]．北京：机械工业出版社，2014.

[3] 唐国民，王国均．数据结构（C语言版）[M]．北京：清华大学出版社，2018.

[4] 李根强，刘浩．数据结构（C语言版）[M]．北京：中国水利水电出版社，2017.

[5] 杨勇虎，刘振宇．数据结构（C语言）[M]．大连：东软电子出版社，2012.

[6] 董萍萍，李冶，雷学锋．数据结构[M]．长春：吉林大学，2017.

[7] 邓俊辉．数据结构（C++语言版）[M]．北京：3版．清华大学出版社，2013.